21 世纪建筑工程系列教材

建 筑 力 学

Architectural Mechanics

主　编　江怀雁　陈春梅

副主编　孔祥刚　黄　皓　邓小峰

参　编　马　骏　陈智科　李巍娜

U0239381

机 械 工 业 出 版 社

本书是根据高等职业院校土木工程大类专业建筑力学教学大纲及力学课程教学基本要求编写的,全书分为3篇共17章。第一篇为静力学,内容包括静力学基础、平面力系的合成与平衡,共2章。第二篇为材料力学,内容包括材料力学基础、轴向拉伸和压缩、剪切与扭转、截面的几何性质、梁的弯曲、组合变形、压杆稳定,共7章。第三篇为结构力学,内容包括结构力学基础、平面体系的几何组成分析、静定结构的内力计算、静定结构的位移计算、力法、位移法、力矩分配法、影响线的绘制及应用,共8章。章前提出本章学习目标、章后设置思考题与习题,以帮助学生掌握和巩固知识。

　　本书可作为高职高专院校建筑工程技术、工程监理、道路与桥梁、工程造价及工程管理等专业的教学用书,还可以作为设计人员和工程技术人员的参考用书。

图书在版编目(CIP)数据

建筑力学/江怀雁,陈春梅主编. —北京:机械工业出版社,2016.8
(2024.9重印)
21世纪建筑工程系列教材
ISBN 978-7-111-54474-6

Ⅰ.①建… Ⅱ.①江… ②陈… Ⅲ.①建筑力学-高等职业教育-教材
Ⅳ.①TU3

中国版本图书馆 CIP 数据核字(2016)第 181195 号

机械工业出版社(北京市百万庄大街22号　邮政编码100037)
策划编辑:李　莉　责任编辑:李　莉　责任校对:刘怡丹
封面设计:路恩中　责任印制:单爱军
北京虎彩文化传播有限公司印刷
2024 年 9 月第 1 版第 11 次印刷
184mm×260mm・20 印张・490 千字
标准书号:ISBN 978-7-111-54474-6
定价:49.80 元

电话服务　　　　　　　　网络服务
客服电话:010-88361066　机 工 官 网:www.cmpbook.com
　　　　　010-88379833　机 工 官 博:weibo.com/cmp1952
　　　　　010-68326294　金 书 网:www.golden-book.com
封底无防伪标均为盗版　机工教育服务网:www.cmpedu.com

前　言

　　本书根据高等职业院校土木工程大类专业建筑力学教学大纲及力学课程教学基本要求而编写。编者根据多年的教学实践经验，结合建筑力学课程特点，以及其在后续专业课程中的运用及在土木工程大类专业中的地位与作用，以"必需、实用、够用"为原则，突出对基本概念、基本方法和基本计算的介绍和强化训练，剔除较为复杂、难以理解的高深内容，注重教材的科学性及实用性。本书编写力求做到理论清楚、概念明确、内容紧凑、深入浅出。每章前均有本章学习目标，每章后均有思考题与习题，以帮助学生掌握和巩固知识。

　　本书参考课时为120学时，各院校可根据实际情况进行取舍。

　　本书由广西建设职业技术学院江怀雁、陈春梅担任主编，负责全书的策划及统稿工作，由孔祥刚、黄皓、邓小峰担任副主编。编写分工如下：江怀雁编写第2章、第7章和第14章，陈春梅编写绪论、第1章、第3章和第4章；孔祥刚编写第5章、第6章、第12章、第13章和第17章；黄皓编写第8章、第9章和第11章；邓小峰编写第15章和第16章；马骏编写第10章。陈智科、李巍娜参加了本书的整理、修改工作。机械工业出版社对本书的出版给予了大力支持，全体编者在此表示诚挚的谢意。本书在编写过程中参考了许多文献资料，谨向相关作者表示诚挚谢意。

　　由于编者水平有限，书中难免有不足之处，恳请读者批评指正。

编　者

目　录

第三篇 结 构 力 学

绪 论

学习目标
- 了解建筑力学的研究对象。
- 了解建筑力学的任务。
- 了解建筑力学的意义。

0.1 建筑力学的研究对象

土木工程中的各类建筑物，如房屋、桥梁等，在建造及使用过程中都要承受各种力的作用。工程中把主动作用在建筑物上的外力称为**荷载**。例如，自重、风压力及水压力等都属于荷载。

建筑物中能承受和传递荷载，并起骨架作用的物体及体系称为结构。结构的各个组成部分称为**构件**，图 0-1 所示为一单层厂房结构，由屋架、梁、柱、基础等构件组成。

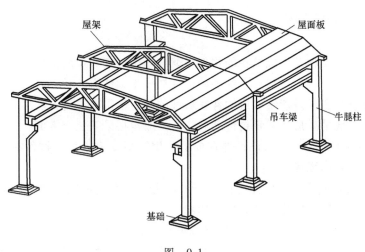

图 0-1

工程中的结构及构件多种多样，常见的结构按其几何特征可分为以下几种类型：

（1）**杆系结构**。杆系结构由杆件组成，杆件的几何特征是横截面尺寸比长度小得多（图 0-2），如梁、柱等。

（2）**薄壁结构**。薄壁结构也称板壳结构，它是由厚度远比长度和宽度小得多的薄板或薄壳组成的（图 0-3），如屋面板、楼面板等。

（3）**实体结构**。实体结构也称块体结构，它的几何特征是长、宽、高三个方向的尺寸相近（图0-4），如挡土墙、重力坝等。

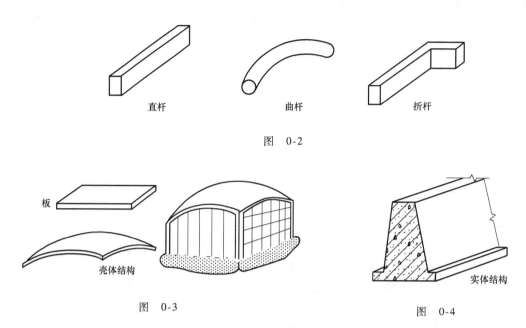

直杆   曲杆   折杆

图　0-2

板

壳体结构

实体结构

图　0-3   图　0-4

其中，杆系结构是应用最广的一种结构，建筑力学的研究对象主要是杆系结构，常见的房屋结构很多都属于杆系结构。

0.2　建筑力学的任务

通常都要求工程结构及组成结构的构件在荷载作用下相对地面保持静止状态，工程中将这种状态称为平衡状态。平衡状态下的各种构件在承受和传递荷载时需满足构件承载能力的要求。**构件承载能力主要是指结构或构件在荷载的作用下，在维持自身原有状态下，不能破坏，也不能发生过大的变形。**满足构件承载能力一般包括以下三个方面：

（1）具有足够的强度，以保证构件在外力作用下不发生破坏。**构件在外力作用下抵抗破坏的能力称为构件的强度。**

（2）具有足够的刚度，即保证构件在外力作用下不产生影响正常工作的过大变形。**构件在外力作用下抵抗变形的能力称为构件的刚度。**

（3）具有可靠的稳定性。有些细长杆或薄壁构件在压力作用下破坏，不是因为强度、刚度不够，而是因为失去了原有的平衡状态。**构件在外力作用下保持原有平衡状态的能力称为构件的稳定性。**

构件在满足安全性要求的前提下，应同时满足经济性的要求，很显然，二者是矛盾的。组成结构的构件受力复杂、形状不一，但其材料、截面形状都与安全性、经济性有着密切的联系，如何把二者完美结合起来，这就需要掌握构件的受力性能，确定构件受力的计算方法，并掌握材料性质和截面尺寸对受力的影响，这样才能设计出既安全可靠又经济合理的结构或构件。

建筑力学的任务是研究作用在结构（或构件）上的力的平衡问题、结构（或构件）的承载能力、材料的力学性能、结构组成规律及其合理形式，为保证结构（或构件）安全可靠及经济合理提供理论基础和计算方法。

0.3　学习建筑力学的意义

建筑力学是研究建筑结构的力学计算理论和方法的一门学科。许多建筑类相关专业课程，如建筑结构、建筑施工技术、地基与基础等都是以建筑力学为基础的。结构设计人员只有掌握了建筑力学知识，才能对所要设计的结构进行正确的受力分析和力学计算，以确保所设计出的结构既安全可靠又经济合理。在施工现场，施工人员要将设计图纸变成建筑物，更要懂得力学知识，知道结构和构件的受力情况，知道各种力的传递途径，结构在这些力的作用下会发生怎样的破坏等，理解设计图纸的意图和要求，制订出合理的安全和质量保证措施，科学地组织施工，确保按设计完成施工任务。

在施工中，很多工程事故的发生都是由于现场人员缺少或不懂受力知识引发的，如制作模板支撑体系时，由于不懂受力，少加了必要的支撑，使得结构变成了一个"几何可变体系"，从而导致坍塌事故；又如不懂梁的内力分布，将钢筋错误配置从而使得挑梁或楼梯折断等。

所以，建筑力学虽然只是一门专业基础课程，但其要求掌握的知识却是建筑工程中设计人员和施工人员必不可少的基础知识。学好建筑力学对工作大有裨益，既是日新月异的现代化施工技术所必需的，也可避免出现质量和安全事故。

第一篇

静 力 学

◇ 第 1 章　静力学基础

◇ 第 2 章　平面力系的合成与平衡

第1章

静力学基础

学习目标

　　熟悉力、刚体和平衡的概念，理解静力学公理及其适用范围。

　　·了解荷载的分类，掌握荷载的简化方法。

　　·掌握常见约束的特征和约束反力的画法，能熟练地画出物体的受力图。

　　·熟练掌握力在坐标轴上的投影和力矩的计算，理解力偶的概念及其性质，深刻领会力的平移定理。

1.1　力与静力学公理

1.1.1　刚体的概念

　　物体在受到外力的作用时，其内部各点间的相对距离都要发生改变，从而引起物体形状和尺寸的改变，即物体产生了变形。当物体的变形很小时，变形对研究物体的平衡和运动规律的影响很小，可以忽略不计。例如，建筑中的主要承重构件如梁、柱等，它们发生的变形相对于物体本身尺寸而言非常微小，这些微小变形对讨论物体平衡问题的影响很小，可以忽略不计，因此可以认为物体没有变形。**在任何外力的作用下，大小和形状始终保持不变的物体，称为刚体**。显然，刚体是物体的抽象化模型。

　　一般来说，在研究平衡问题时，可把研究的物体视为刚体，这样可使问题的研究大为简化。但当所研究的问题与物体的变形密切相关时，即使是极其微小的变形，也必须加以考虑，这时就必须将物体抽象为变形体这一力学模型。

1.1.2　力的概念

1. 力的概念

　　力是物体间的相互机械作用，其作用效果是使物体的运动状态发生改变或产生变形。使物体运动状态发生改变的效应称为力的**运动效应或外效应**；而使物体产生变形的效应称为力的**变形效应或内效应**。这里所说的运动效应是指物体运动快慢或运动方向的改变；所说的变形效应是指物体的大小和形状产生改变。力不可能脱离物体而单独存在，有受力体，必然存在施力体。

　　实践证明，力对物体的作用效果取决于力的三要素，即**力的大小、力的方向、力的作用点**。

　　力的大小表明物体间相互作用的强弱程度，单位是牛顿（N）或千牛顿（kN）。

力的方向通常包含方位和指向两个方面。力的作用效果与力的方向有关，力 **F** 的方向不同，物体的运动方向也就不相同。

力对物体的作用效果还与力的作用点有关，如图 1-1 中力作用在 A 点时，物体将沿平面向前移动，而力作用于 B 点时，物体有可能发生倾覆。

力的作用点表示物体相互作用的位置。由力的三要素可知，力是矢量，可以用一带箭头的线段来表示。线段的长度按一定的比例表示力的大小，线段的方位和箭头的指向表示力的方向，线段的起点或终点表示力的作用点。

如图 1-2 所示，力作用在 A 点，力的方向与水平线成 30°角，指向右上角，单位长度表示 100kN，按比例量出力 **F** 的大小是 200kN。一般来说，用字母表示矢量时，常用黑体字 **F** 或者 $\vec{F}$ 表示，而 F 仅表示该矢量的大小。

图　1-1　　　　　　　　　　　　　　　　　图　1-2

2. 力系的概念

（1）**力系**。作用在物体上的一群力或一组力称为力系。

（2）**等效力系**。对同一物体产生相同作用效果的两个力互为等效力系。互为等效力系的两个力系间可以互相代替。如果一个力系和一个力等效，则这个力称为该力系的合力，而该力系中的各力称为此力的分力。

（3）**平衡力系**。作用在物体上使物体处于平衡状态的力系称为平衡力系。

1.1.3　静力学公理

力在自然界普遍存在，人们经过长期的生产实践和科学试验，概括总结了力在作用时所遵循的一些客观规律，并将其归纳为静力学公理，它们是静力学的理论基础。

1. 二力平衡公理

作用在同一刚体上的两个力，使刚体平衡的充分和必要条件是这两个力大小相等，方向相反，作用在同一条直线上。如图 1-3 所示。

二力平衡公理对于刚体平衡是充分的，也是必要的；但对于变形体平衡而言，二力平衡公理只是必要的，不是充分的。如图 1-4 所示，若绳索的两端受一对大小相等、方向相反的拉力可以平衡，若是受压力则不能平衡。

二力平衡公理表明了作用于物体上最简单的平衡力系，它为以后研究一般力系的平衡条件提供了基础。工程中，把在两个力作用下处于平衡状态的构件称为**二力构件；若为杆件，则称为二力杆。**

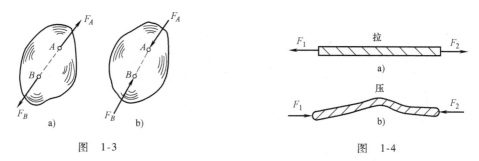

图　1-3　　　　　　　　　　　图　1-4

2. 加减平衡力系公理

在作用于刚体的任意力系中，加上或去掉任何一个平衡力系并不改变原力系对刚体的作用效果。

平衡力系对物体的运动效果为零，不会改变物体的运动状态，所以在物体的原力系上加上或去掉一个平衡力系，对物体的作用没有影响。这一公理可以用来对力系进行简化，是力系等效代换的重要理论依据。

应注意，加减平衡力系公理只适用于刚体。对于变形体，无论是增加还是减去平衡力系，都将发生变形，从而作用效果发生改变。

推论1　力的可传性原理

作用在刚体上的力可以沿其作用线移动到刚体内任意一点，而不改变原力对刚体的作用效果。

力的可传性原理很容易为实践所验证，如图1-5所示，如果不改变力 F 的大小和方向，将作用在小车左侧的力沿其作用线移到小车右侧，它使小车产生的运动效果都是相同的。

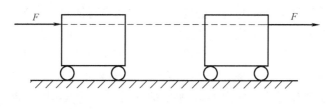

图　1-5

这一原理也可以由加减平衡力系公理推导出来，如图1-6所示的刚体，在 A 点受到力 F 的作用，根据加减平衡力系公理，可在其作用线上任取一点 B，并加一平衡力系 F_1、F_2，且 $F = F_1 = F_2$，则刚体在这三个力共同作用下的效果与 F 的作用效果相同；从另一角度看，F 与 F_1 又可构成一平衡力系，可将此力系去掉，从而得到作用于 B 点的力 F_2。F_2 与 F 大小相等、作用线相同、对刚体的作用效果相同，只是作用点不同。由此可知，将 F 从 A 点沿作用线移到 B 点，力的作用效果没有改变。

由上可知，力对刚体的作用效应与力的作用点在力作用线上的位置无关，换句话说，力可以在同一刚体上沿其作用线任意移动，因此力的三要素可改为：**力的大小、方向和作用线**。

应当注意的是，加减平衡力系公理和力的可传性原理都只适用于研究物体的运动效果，而不适用于研究物体的变形，如图1-7所示，直杆 AB 的两端受到等值、反向、共线的两个

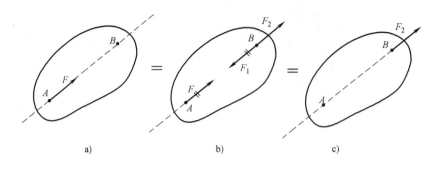

图 1-6

力 F_1、F_2 作用而处于平衡状态，如图 1-7a 所示，如果将这两个力沿其作用线移到杆的另一端，如图 1-7b 所示，直杆 AB 仍应处于平衡状态，但是直杆的变形就不同了。图 1-7a 的直杆发生压缩变形，而图 1-7b 的直杆发生伸长变形。

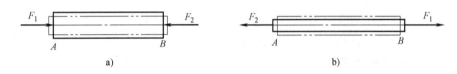

图 1-7

3. 力的平行四边形公理

作用在物体上同一点的两个力可以合成为一个力，此合力的作用点仍在该点，合力的大小和方向由以此二力为邻边所作的平行四边形的对角线确定。

这一公理是力系简化与合成的基本法则，所画出的平行四边形称为力的平行四边形。利用这一公理，既可以求得作用在同一点的两个力的合力，也可以将一个力分解，求得其分力。力的平行四边形也可简化成力的三角形，由它可更简便地确定合力的大小和方向，如图 1-8b 所示，这一法则称为力的三角形法则，所画的三角形称为力的三角形。画力的三角形时，对力的先后次序没有要求，如图 1-8c 所示的就是 F_1、F_2 合成 F_R 时力的三角形的另一种画法。

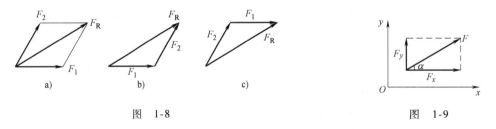

图 1-8   图 1-9

如图 1-8a 所示，矢量等式为

$$F_R = F_1 + F_2 \tag{1-1}$$

为了计算方便，工程实际中通常将一个力 F 沿直角坐标轴 x、y 分解，得出互相垂直的两个分力 F_x、F_y。这样可以用简单的三角函数关系求得每个分力的大小，如图 1-9 所示。

由图可得

$$\begin{cases} F_x = F\cos\alpha \\ F_y = F\sin\alpha \end{cases}$$

如果物体上作用有多个共点力 F_1、F_2、F_3、F_4，如图 1-10a 所示，合力 F_R 可逐次使用力的三角形法则求得，如图 1-10b 所示。实际作图时，可不必画出 F_{R1}、F_{R2}，只需按一定的比例尺将各力矢量首尾相接，然后从力 F_1 的始端 A 连接力 F_4 末端 E 得矢量 $\overline{AE}$，这个矢量就代表合力 F_R。所得的多边形 $ABCDE$ 称为力多边形，如图 1-10c 所示。这种求合力的方法称为力的多边形法则。

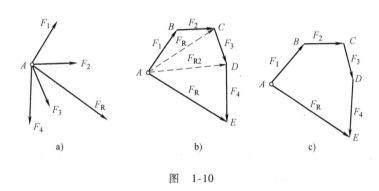

图 1-10

应该指出，作力的多边形时，若按不同顺序画各分力，只会影响力多边形的形状而不会影响合力的大小和方向。

推论 2　三力平衡汇交定理

刚体受共面不平行的三个力作用而平衡时，这三个力的作用线必交于一点。

证明：

有共面不平行的三个力 F_1、F_2、F_3 分别作用在同一刚体上的 A、B、C 三点，刚体处于平衡状态，如图 1-11 所示，根据力的可传性原理，将力 F_1、F_2 移动到两力作用线的交点 O，按力的平行四边形公理合成 F_1、F_2，合力 F_R 也作用在 O 点。因为 F_1、F_2、F_3 三力成平衡，所以力 F_R 应与 F_3 平衡，由二力平衡公理可知，力 F_3 和 F_R 一定是大小相等，方向相反，且作用在同一直线上的一对力，也就是说，力 F_3 一定通过力 F_1 和 F_2 的交点 O，即三个力 F_1、F_2、F_3 的作用线汇交于一点。

应特别指出的是，三力平衡汇交定理只满足必要条件，而不是充分条件。

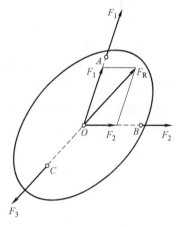

图 1-11

4. 作用与反作用公理

两物体之间的相互作用力总是同时存在，并且两个力大小相等、方向相反、沿着同一直线分别作用在这两个物体上。

这一公理是分析物体受力时必须遵循的法则，它概括了物体间相互作用的关系，表明作用力和反作用力总是成对出现、相互依存、互为因果，且分别作用在不同的物体上。应该注意，作用力和反作用力分别作用于两个物体上，它们不构成平衡力系。如图 1-12 所示，根据这个公理，知道了物体 A 对物体 B 作用力的大小和方向时，也就知道了物体 B 对物体 A 的反作用力。

需要注意的是，不能把作用与反作用公理与二力平衡公理混淆起来。二力平衡公理中的两个力作用在一个物体上，作用力与反作用力公理中的两个力分别作用在两个相互作用的物体上。

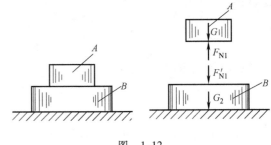

图　1-12

1.2　荷载

1.2.1　荷载的分类

荷载是直接作用于结构上的主动外力，是引起结构内力和变形的重要原因。作用于结构或构件上的荷载类型很多，一般分类如下。

1. 恒载、活载和偶然荷载

按作用时间的长短，荷载可以分为**恒载、活载和偶然荷载**。恒载就是指作用在结构上且大小和位置都不会发生改变的荷载，例如结构的自重就是一种典型的恒载。活载是作用于结构上的位置和大小均为可变的荷载，如流动的人群、桥面上跑动的汽车、移动的设备等。偶然荷载是指使用平时不一定会出现，一旦出现，其值就很大，且持续时间很短的荷载，如地震、爆炸荷载等。

2. 集中荷载和分布荷载

按作用的区域大小，荷载分为**集中荷载和分布荷载**。当荷载作用于结构上的面积很小时，可以认为荷载集中作用在结构上的一点，称为集中荷载或集中力。当荷载的作用范围不可忽略，连续分布在结构上时，称为分布荷载或分布力，如线荷载、面荷载、体荷载等。

分布荷载的集中程度用集度 q 表示。体分布力中 q 的单位为牛/米^3（N/m^3）；面分布力中 q 的单位为牛/米^2（N/m^2）；而建筑工程上常见的分布力是按线性分布的，称为线分布力，对应的 q 的单位为牛/米（N/m）。集度 q 为常数的分布荷载属于均布荷载，集度 q 为变量的分布荷载属于非均布荷载。

3. 静荷载和动荷载

按作用是否产生动力效应，荷载可分为**静荷载和动荷载**。静荷载就是指无加速度、非常缓慢地施加到结构上的荷载，其大小、位置和方向不随时间变化或变化极其缓慢。缓慢加载，就不会产生冲击；无加速度，则可略去惯性力的影响；动荷载与静荷载相反，其大小、位置和方向都有可能随时间而迅速变化；在动荷载作用下必然会产生冲击和显著的加速度，因此必须考虑冲击力和惯性力的影响，如燃烧爆炸等引起的冲击，地震引起的惯性力和冲击波等。

1.2.2 荷载的简化和计算

1. 等截面梁自重的计算

在工程结构计算中，通常用梁轴表示一根梁。等截面梁的自重一般简化为沿梁轴方向的均布线荷载 q。

一矩形截面梁如图 1-13 所示，其截面宽度为 b（m），截面高度为 h（m）。设此梁的单位体积重（重度）为 γ（kN/m³），则此梁的总重是

$$Q = bhL\gamma \quad （单位 kN）$$

梁的自重沿梁跨度方向是均匀分布的，所以沿梁轴每米长的自重 q 是

$$q = Q/L \quad （单位 kN/m）$$

将 Q 代入上式得

$$q = bh\gamma \quad （单位 kN/m）$$

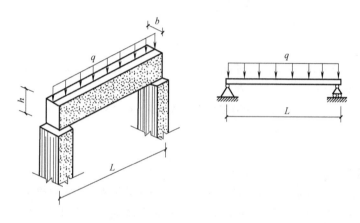

图 1-13

q 值是就是梁自重简化为沿梁轴方向的均布线荷载值，均布线荷载 q 也称为线荷载集度。

2. 均布面荷载简化为均布线荷载计算

在工程计算中，在板面上受到均布面荷载 q'（kN/m²）时，需要将它简化为沿跨度（轴线）方向均匀分布的线荷载来计算。

设一平板上受到均匀的面荷载 q'（kN/m²）作用，板宽为 b（m）（受荷宽度）、板跨度为 L（m），如图 1-14 所示。

那么，在这块板上受到的全部荷载是

$$Q = q'bL \quad （单位 kN）$$

而荷载 Q 沿板的跨度均匀分布，于是，沿板跨度方向均匀分布的线荷载为

$$q = bq' \quad （单位 kN/m）$$

假设图 1-14 所示平板为一块预应力钢筋混凝土屋面板，宽 $b = 1.49\text{m}$，跨度（长）$L = 5.97\text{m}$，自重为 11kN，简化为沿跨度方向的均布线荷载。

因自重均匀分布在板的每一小块单位面积上，所以自重形成的均布面荷载为

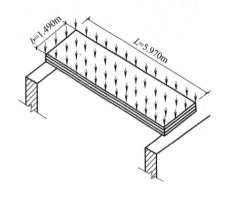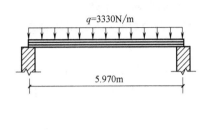

图 1-14

$$q_1' = \frac{11000}{5.97 \times 1.49} \text{N/m}^2 = 1237 \text{N/m}^2$$

已知，屋面防水层形成的均布面荷载为

$$q_2' = 300 \text{N/m}^2$$

防水层上铺设 0.02m 厚水泥砂浆找平层，水泥砂浆重度 $\gamma = 20 \text{kN/m}^3$，则这一部分材料自重形成的均布面荷载为

$$q_3' = 20000 \times 0.02 \text{N/m}^2 = 400 \text{N/m}^2$$

最后考虑雪荷载（北方地区）为

$$q_4' = 300 \text{N/m}^2$$

则全部面均布荷载为

$$q_1' + q_2' + q_3' + q_4' = (1237 + 300 + 400 + 300) \text{N/m}^2 = 2237 \text{N/m}^2$$

把全部均布荷载简化为沿板跨度方向的均布线荷载，即用均布面荷载大小乘以受荷宽度：

$$q = bq' = 1.49 \times 2237 \text{N/m} = 3333 \text{N/m}$$

1.3 约束反力

1.3.1 约束的概念

力学中通常把考察的物体分为**自由体和非自由体**两类。物体不受任何约束，在空间可以自由运动的，称为自由体，如在空中飞行的飞机、炮弹和火箭等。在空间某些方向的运动受到一定限制的物体称为非自由体，如用绳索悬挂而不能下落的重物，只可以沿轨道运行而不能在垂直钢轨的方向上移动的火车，支承于墙上或柱子上的梁或屋架等。非自由体之所以在某些方向上的运动受到限制，是因为其以一定的方式与其他物体联系在一起，它的运动受到其他物体的限制。**这种限制物体运动的其他物体或装置称为约束**，如上述中的绳索、钢轨、柱子等。

由于约束限制物体的自由运动，因此当物体沿着约束所限制的方向有运动或运动趋势时，约束对被约束的物体必然有力的作用，以阻碍被约束物体的运动或运动趋势。这种力称为**约束反力**，简称**约束力**。约束反力要对物体起到约束作用，其方向必与物体的运动方向或运动趋势方向相反。

主动作用在物体上使物体产生运动或运动趋势的力称为主动力。约束反力的产生，除了要存在约束，非自由体还要受到主动力的作用，当非自由体受到的主动力不同或者是发生变化时，同一约束对其施加的约束反力也不同。

1.3.2　常见约束及约束反力

工程中约束的种类很多，根据它们的特性将其归为以下八种：

1. 柔性约束

由胶带、绳索、链条等柔软物体构成的约束称为柔性约束。这类约束的特点是易变形，只能承受拉力却不能承受压力或弯曲。因此，这类约束只能限制物体沿约束伸长方向的运动而不能限制其他方向的运动。**柔性约束对物体的约束反力，只能是过接触点沿约束的伸长方向的拉力**。如图 1-15 所示的拉力 F_T 就是绳索对物体的约束反力。

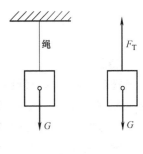

图　1-15

2. 光滑接触面约束

当两物体接触面之间的摩擦力很小而可忽略不计时，就构成**光滑接触面约束**。这种约束不论接触面的形状如何，都不能限制物体沿光滑接触面的公切线方向运动或离开光滑面，只能限制物体沿着接触面的公法线指向光滑面内的运动，所以**光滑接触面约束反力是通过接触点，沿着接触面的公法线指向被约束的物体，且只能是压力，这种约束反力也称为法向反力**。如图 1-16 所示。

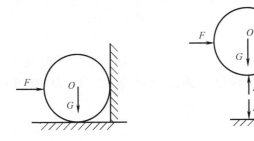

图　1-16

3. 圆柱铰链约束

圆柱铰链简称铰链。常见的门窗用的合页就是这种约束。**理想的圆柱铰链是由一个圆柱形销钉插入两个物体的圆孔构成**（图 1-17a），**且认为销钉与圆孔表面都是完全光滑的**。销钉不能限制物体绕销钉转动，只能够限制物体在垂直于销钉轴线的平面内任意方向的运动（图 1-17b），当物体有运动趋势时，销钉与圆孔壁将必然在某处接触，约束反力一定通过这个接触点，这个接触点的位置往往不能预先确定，因此约束反力的方向是未知的，也就是说，**圆柱铰链的约束反力 F_C 作用于接触点，垂直于销钉轴线，通过销钉中心，方向未定**，如图 1-17c 所示。为了便于计算，通常用 F_{Cx}、F_{Cy} 两个互相垂直的分力来表示，如图 1-17d 所示。

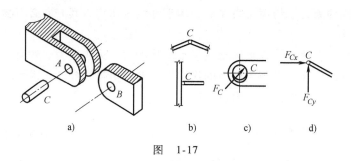

图 1-17

4. 链杆约束

链杆就是两端用光滑销钉与物体相连而中间不受力的刚性直杆。如图 1-18 所示支架，
AB 杆在 A 端用铰链与横杆相连，在 B 处用铰链与地面相连，中间不受力，因此 AB 杆是链
杆约束，这种约束只能限制物体沿链杆轴线方向的运动。链杆可以受拉或是受压，但不能限
制物体沿其他方向的运动。所以，**链杆的约束力沿着链杆的轴线，但指向未定**。很显然，链
杆是二力杆。

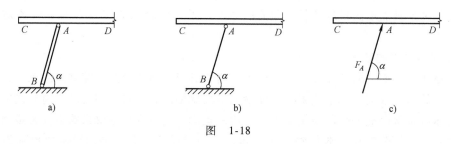

图 1-18

5. 固定铰支座

将结构或构件连接在支承物上的装置，称为支座。在工程上常常通过支座将构件支承在
基础或另一静止的构件上，支座对构件就是一种约束。所以支座也是约束的一种类型。

如图 1-19a 所示，如果将构件与支座用上述的圆柱铰链连接，构件不能产生沿任何方向的
移动，但是可绕销钉转动，则这种连接称为固定铰支座，**可见固定铰支座的约束反力与圆柱铰
链相同，即约束反力一定作用于接触点，垂直于销钉轴线，并通过销钉中心，方向未定**。

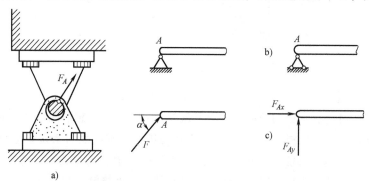

图 1-19

固定铰支座简图如图 1-19b 所示，约束反力如图 1-19c 所示，可用 $\boldsymbol{F}_A$ 和一未知方向的 α
角表示，也可以用一个水平力如图 $\boldsymbol{F}_{Ax}$ 和垂直力 $\boldsymbol{F}_{Ay}$ 表示。建筑结构中这种理想的支座是不

多见的，通常把不能产生移动，只能产生微小转动的支座视为固定铰支座。

6. 可动铰支座（或活动铰支座）

可动铰链支座又称为辊轴支座，它是在固定铰链支座的底部安装一排滚轮，使支座可沿支承面移动，如图 1-20a 所示。这种支座只能约束构件沿垂直于支承面方向的移动，而不能阻止构件绕销钉的转动和沿支承面方向的移动，因此，**可动铰支座约束反力的作用线必沿支承面的法线方向，且过铰链中心**。可动铰支座的支座简图如图 1-20b、c 所示，约束反力如图 1-20d 所示。

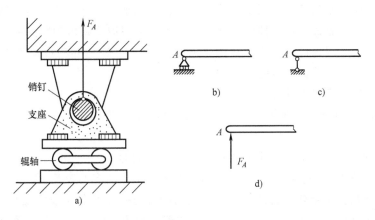

图 1-20

7. 固定端支座

将一个物体插入另一物体内形成牢固的连接，便构成固定端约束。**这种约束能够限制物体向任何方向的移动和转动，其约束反力为平面内相互垂直的两个分力和一个约束力偶**，对应的简图和受力图如图 1-21 所示。房屋的挑梁、地面的电线杆、整浇钢筋混凝土的雨篷等都是受这种约束的作用。

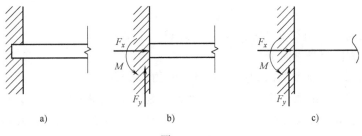

图 1-21

8. 滑动支座

滑动支座又称为定向支座，这种约束的特点是**结构在支座处不能转动，也不能沿垂直于支承面方向移动，只允许结构沿辊轴滚动方向移动**，其支座简图和约束如图 1-22a 所示。其约束反力是一力偶和一个与支承面垂直的力 F_x 或 F_y，如图 1-22b 所示。

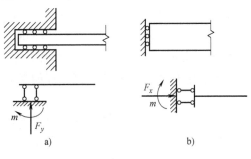

图 1-22

1.4 受力分析与受力图

实际物体所受的力既有主动力又有约束反力，主动力往往都是已知的，约束反力却是未知的。工程实际中常需对某结构或构件进行力学计算，根据已知的主动力求出未知的约束反力，这就要求首先确定物体受到哪些力的作用，即对物体进行受力分析，画出其受力图。

在进行受力分析时，首先应明确哪些物体是需要研究的，这些需研究的构件或结构称为**研究对象**。再将研究对象从结构系统中分离出来，单独画出该物体的简图，这一被单独分离出的研究对象称为**隔离体**。隔离体已解除全部约束，它与周围物体的联系通过周围物体对隔离体的约束反力的作用来代替。将隔离体上所受的全部主动力和约束反力无一遗漏地画在隔离体上，得到的图形称为物体的**受力图**。

画受力图可按以下步骤进行：

（1）**确定研究对象**。去掉研究对象周围的物体及全部约束，单独画出研究对象（隔离体）；

（2）**画主动力**。在研究对象上画出所受的全部主动力；

（3）**画约束反力**。根据约束类型，在研究对象上画出所有约束反力；

（4）**注意作用力与反作用力的关系**。作用力的方向一经确定（或假设），反作用力的方向必定与它的方向相反且不能再随意假设，如果研究对象是物体系统时，系统内任何相互联系的物体之间的作用力都不能画出；

（5）**检查**。

下面通过几个实例来具体说明物体受力图的画法。

【**例 1-1**】 重量为 G 的小球，如图 1-23a 所示放置，试画出小球的受力图。

【**解**】

（1）根据题意，取小球为研究对象，画其简图。

（2）画主动力。作用于小球上的主动力为 G，其作用点为小球重心，方向为竖直向下。

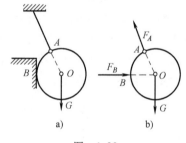

图 1-23

（3）画约束力。小球受到的约束力为绳子的约束反力 F_A，作用于接触点 A，沿绳子的方向，背离小球；还受到光滑面的约束反力 F_B，作用于球面和墙体的接触点 B，沿着接触点的公法线（沿半径、过球心、垂直接触面），指向小球。

将小球受到的三个力 G、F_A 及 F_B 全部画在小球上，就得到了小球的受力图，如图 1-23b 所示。

【**例 1-2**】 如图 1-24a 所示的杆件重为 G，A 端为固定铰支座，B 端靠在光滑的墙面上，D 处受到与杆垂直的力 F 的作用，试画杆的受力图。

【**解**】

（1）根据题意，取隔离体 AB，画其简图。

（2）画主动力。先画出其所受的主动力 G 和 F。

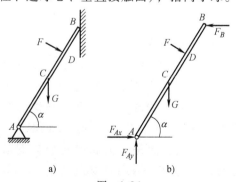

图 1-24

（3）画约束力。其中，A 端为固定铰支座，约束反力是相互垂直的两个分力 F_{Ax} 和 F_{Ay}；B 端为光滑面约束，约束反力 F_B 垂直支承面指向杆 ABC，杆 ABC 的受力图如图 1-24b 所示。

【例 1-3】 如图 1-25a 所示两跨刚架，A 点为固定铰支，B、D 两点为活动铰支，C 点为铰链连接。右边刚架上作用均布荷载 q 和集中荷载 F。不计结构自重，试分别画出 AB、CD 两构件的受力图。

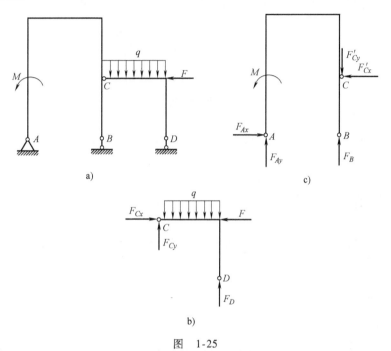

图 1-25

【解】

（1）根据题意，取刚架分离出的构件 AB 和构件 CD 为研究对象。

（2）画构件 CD 的受力图：D 点为活动铰支座，其约束反力 F_D 垂直于支承面；C 点处的连接是圆柱铰链约束，作用力用正交分量表示，如图 1-25b 表示。画构件 AB 的受力图：C 点受到来自构件 CD 的反作用力 F'_{Cx} 和 F'_{Cy}；B 点为活动铰支座，其约束力 F_B 垂直于支承面；A 点为固定铰支座，其约束反力用正交分量表示，如图 1-25c 所示。

【例 1-4】 图 1-26 所示三角形托架中，节点 A、B 处为固定铰支座，C 处为铰链连接。不计各杆的自重以及各处的摩擦。试画出杆件 AD 和 BC 及托架整体的受力图。

【解】

（1）取斜杆 BC 为研究对象。杆的两端都是铰链连接，其受到的约束反力应当是通过铰的中心而方向未定的未知力。但杆 BC 只受 F_B 与 F_C 这两个力的作用，而且处于平衡状态，由二力平衡公理可知 F_B 与 F_C 必定大小相等，方向相反，作用线沿两铰链中心的连线。本题中从主动力 F 分析，杆 BC 受压，因此 F_B 与 F_C 的作用线沿两铰中心连线指向杆件，画出 BC 杆的受力图如图 1-26b 所示。

（2）取水平杆 AD 为研究对象。其上作用力有主动力 F，约束反力 F'_C、F_{Ax} 和 F_{Ay}，其中 F'_C 与 F_C 是作用力和反作用力关系，画出 AD 杆的受力图如图 1-26c 所示。

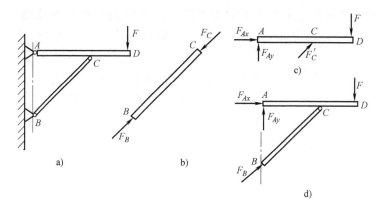

图　1-26

（3）取托架整体为研究对象。只考虑托架整体外部对它的作用力，画出受力图如图 1-26d所示。

1.5　力的投影

力是矢量，计算时要考虑其大小和方向，为了方便计算，通常将力向坐标轴上投影，把矢量转化为标量来计算。

1.5.1　力的投影

设力 F 用矢量 $\overline{AB}$ 表示。取直角坐标 xOy，使力在 xOy 坐标平面内。从力 F 的两端点 A 和 B 分别作坐标轴的垂线，则这两根垂线在坐标轴上所截得的线段并冠以正负号，称为力在坐标轴上的投影。在图 1-27 中，ab 线段即为 F 在 x 轴上的投影，用 F_x 表示；$a'b'$ 线段为 F 在 y 轴上的投影，用 F_y 表示。

若力 F 与 x 轴夹角为 α，则由图 1-27 可知

$$\begin{cases} F_x = \pm F\cos\alpha \\ F_y = \pm F\sin\alpha \end{cases} \tag{1-2}$$

投影的正负号规定：当力 F 投影的指向（即从 a 到 b 或从 a' 到 b' 指向）与坐标轴的正向一致时，力的投影取正号；反之，取负号。如果已知力 F 在 x、y 轴上的投影 F_x、F_y，则可求出该力的大小和方向，即

$$\begin{cases} F = \sqrt{F_x^2 + F_y^2} \\ \tan\alpha = \dfrac{|F_y|}{|F_x|} \end{cases}$$

α 为力 F 与 x 轴所夹的锐角，α 角在哪个象限由 F_x、F_y 的正负号确定。

由图 1-27 可看出，将力沿两个相互垂直的坐标轴进行分解时，其分力的大小恰好等于这个力在 x、y 轴上投影的绝对值。

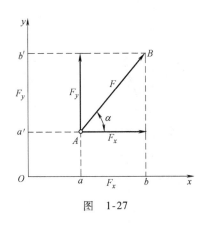

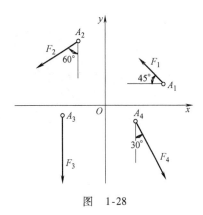

图　1-27　　　　　　　　　　　　　　　图　1-28

【例1-5】　试分别求出图1-28中各力在 x 轴和 y 轴上的投影。已知 $F_1 = 150\text{kN}$，$F_2 = 200\text{kN}$，$F_3 = 120\text{kN}$，$F_4 = 250\text{kN}$，各力的方向如图所示。

【解】

由投影的概念可求得

$$F_{1x} = -F_1\cos45° = -150 \times 0.707\text{kN} = -106.05\text{kN}$$

$$F_{1y} = F_1\sin45° = 150 \times 0.707\text{kN} = 106.05\text{kN}$$

$$F_{2x} = -F_2\sin60° = -200 \times 0.866\text{kN} = -173.2\text{kN}$$

$$F_{2y} = -F_2\cos60° = -200 \times 0.5\text{kN} = -100\text{kN}$$

$$F_{3x} = 0$$

$$F_{3y} = -120\text{kN}$$

$$F_{4x} = F_4\sin30° = 250 \times 0.5\text{kN} = 125\text{kN}$$

$$F_{4y} = -F_4\cos30° = -250 \times 0.866\text{kN} = -216.5\text{kN}$$

由【例1-5】可知，当力 $\boldsymbol{F}$ 与投影轴垂直时，它在该轴上的投影为零；当力 $\boldsymbol{F}$ 与投影轴平行时，它在该轴上的投影与 $\boldsymbol{F}$ 的大小相等。

1.5.2　合力投影定理

设有力系 $\boldsymbol{F}_1$、$\boldsymbol{F}_2$、$\boldsymbol{F}_3$、$\boldsymbol{F}_4$ 作用于物体的 O 点，如图1-29a所示，作该力系的力多边形 $ABCDE$，则矢量 $\overline{AE}$ 为其合力 $\boldsymbol{F}_\text{R}$ 的大小和方向（图1-29b）。取投影轴 x，并令 F_{1x}、F_{2x}、F_{3x}、F_{4x} 分别表示分力 $\boldsymbol{F}_1$、$\boldsymbol{F}_2$、$\boldsymbol{F}_3$、$\boldsymbol{F}_4$ 在 x 轴上的投影，由图1-29b可知

$$F_{1x} = ab, F_{2x} = bc, F_{3x} = cd, F_{4x} = -de$$

合力 $\boldsymbol{F}_\text{R}$ 在 x 轴上的投影为

$$F_{\text{R}x} = ae = ab + bc + cd - de = F_{1x} + F_{2x} + F_{3x} + F_{4x}$$

即合力 $\boldsymbol{F}_\text{R}$ 在 x 轴上的投影等于它的各个分力在 x 轴上投影的代数和。这一关系可推广到任意汇交力的情形，即

$$F_{\text{R}x} = F_{1x} + F_{2x} + \cdots + F_{nx} = \sum F_x \tag{1-3}$$

由此可见，**合力在任一轴上的投影，等于各分力在同一轴上投影的代数和**。这就是合力投影定理。

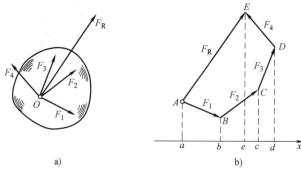

图　1-29

1.6　力矩

1.6.1　力对点之矩

1. 力矩的概念

由实践可知，力作用于物体上，不但可使物体移动，还能使物体转动，力矩就是度量力使物体转动的效应。

那么力使物体产生转动的效应都与哪些因素有关呢？现以扳手拧螺母为例来说明。如图1-30所示，在扳手的 A 点施加一力 F，将使扳手和螺母一起绕螺钉中心 O 转动，这就是说，

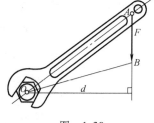

图　1-30

力有使物体（扳手）产生转动的效应。实践经验表明，扳手的转动效果不仅与力 F 的大小有关，还与点 O 到力作用线的垂直距离 d 有关。当 d 保持不变时，力 F 越大，转动越快。当力 F 不变时，d 值越大，转动也越快。若改变力的作用方向，则扳手的转动方向就会发生改变，因此，**可用 F 与 d 的乘积再冠以适当的正负号来表示力 F 使物体绕 O 点转动的效应，并称为力 F 对 O 点之矩，简称力矩，以符号 $M_O(F)$ 表示**，即

$$M_O(F) = \pm F \cdot d \qquad (1-4)$$

O 点称为转动中心，简称**矩心**。矩心 O 到力作用线的垂直距离 d 称为**力臂**。

式（1-4）中的正负号表示力矩的转向。通常规定：力使物体绕矩心作逆时针方向转动时，力矩为正，反之为负。力矩的单位是牛顿·米（N·m）或千牛顿·米（kN·m）。

2. 力矩的性质

（1）力矩的大小和转向与矩心的位置有关。

（2）力的大小等于零或力的作用线通过矩心时，力矩为零。

（3）力的作用点沿其作用线移动时，力对点之矩不变。

（4）互相平衡的两个力对同一点之矩的代数和为零。

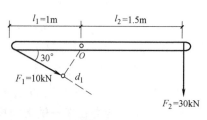

图　1-31

【**例1-6**】　分别计算图1-31所示的F_1、F_2对O点的力矩。

【**解**】

由式（1-5），有

$$M_O(F_1) = F_1 \cdot d_1 = 10 \times 1 \times \sin 30° \text{kN} \cdot \text{m} = 5 \text{kN} \cdot \text{m}$$

$$M_O(F_2) = -F_2 \cdot d_2 = -30 \times 1.5 \text{kN} \cdot \text{m} = -45 \text{kN} \cdot \text{m}$$

1.6.2　合力矩定理

合力的投影与分力的投影间满足合力投影定理，其合力对某点的矩与分力对同一点的矩也有类似的关系。

合力矩定理：合力对平面内任意一点的力矩等于各分力对同一点力矩的代数和。即

$$M_O(F_R) = M_O(F_1) + M_O(F_2) + \cdots + M_O(F_n) = \sum M_O(F) \tag{1-5}$$

要根据实际问题灵活运用合力矩定理。利用合力矩定理，不仅可以由分力的力矩求出合力的力矩，而且当直接求某个力的力矩困难时，也可以将该力正交分解成容易求力矩的分力，通过求各分力的力矩求出此力的力矩。

【**例1-7**】　求图1-32梁中力F对A点之矩。

【**解**】

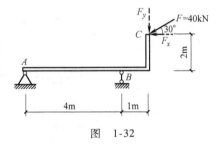

本题中力F的力臂求解比较麻烦，如果将其分解为两个分力F_x和F_y，而两个分力的力臂长度是已知的，因此，可根据（1-5）求出力F对A点之矩。

$$M_A(F_R) = M_A(F_x) + M_A(F_y)$$
$$= F\cos 30° \times 2 - F\sin 30° \times 5$$
$$= (40 \times 0.866 \times 2 - 40 \times 0.5 \times 5) \text{kN} \cdot \text{m}$$
$$= -30.72 \text{kN} \cdot \text{m}$$

图　1-32

【**例1-8**】　求图1-33所示各分布荷载对A点的矩。

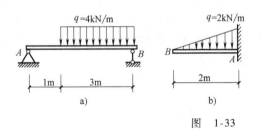
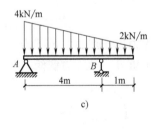

图　1-33

【**解**】

沿直线分布的线荷载可以合成为一个合力。合力的方向与分布荷载的方向相同，合力作用线通过荷载图的重心，其合力的大小等于荷载图的面积。

根据合力矩定理可知，分布荷载对某点之矩就等于其合力对该点之矩。

（1）计算图1-33a均布荷载对A点的力矩：

$$M_A(q) = -4 \times 3 \times \left(1 + \frac{3}{2}\right) \text{kN} \cdot \text{m} = -30 \text{kN} \cdot \text{m}$$

（2）计算图1-33b三角形分布荷载对A点的力矩：

$$M_A(\boldsymbol{q}) = \frac{1}{2} \times 2 \times 2 \times \frac{1}{3} \times 2 \text{kN} \cdot \text{m} = 1.33 \text{kN} \cdot \text{m}$$

（3）计算图 1-33c 梯形分布荷载对 A 点之矩。此时为避免求梯形形心，可将梯形分布荷载分解为均布荷载和三角形分布荷载，则梯形分布荷载对 A 点之矩就等于均布荷载和三角形分布荷载对 A 点之矩的代数和，即

$$M_A(\boldsymbol{q}) = \left(-2 \times 5 \times \frac{5}{2} - \frac{1}{2} \times 2 \times 5 \times \frac{1}{3} \times 5 \right) \text{kN} \cdot \text{m} = -33.33 \text{kN} \cdot \text{m}$$

1.7 力偶

1.7.1 力偶的概念

在日常生活中，常会看到物体同时受到大小相等、方向相反、作用线平行的两个力作用的情况，如汽车司机转动方向盘时加在方向盘上的两个力（图 1-34）；钳工师傅用双手转动丝锥攻螺纹时，两手作用于丝锥扳手上的两个力（图 1-35）；开门时手加在钥匙上的两个力等。这样的两个力显然不是前面所讲的一对平衡力，它们作用在物体上的共同特点都是使物体只产生了转动效应。

图 1-34   图 1-35

这种大小相等、方向相反、作用线不重合的两个平行力称为**力偶**，用符号（$\boldsymbol{F}$，$\boldsymbol{F}'$）表示，如图 1-36 所示。力偶的两个力作用线间的垂直距离 d 称为**力偶臂**，力偶的两个力所构成的平面称为**力偶作用面**。用 F 与 d 的乘积来度量力偶对物体的转动效应，并把这一乘积冠以适当的正负号，称为**力偶矩**，用 m 表示，即

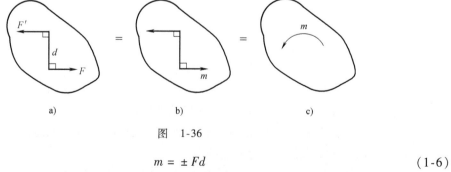

a)   b)   c)

图 1-36

$$m = \pm Fd \tag{1-6}$$

式（1-6）中正负号表示力偶矩的转向。通常规定：若力偶使物体作逆时针方向转动时，力偶矩为正；反之为负。在平面力系中，力偶矩是代数量。力偶矩的单位与力矩相同，

即牛顿·米（N·m）或千牛顿·米（kN·m）。

1.7.2　平面力偶的性质及推论

1. 性质

（1）组成力偶的两个力向任意轴投影的代数和为零，因此力偶无合力，力偶作用在物体上不产生移动效应，只产生转动效应，力偶不能与一个力等效，力偶只能与力偶平衡。

（2）力偶的两个力对其作用面内任意一点的力矩的代数和恒等于其力偶矩，与矩心的位置无关，因此，力偶的转动效应只取决于其力偶矩。

（3）力偶只能与力偶等效，当两个力偶的力偶矩大小相等、转向相同、力偶作用面共面时，两力偶互为等效力偶。

2. 推论

（1）在不改变力偶矩的大小和转向时，可同时改变力和力偶臂的大小，而不会改变其对物体的转动效应。

（2）力偶可在其作用面内任意搬移、旋转，而不会改变其对刚体的作用效果。

由力偶的性质可知，力偶对物体的作用效果取决于**力偶矩的大小、力偶的转向和力偶作用面**，它们称为力偶的三要素。

1.7.3　平面力偶系的合成与平衡

1. 平面力偶系的合成

作用在物体上同一平面的一群力偶或一组力偶称为平面力偶系。在力偶系的作用下，物体同样只产生转动效应。也就是说，力偶系的合成结果仍为一力偶，合力偶的力偶矩等于各分力偶的力偶矩的代数和，即

$$M = m_1 + m_2 + \cdots + m_n = \sum m_i \tag{1-7}$$

2. 平面力偶系的平衡

当平面力偶系的合力偶的力偶矩等于零时，即 $M = 0$ 时，原力偶系对物体不产生转动效应，物体处于平衡状态。在平面力偶系作用下，物体处于平衡状态的条件是

$$M = \sum m_i = 0 \tag{1-8}$$

【**例 1-9**】　求图 1-37 所示梁的支座反力。

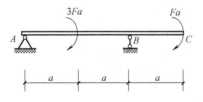 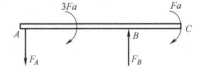

图　1-37

【**解**】

取梁 ABC 为研究对象，梁在两个力偶及 A、B 两处支座反力作用下处于平衡，因梁上只有力偶，根据力偶只能与力偶平衡的性质，可知，F_A 和 F_B 必然组成一个力偶。B 处为可动铰支座，其反力的作用线垂直于 B 支座的支承面，所以 F_A 与 F_B 的作用线平行，梁的受力图如图 1-37b 所示，由平面力偶系的平衡条件有

$$\sum m_i = 0 , \ -3Fa - Fa + F_A \times 2a = 0$$

得 $$F_A = 2F(\downarrow)$$

故 $$F_B = 2F(\uparrow)$$

1.8 力的平移定理

设在刚体上 A 点作用一个力 $\boldsymbol{F}$，现要将其平行移动到刚体内任一点 O，如图 1-38a 所示，但不能改变力对刚体的作用效果。

根据加减平衡力系公理，可在 O 点加上一对平衡力 $\boldsymbol{F}_1$、$\boldsymbol{F}_2$，力 $\boldsymbol{F}_1$、$\boldsymbol{F}_2$ 的作用线与力 $\boldsymbol{F}$ 的作用线平行，且 $F_1 = F_2 = F$，如图 1-38b 所示。力 $\boldsymbol{F}$ 和 $\boldsymbol{F}_2$ 构成一个力偶，其力偶矩等于力 $\boldsymbol{F}$ 对 O 点之矩，即

$$M = M_O(\boldsymbol{F}) = Fd$$

这样，就把作用于 A 点上的力平行移动到了任一点 O，但同时必须附加一个相应的力偶，即附加力偶，如图 1-38c 所示。

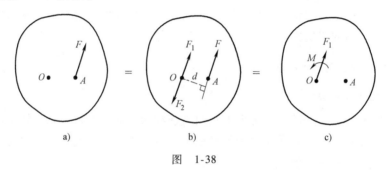

图 1-38

由此可得到力的平移定理：作用于刚体上的力，可平行移动到刚体内任一指定点，但必须在该力与指定点所决定的平面内同时附加一力偶，该附加力偶的矩等于原力对指定点之矩。应用力的平移定理应注意两点：一是平移力 $\boldsymbol{F}_1$ 的大小与作用点的位置无关；二是力的平移定理说明一个力可以与一个力加上一个力偶等效。

思 考 题

1-1 作用与反作用公理的成立与物体的运动状态有无关系？

1-2 物体在大小相等、方向相反、作用在一条直线上的两个力作用下是否一定平衡？

1-3 如图 1-39 所示，在三铰架 ABC 的 C 点悬挂一重为 G 的重物，不计结构自重，指出哪些力是二力平衡；哪些力是作用力与反作用力。

1-4 两个力在同一坐标轴投影相等，此二力是否相等？

1-5 "合力一定大于分力"的说法是否正确？请说明原因。

1-6 用手拔钉子拔不出来，为什么用钉锤能拔出来？

1-7 力偶能否与一个力平衡？

1-8 试比较力矩和力偶的异同。

1-9 能否用力在坐标轴上的投影代数和为零来判断力偶系的平衡？

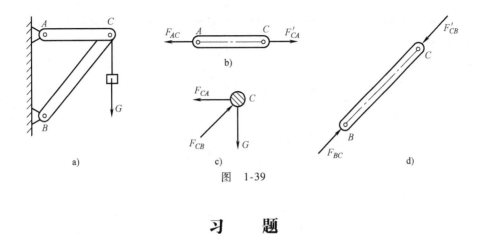

图 1-39

习 题

1-1 画出图 1-40 各物体系统中各杆以及整体的受力图，杆自重不计，接触面光滑。

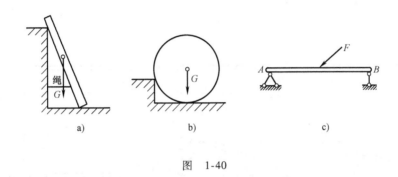

图 1-40

1-2 画出图 1-41 所示各物体系统中各指定部分的受力图，杆自重不计，接触面光滑。

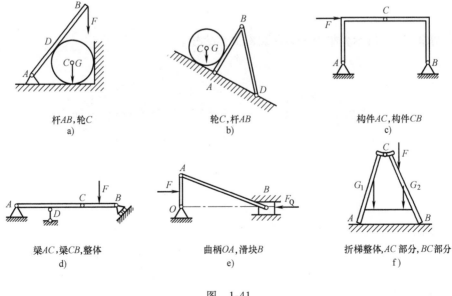

杆AB,轮C
a)

轮C,杆AB
b)

构件AC,构件CB
c)

梁AC,梁CB,整体
d)

曲柄OA,滑块B
e)

折梯整体,AC部分,BC部分
f)

图 1-41

1-3 求图 1-42 所示各力分别在 x、y 轴上的投影。已知 $F_1 = 30\text{kN}$，$F_2 = 25\text{kN}$，$F_3 = 35\text{kN}$，$F_4 = 15\text{kN}$。

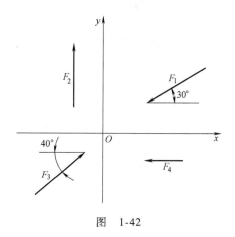

图 1-42

1-4 计算图 1-43 中力 **F** 对支座之矩。

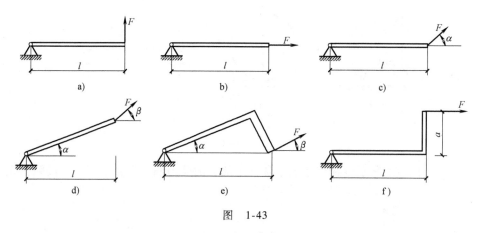

图 1-43

1-5 求图 1-44 所示各梁上分布荷载对 B 点之矩。

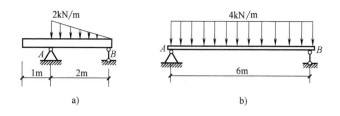

图 1-44

1-6 求图 1-45 所示各梁的支座反力。

1-7 图 1-46 所示四连杆机构 $ABCD$，杆 AB 和 CD 上各作用一力偶，使机构处于平衡状态。已知：$m_1 = 1\text{N} \cdot \text{m}$，$CD = 400\text{mm}$，$AB = 600\text{mm}$，各杆自重不计。求作用在杆 AB 的力偶矩 m_2 及杆 BC 所受的力 **F**。

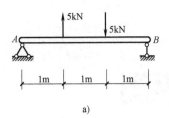

a)

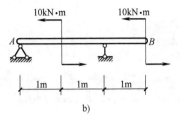

b)

图 1-45

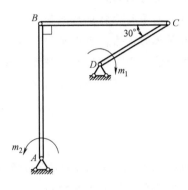

图 1-46

第2章

平面力系的合成与平衡

学习目标

会用几何法和解析法求平面汇交力系的合力。

· 熟练掌握利用平面汇交力系的平衡方程求解未知力的方法和步骤。

· 熟悉平面一般力系向一点简化的方法，会求平面一般力系的主矢和主矩。

· 理解平面一般力系的平衡条件及平衡方程的三种形式及其适用条件。

· 应用平面一般力系的平衡方程求解单个物体和简单物体系统的平衡问题。

2.1　力系的分类

作用在物体上的力系，根据各力作用线在空间的分布情况，可分为平面力系和空间力系。凡各力作用线都在同一平面内的力系称为**平面力系**；各力作用线不在同一平面内的力系称为**空间力系**。

平面力系中按各力的作用线是否交于同一点或相互平行，又可分为**平面汇交力系、平面平行力系和平面一般力系**。在平面力系中，各力的作用线交于同一点的力系称为平面汇交力系；各力的作用线相互平行的力系称为平面平行力系；各力的作用线任意分布的力系称为平面一般力系或平面任意力系。同样，空间力系也可分为空间汇交力系、空间平行力系和空间一般力系。

实际物体受到的力系作用往往比较复杂，但建筑工程中的很多问题都可以简化为平面力系来处理，本章将讨论平面力系的合成及平衡条件的应用。

2.2　平面汇交力系的合成与平衡

平面汇交力系是最简单的一种力系，在工程中有很多应用实例。例如，起重机起吊重物时，如图 2-1a 所示，作用于吊钩 C 上的三根绳索的拉力都在同一平面内且汇交于一点，就组成一个平面汇交力系。又如图 2-1b 所示的三角支架，当杆件自重不计时，作用于铰链 C 上的三个力也组成平面汇交力系。本节将用几何法和解析法分别讨论平面汇交力系的合成与平衡问题。

2.2.1　平面汇交力系的合成

1. 合成的几何法

平面汇交力系合成的依据是力的多边形法则。如图 2-2a 所示，设物体上 O 点处作用一

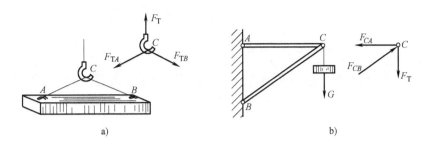

图　2-1

个平面汇交力系 F_1、F_2、F_3、F_4，现求其合力。如图 2-2b 所示，只需按选定的比例尺将各力矢量首尾相接，然后从力 F_1 的始端 A 连接力 F_4 末端 E 得矢量 $\overline{AE}$，这个矢量就代表合力 F_R 的大小和方向，其矢量关系的数学表达式为

$$F_R = F_1 + F_2 + F_3 + F_4$$

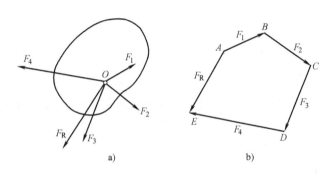

图　2-2

上述方法可以推广到任意个汇交力系的情形。由此可知，**平面汇交力系合成的结果是一个合力，该合力的大小和方向等于力系中各分力的矢量和，可由力多边形的封闭边来确定，合力的作用线通过力系的汇交点**。矢量关系式为

$$F_R = F_1 + F_2 + F_3 + \cdots + F_n = \sum F \tag{2-1}$$

2. 合成的解析法

从上面的分析可知，几何法具有直观、简捷的优点，但要求作图精确，否则误差较大。为了得到准确的结果，力学中通常采用解析法。

解析法是利用合力投影定理，由分力的投影求出合力的投影，再求出合力的大小和方向的方法。

如图 2-3 所示，设在物体上的 O 点作用有一个平面汇交力系 F_1，F_2，$\cdots$，F_n，F_R 为该力系的合力。可选取直角坐标系 xOy，求出力系中各分力在 x 轴和 y 轴上的投影 F_{1x}，F_{2x}，$\cdots$，F_{nx} 与 F_{1y}，F_{2y}，$\cdots$，F_{ny}。根据合力投影定理，合力在 x、y 轴上的投影 F_{Rx}、F_{Ry} 可由下式确定：

$$\begin{cases} F_{Rx} = F_{1x} + F_{2x} + \cdots + F_{nx} = \sum F_x \\ F_{Ry} = F_{1y} + F_{2y} + \cdots + F_{ny} = \sum F_y \end{cases} \tag{2-2}$$

由图中的几何关系，可求出合力的大小和方向分别为

$$\begin{cases} F_R = \sqrt{F_{Rx}^2 + F_{Ry}^2} = \sqrt{(\sum F_x)^2 + (\sum F_y)^2} \\ \tan\alpha = \dfrac{|F_{Ry}|}{|F_{Rx}|} = \dfrac{|\sum F_y|}{|\sum F_x|} \end{cases} \qquad (2\text{-}3)$$

式中，α 为合力 $\boldsymbol{F}_R$ 与 x 轴所夹的锐角，α 角在哪个象限由 $\sum F_x$ 和 $\sum F_y$ 的正负号确定，具体如图 2-4 所示。合力 $\boldsymbol{F}_R$ 的作用线通过力系的汇交点。

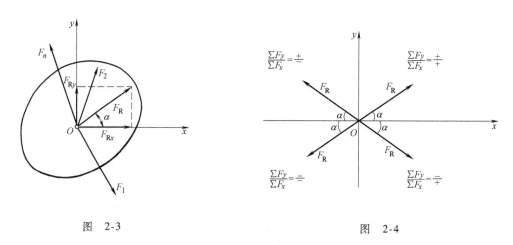

图　2-3　　　　　　　　　　　　　　　　　　图　2-4

【例 2-1】 如图 2-5a 所示，一固定于房顶上的吊钩上受到共面的三根绳的拉力作用，已知 $F_1 = F_2 = 500\text{N}$，$F_3 = 1360\text{N}$，试分别用几何法和解析法求这三个力的合力的大小和方向。

【解】

（1）几何法。

如图 2-5b 所示，选定比例尺，首尾相接地画出 F_1、F_2、F_3，则封闭边 AD 长即为合力 F_R 的大小，其指向为从 A 指向 D，按比例从图中可量得

$$F_R = 1360\text{N}$$

$$\theta = 60°$$

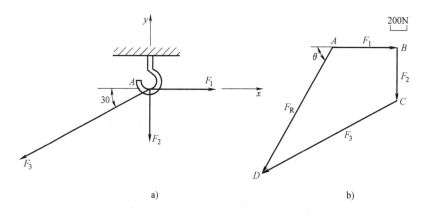

a)　　　　　　　　　　　　　　　　　　　b)

图　2-5

（2）解析法。

取各力的汇交点 A 为坐标原点，建立坐标系如图 2-5a 所示，则合力 $\boldsymbol{F}_R$ 在 x、y 轴上的投影分别为

$$F_{Rx} = \sum F_x = F_1 - F_3\cos30° = (500 - 1360 \times 0.866)\,\text{N} = -677.76\,\text{N}$$

$$F_{Ry} = \sum F_y = -F_2 - F_3\sin30° = (-500 - 1360 \times 0.5)\,\text{N} = -1180\,\text{N}$$

则合力的大小为

$$F_R = \sqrt{F_{Rx}^2 + F_{Ry}^2} = \sqrt{(-677.76)^2 + (-1180)^2}\,\text{N} = 1360.79\,\text{N}$$

合力的方向为

$$\tan\alpha = \frac{|F_{Ry}|}{|F_{Rx}|} = \frac{|-1180|}{|-677.76|} = 1.741,\ \alpha = 60.13°$$

由于 F_{Rx}、F_{Ry} 均为负值，故 α 在第三象限，合力 $\boldsymbol{F}_R$ 的作用线通过汇交点 A。

2.2.2 平面汇交力系的平衡

由 2.2.1 节可知，平面汇交力系可以合成为一个力，该合力与原力系等效。显然，如果平面汇交力系的合力为零，则物体在该力系的作用下，必然处于平衡。反之，如果物体在平面汇交力系的作用下保持平衡，则该力系的合力必等于零。因此，**平面汇交力系平衡的必要和充分条件是平面汇交力系的合力等于零**。用矢量表示为

$$\boldsymbol{F}_R = \sum \boldsymbol{F} = 0$$

1. 平衡的几何条件

几何法中，力多边形的封闭边代表平面汇交力系合力的大小和方向。所以，如果合力等于零，力多边形的封闭边长度就为零，即力多边形自行封闭。反之，如果平面汇交力系的力多边形自行封闭，则力系的合力必为零。因此**平面汇交力系平衡的必要和充分的几何条件是力多边形自行封闭**，即力系中各力组成一个首尾相接的封闭的力多边形。应用平衡的几何条件，可求解两个未知力。

2. 平衡的解析条件

由式（2-3）可知，合力的大小为

$$F_R = \sqrt{F_{Rx}^2 + F_{Ry}^2} = \sqrt{\left(\sum F_x\right)^2 + \left(\sum F_y\right)^2}$$

由上式可知，要使 $F_R = 0$，$\sum F_x$ 和 $\sum F_y$ 就必须同时等于零，即

$$\begin{cases} \sum F_x = 0 \\ \sum F_y = 0 \end{cases} \tag{2-4}$$

因此，在平面直角坐标系中，**平面汇交力系平衡的必要与充分的解析条件是力系中所有的力在两个坐标轴中每一轴上投影的代数和等于零**。式（2-4）称为平面汇交力系的平衡方程。应用这两个独立的平衡方程可以求解两个未知量。

下面举例说明平面汇交力系平衡条件的应用。

【例 2-2】 图 2-6a 所示为起重机起吊预制构件的情形，构件自重 $G = 10\text{kN}$，钢丝绳与竖向线夹角 $\alpha = 45°$，钢丝绳和吊钩自重不计。当构件匀速上升时，试分别用几何法和解析法求钢丝绳 AC、BC 所受的拉力。

【解】

（1）首先以整体为研究对象，如图 2-6a 所示，根据二力平衡公理可知：$F_T = G = 10\text{kN}$。再取吊钩 C 为研究对象，受力图如图 2-6b 所示。作用在吊钩 C 上的三个力 F_T、F_{TA}、F_{TB} 是一个平衡的平面汇交力系。

（2）用几何法求解。

根据平衡的几何条件，F_T、F_{TA}、F_{TB} 三个力所构成的力多边形自行闭合。作图时，先按图示的比例尺作矢量 ab 等于 F_T，然后从 F_T 的始端 a、末端 b 分别作平行于图 2-6b 中的拉力 F_{TA} 和 F_{TB}，得交点 c 和闭合的力多边形 abc，如图 2-6c 所示。F_{TA} 和 F_{TB} 的指向可根据力多边形首尾相接的原则定出。从图上用同一比例可量出 bc 和 ca 边的长度，由此可得

$$F_{TA} = F_{TB} = 7.5\text{kN}$$

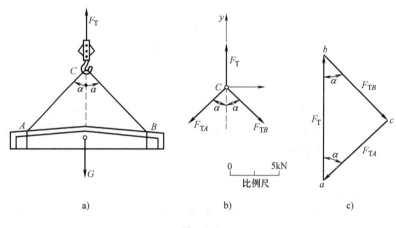

图 2-6

（3）用解析法求解。

建立坐标系如图 2-6b 所示，列平衡方程求未知力 F_{TA}、F_{TB}。

$$\sum F_x = 0, \quad -F_{TA}\sin45° + F_{TB}\sin45° = 0 \tag{1}$$

$$\sum F_y = 0, \quad F_T - F_{TA}\cos45° - F_{TB}\cos45° = 0 \tag{2}$$

由式（1）得 $F_{TA} = F_{TB}$，代入式（2）得

$$F_{TA} = F_{TB} = \frac{F_T}{2\cos45°} = \frac{10}{2 \times 0.707}\text{kN} = 7.07\text{kN}$$

从上面的计算过程可以看出，用几何法求解的特点是简单、直观，但不如用解析法计算精确。

现对夹角 α 作一简要分析：

（1）由于夹角 α 在 0°~90°范围内，α 越大，则拉力 F_{TA}、F_{TB} 就越大。一方面，拉力大要求钢丝绳要有大的直径或截面面积；另一方面，此时构件所受的轴向压力也就越大，这对于细长构件的吊装极为不利，甚至有危险。

（2）如果夹角 α 过小，虽然钢丝绳所受的拉力以及构件所受的轴向压力会大大降低，但此时吊索过长，构件在移动时不稳定，容易造成意外事故，而且还会影响到吊装高度。

因此在吊装构件时，夹角 α 既不能太小，也不易过大，一般采用 α 为 45°~60°。

【例 2-3】 如图 2-7a 所示，一构架由杆 AB 与 AC 组成，A、B、C 三点都是铰接。A 点

处悬挂 $G = 10\text{kN}$ 的重物。不计杆重，试用解析法求 AB 杆和 AC 杆所受的力。

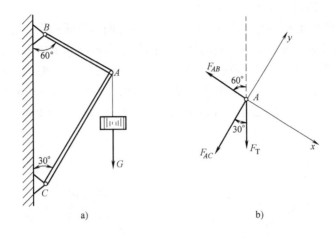

图 2-7

【解】

（1）取销钉 A 为研究对象，画出受力图如图 2-7b 所示。

因杆 AB、AC 都是二力杆，故 $\boldsymbol{F}_{AB}$、$\boldsymbol{F}_{AC}$ 的作用线都是沿杆轴方向，其指向事先假定为拉力。由于重物受两个力作用而平衡，可知 $F_\text{T} = G = 10\text{kN}$。$\boldsymbol{F}_{AB}$、$\boldsymbol{F}_{AC}$、$\boldsymbol{F}_\text{T}$ 三个力汇交于 A 点，处于平衡状态。

（2）建立坐标系 xAy，列平衡方程：

$$\sum F_x = 0,\ -F_{AB} + F_\text{T}\sin 30° = 0$$
$$\sum F_y = 0,\ -F_{AC} - F_\text{T}\cos 30° = 0$$

解方程得

$$F_{AB} = F_\text{T}\sin 30° = 10 \times 0.5\text{kN} = 5\text{kN}$$
$$F_{AC} = -F_\text{T}\cos 30° = -10 \times 0.866\text{kN} = -8.66\text{kN}$$

F_{AB} 为正值，说明 $\boldsymbol{F}_{AB}$ 的实际指向与假设指向一致，AB 杆受拉；F_{AC} 为负值，说明 $\boldsymbol{F}_{AC}$ 的实际指向与假设指向相反，AC 杆受压。

通过上述例题，可总结出用解析法求解平面汇交力系平衡问题的方法和步骤：

（1）选取适当的研究对象，画出受力图，可以事先假定未知力的方向。

（2）选取适当的坐标系，原则是尽可能让未知力与坐标轴垂直，减少方程中未知力的数目。

（3）根据平衡条件列出平衡方程，解方程求出未知力。当求出的未知力为负数时，说明该力的实际指向与所假设的方向相反。

2.3 平面一般力系的合成与平衡

在工程实际中，有很多属于平面一般力系的问题，或可以简化为平面一般力系的问题来处理。

例如，工程中有些结构，若其厚度比其他方向的尺寸小得多，这类结构称为平面结构。在平面结构上作用的各力，一般都在同一平面内，组成平面一般力系。如图 2-8 所示的三角形屋架，它受到屋面传来的竖向荷载 F_1、风荷载 F_2 以及两端支座的约束反力 F_{Ax}、F_{Ay} 和 F_B 的作用，这些力就构成一个平面一般力系。

工程中还有些结构本身不是平面结构，所受的各力也不在同一平面内，但结构本身和作用在其上的各力都对称分布于某一平面的两侧，则作用在该结构上的力系也可简化为在此平面内的平面一般力系。例如，图 2-9a 所示的重力坝，它的纵向很长，各个横截面相同，且长度相等的各段受力情况也相同，对其进行受力分析时，往往取 1m 长的结构段来考虑，它所受到的重力、水压力和地基反力也可简化到 1m 长坝身的对称面上而组成平面一般力系，如图 2-9b 所示。

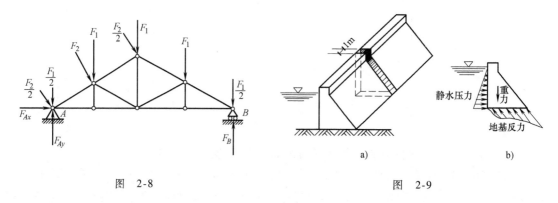

图 2-8   图 2-9

由此可见，研究平面一般力系具有极为重要的意义，本节将讨论平面一般力系的简化和平衡问题。

2.3.1 平面一般力系向作用面内任一点简化

由前面的学习可知，平面汇交力系可以合成为一个合力，平面力偶系可以合成为一个合力偶。为了讨论平面一般力系的合成，利用力的平移定理，将平面一般力系的各力向作用面内任一点平移。

1. 简化方法和结果

设在物体上作用有平面一般力系 F_1，F_2，$\cdots$，F_n，如图 2-10a 所示。为简化该力系，首先在该力系的作用面内任选一点 O 作为简化中心，然后根据力的平移定理，将各力全部

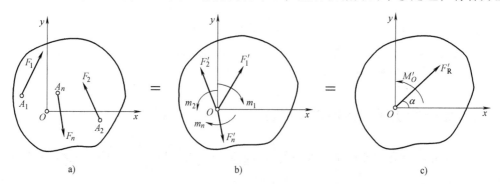

图 2-10

平移到 O 点，得到一个平面汇交力系 F'_1，F'_2，$\cdots$，F'_n 和一个附加的平面力偶系 m_1，m_2，$\cdots$，m_n，如图 2-10b 所示。

其中，平面汇交力系中各力的大小和方向分别与原力系中对应的各力相同，即

$$F'_1 = F_1, \quad F'_2 = F_2, \cdots, F'_n = F_n$$

各附加的力偶矩分别等于原力系中各力对简化中心 O 点之矩，即

$$m_1 = M_O(F_1), m_2 = M_O(F_2), \cdots, m_n = M_O(F_n)$$

2. 主矢和主矩

由平面汇交力系合成的理论可知，F'_1，F'_2，$\cdots$，F'_n 可合成为一个作用于 O 点的力 F'_R，如图 2-10c 所示，并称 F'_R 为原力系的主矢，即

$$F'_R = F'_1 + F'_2 + \cdots + F'_n = F_1 + F_2 + \cdots + F_n = \sum F \tag{2-5}$$

可应用解析法求主矢 F'_R 的大小和方向。过 O 点取直角坐标系 xOy，如图 2-10 所示。主矢 F'_R 在 x 轴和 y 轴上的投影为

$$F'_{Rx} = F'_{1x} + F'_{2x} + \cdots + F'_{nx} = F_{1x} + F_{2x} + \cdots + F_{nx} = \sum F_x$$

$$F'_{Ry} = F'_{1y} + F'_{2y} + \cdots + F'_{ny} = F_{1y} + F_{2y} + \cdots + F_{ny} = \sum F_y$$

由平面汇交力系的合力公式可得主矢 F'_R 的大小和方向为

$$F'_R = \sqrt{(F'_{Rx})^2 + (F'_{Ry})^2} = \sqrt{(\sum F_x)^2 + (\sum F_y)^2}$$

$$\tan\alpha = \frac{|F'_{Ry}|}{|F'_{Rx}|} = \frac{|\sum F_y|}{|\sum F_x|} \tag{2-6}$$

α 为主矢 F'_R 与 x 轴所夹的锐角，α 角在哪个象限由 $\sum F_x$ 和 $\sum F_y$ 的正负号确定。

由平面力偶系合成的理论可知，m_1，m_2，$\cdots$，m_n 可合成为一个力偶，如图 2-10c 所示，其合力偶矩 M'_O 称为原力系对简化中心 O 的主矩，即

$$M'_O = m_1 + m_2 + \cdots + m_n \tag{2-7}$$

$$= M_O(F_1) + M_O(F_2) + \cdots + M_O(F_n) = \sum M_O(F)$$

综上所述，可以得出以下结论：**平面一般力系向作用面内任一点简化，可得到一个力和一个力偶。这个力作用在简化中心，它的矢量称为原力系的主矢，并等于原力系中各力的矢量和；这个力偶的力偶矩称为原力系对简化中心的主矩，并等于原力系各力对简化中心的力矩的代数和。**

必须指出，主矢 F'_R 并不是原力系的合力，主矩 M'_O 也不是原力系的合力偶，只有 F'_R 与 M'_O 两者相结合才与原力系等效。另外，主矢 F'_R 的大小和方向与简化中心的位置无关，而主矩 M'_O 一般与简化中心的位置有关，因为改变简化中心的位置，也会改变各力对简化中心的力矩。

3. 简化结果的讨论

平面一般力系向其作用面内任一点简化，一般可得到一个力和一个力偶，根据主矢和主矩是否为零，其最后的简化结果可能出现以下四种情况。

（1）主矢 $F'_R = 0$，主矩 $M'_O \neq 0$。

说明原力系与一个力偶等效，而这个力偶的力偶矩就是主矩。由于力偶对其作用面内任意一点之矩恒等于力偶矩，因此当力系合成为一力偶时，其主矩与简化中心的位置无关。

（2）主矢 $F'_R \neq 0$，主矩 $M'_O = 0$。

说明原力系与一个力等效，即原力系合成为一个合力，合力的大小、方向与原力系的主矢 $\boldsymbol{F}_R'$ 相同，作用线通过简化中心。

（3）主矢 $\boldsymbol{F}_R' \neq 0$，主矩 $M_O' \neq 0$。

根据力的平移定理的逆过程，这个力和力偶还可以进一步合成为一个合力 $\boldsymbol{F}_R$，如图 2-11 所示。

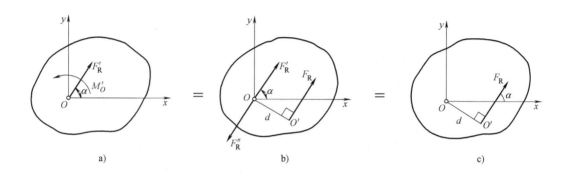

图　2-11

将力偶矩为 M_O' 的力偶用两个反向平行力 $\boldsymbol{F}_R$、$\boldsymbol{F}_R''$ 表示，使力的大小 $F_R = F_R'' = F_R'$ 且 $\boldsymbol{F}_R''$ 作用线与 $\boldsymbol{F}_R'$ 共线，如图 2-11b 所示，力 $\boldsymbol{F}_R''$ 和 $\boldsymbol{F}_R'$ 相互平衡，将这一平衡力系去掉，就只剩下力 $\boldsymbol{F}_R$ 与原力系等效。所以原力系合成为一个合力 $\boldsymbol{F}_R$，合力 $\boldsymbol{F}_R$ 的大小、方向与原力系的主矢 $\boldsymbol{F}_R'$ 相同，合力的作用线到简化中心 O 的距离 d 由下式确定：

$$d = \frac{|M_O'|}{F_R'} = \frac{|M_O'|}{F_R}$$

合力 $\boldsymbol{F}_R$ 在 O 点的哪一侧，由 $\boldsymbol{F}_R$ 对 O 点之矩的转向应与主矩 M_O' 的转向相一致来确定。

（4）主矢 $\boldsymbol{F}_R' = 0$，主矩 $M_O' = 0$。

此时力系处于平衡状态，这种情形将在下节详细讨论。

4. 平面一般力系的合力矩定理

由图 2-11 可知，合力 $\boldsymbol{F}_R$ 对 O 点之矩为

$$M_O(\boldsymbol{F}_R) = F_R \cdot d$$

而

$$F_R \cdot d = M_O' \quad M_O' = \sum M_O(\boldsymbol{F})$$

所以

$$M_O(\boldsymbol{F}_R) = \sum M_O(\boldsymbol{F})$$

由于简化中心 O 是任意选取的，故上式具有普遍意义。于是可得到平面一般力系的合力矩定理：**平面一般力系的合力对作用面内任一点之矩等于力系中各力对同一点之矩的代数和。**

【例 2-4】　如图 2-12a 所示，梁 AB 的 A 端是固定端支座，试用力系向某点简化的方法说明固定端支座的反力情况。

【解】

梁的 A 端嵌入墙内成为固定端，固定端约束的特点是使梁的端部既不能移动也不能转

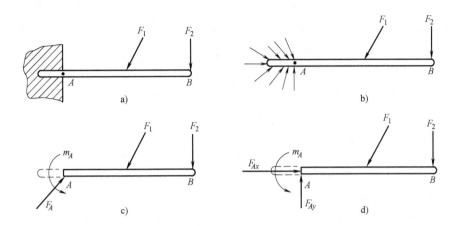

图　2-12

动。在主动力作用下，梁插入部分与墙接触的各点都受到大小和方向都不同的约束反力作用，如图 2-12b 所示，这些约束反力就构成一个平面一般力系，将该力系向梁上 A 点简化可得到一个力 $\boldsymbol{F}_A$ 和一个力偶矩为 m_A 的力偶，如图 2-12c 所示。为了便于计算，一般可将约束反力 $\boldsymbol{F}_A$ 用它的水平分力 $\boldsymbol{F}_{Ax}$ 和垂直分力 $\boldsymbol{F}_{Ay}$ 来代替。因此，在平面力系情况下，固定端支座的约束反力包括三个，即阻止梁端向任何方向移动的水平反力 $\boldsymbol{F}_{Ax}$ 和竖向反力 $\boldsymbol{F}_{Ay}$，以及阻止物体转动的反力偶 m_A。它们的指向都是假定的，如图 2-12d 所示。

【例 2-5】　挡土墙受荷载作用如图 2-13a 所示。已知挡土墙自重 $G = 400\text{kN}$，水压力 $F_1 = 180\text{kN}$，土压力 $F_2 = 320\text{kN}$。试将这三个力向底面中心 O 点简化，并求简化的最后结果。

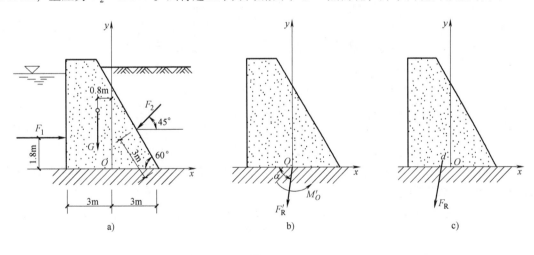

图　2-13

【解】

以底面中心 O 点为简化中心，取坐标系如图 2-13a 所示，由式（2-6）可求得主矢的大小和方向：

$$F'_{Rx} = \sum F_x = F_1 - F_2\cos45° = (180 - 320 \times 0.707)\text{kN} = -46.24\text{kN}$$

$$F'_{Ry} = \sum F_y = -G - F_2 \sin 45° = (-400 - 320 \times 0.707) \text{kN} = -626.24 \text{kN}$$

$$F'_R = \sqrt{(F'_{Rx})^2 + (F'_{Ry})^2} = \sqrt{(\sum F_x)^2 + (\sum F_y)^2} = \sqrt{(-46.24)^2 + (-626.24)^2} \text{kN} = 627.94 \text{kN}$$

$$\tan\alpha = \frac{|\sum F_y|}{|\sum F_x|} = \frac{|-626.24|}{|-46.24|} = 13.54 \quad \alpha = 85.77°$$

因为 $\sum F_x$ 和 $\sum F_y$ 都是负值，故 F'_R 指向第三象限，与 x 轴的夹角为 α。再由式（2-7）可求得主矩为

$$M'_O = \sum M_O(\boldsymbol{F})$$
$$= -F_1 \times 1.8 + F_2 \cos 45° \times 3 \sin 60° - F_2 \sin 45° \times (3 - 3\cos 60°) + G \times 0.8$$
$$= [-180 \times 1.8 + 320 \times 0.707 \times 3 \times 0.866 - 320 \times 0.707 \times (3 - 3 \times 0.5) + 400 \times 0.8] \text{kN} \cdot \text{m}$$
$$= 244.41 \text{kN} \cdot \text{m}$$

因为主矢 $F'_R \neq 0$、主矩 $M'_O \neq 0$，如图 2-13b 所示，所以原力系还可进一步简化为一个合力 $\boldsymbol{F}_R$。$\boldsymbol{F}_R$ 的大小、方向与 F'_R 相同，它的作用线与 O 点的距离为

$$d = \frac{|M'_O|}{F'_R} = \frac{244.41}{627.94} \text{m} = 0.389 \text{m}$$

因 M'_O 为正，故 $M_O(\boldsymbol{F}_R)$ 也为正，即合力 $\boldsymbol{F}_R$ 应在 O 点左侧，如图 2-13c 所示。

2.3.2 平面一般力系的平衡条件及其应用

1. 平面一般力系平衡方程的基本形式

将平面一般力系向任一点简化时，如果主矢、主矩同时等于零，则该力系为平衡力系。因此，平面一般力系平衡的必要和充分条件是力系的主矢和力系对任一点的主矩都等于零，即

$$F'_R = 0, M'_O = 0$$

由于

$$F'_R = \sqrt{(\sum F_x)^2 + (\sum F_y)^2} = 0, M'_O = \sum M_O(\boldsymbol{F}) = 0$$

于是可得到平面一般力系的平衡条件为

$$\begin{cases} \sum F_x = 0 \\ \sum F_y = 0 \\ \sum M_O(\boldsymbol{F}) = 0 \end{cases} \tag{2-8}$$

即力系中所有各力在作用面内两个坐标轴中每一轴上投影的代数和都等于零；力系中所有力对任一点之矩的代数和等于零。

式（2-8）称为平面一般力系平衡方程的基本形式，其中前两式是投影方程，第三式为力矩方程，由于只包含了一个力矩方程，故又称为一力矩式方程。这三个方程是彼此独立的，可以求解三个未知量。

【例 2-6】 悬臂梁 AB 受荷载作用如图 2-14a 所示。梁的自重不计，求支座 A 的反力。

【解】

（1）取梁 AB 为研究对象，画其受力图如图 2-14b 所示。

（2）选定坐标系如图所示，列出平衡方程并求解。

$$\sum F_x = 0, F_{Ax} - 10\cos 45° = 0$$

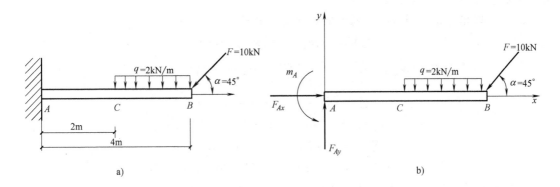

图　2-14

$$F_{Ax} = 10 \times 0.707 \text{kN} = 7.07 \text{kN}(\rightarrow)$$

$$\sum F_y = 0, F_{Ay} - 2 \times 2 \text{kN} - 10 \times \sin45°\text{kN} = 0$$

$$F_{Ay} = 4 \text{kN} + 10 \times 0.707 \text{kN} = 11.07 \text{kN}(\uparrow)$$

$$\sum M_A = 0, m_A - 2 \times 2 \times \left(2 + \frac{1}{2} \times 2\right)\text{kN} \cdot \text{m} - 10 \times \sin45° \times 4\text{kN} \cdot \text{m} = 0$$

$$m_A = 2 \times 2 \times 3\text{kN} \cdot \text{m} + 10 \times 0.707 \times 4\text{kN} \cdot \text{m} = 40.28 \text{kN} \cdot \text{m}(逆时针)$$

所求得的结果均为正值，表明约束反力的实际指向与假设相同。

（3）校核。

$$\sum M_B = 2 \times 2 \times 1\text{kN} \cdot \text{m} - 11.07 \times 4\text{kN} \cdot \text{m} + 40.28 \text{kN} \cdot \text{m} = 0$$

可见，F_{Ay} 和 m_A 计算无误。

【例2-7】　一水平托架承受重 $G = 20$kN 的重物，如图2-15a所示，A、B、C 各处均为铰链连接。各杆的自重不计，试求托架 A、B 两处的约束反力。

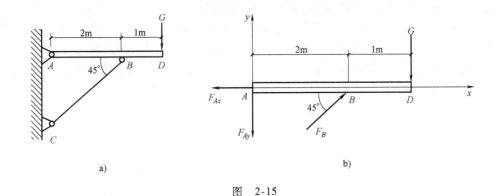

图　2-15

【解】

（1）取托架水平杆 AD 作为研究对象，画其受力图如图2-15b所示。由于杆 BC 为二力杆，它对托架水平杆的约束反力 $\boldsymbol{F}_B$ 沿杆 BC 轴线作用，A 处为固定铰支座，其约束反力可用相互垂直的一对反力 $\boldsymbol{F}_{Ax}$ 和 $\boldsymbol{F}_{Ay}$ 来代替。

（2）选取坐标系如图所示，列出平衡方程并求解。

$$\sum M_A = 0, \quad F_B \sin45° \times 2 - 3G = 0$$

$$F_B = \frac{3G}{2\sin45°} = \frac{3 \times 20}{2 \times 0.707}\text{kN} = 42.43\text{kN}(\nearrow)$$

$$\sum F_x = 0, \quad -F_{Ax} + F_B\cos45° = 0$$

$$F_{Ax} = F_B\cos45° = 42.43 \times 0.707\text{kN} = 30\text{kN}(\leftarrow)$$

$$\sum F_y = 0, \quad -F_{Ay} + F_B\sin45° - G = 0$$

$$F_{Ay} = F_B\sin45° - G = (42.43 \times 0.707 - 20)\text{kN} = 10\text{kN}(\downarrow)$$

求得结果均为正值，表明约束反力的实际指向与假设相同。

（3）校核。

$$\sum M_D = F_{Ay} \times 3 - F_B\sin45° \times 1$$
$$= (10 \times 3 - 42.43 \times 0.707 \times 1)\text{kN} \cdot \text{m}$$
$$= 0$$

说明 F_{Ay} 和 F_B 计算无误。

从上述例题可见，选取适当的坐标轴和矩心，能减少每个平衡方程中未知量的数目。通常可将矩心取在两个未知力的交点上，而投影轴尽量与多个未知力垂直。

2. 平面一般力系平衡方程的其他形式

式（2-8）是平面一般力系平衡方程的基本形式，但不是唯一的形式，平衡方程还可表示为二力矩式和三力矩式。

（1）二力矩式

二力矩式由一个投影方程和两个力矩方程组成，即

$$\begin{cases} \sum F_x = 0(\text{或} \sum F_y = 0) \\ \sum M_A = 0 \\ \sum M_B = 0 \end{cases} \tag{2-9}$$

式中，x **轴（或** y **轴）不能与** A **、** B **两点连线垂直。**

证明：若力系满足 $\sum M_A = 0$，则原力系向 A 点简化的结果，是一个通过 A 点的合力或处于平衡。同理，若 $\sum M_B = 0$ 成立，则力系简化结果为一个作用线沿 AB 连线的合力 $\boldsymbol{F}_R$（图2-16）或处于平衡。如果 $\sum F_x = 0$ 也成立，当 x 轴不与 AB 连线垂直，则可断定合力 $\boldsymbol{F}_R = 0$。原力系既不能合成为力偶，也不能有合力，故力系必然为平衡力系。

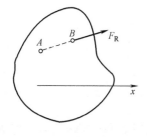

图 2-16

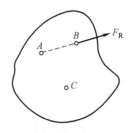

图 2-17

（2）三力矩式

三力矩式由三个力矩方程组成，即

$$\begin{cases} \sum M_A = 0 \\ \sum M_B = 0 \\ \sum M_C = 0 \end{cases} \qquad (2\text{-}10)$$

式中，A、B、C 三点不在一条直线上。

证明：与上面讨论相同，设 $\sum M_A = 0$ 和 $\sum M_B = 0$ 同时成立，则力系简化结果只能是经过 A、B 两点的一个合力 $\boldsymbol{F}_R$（图2-17）或处于平衡。如果 $\sum M_C = 0$ 也成立，且 C 点不在 AB 连线上，则力系必处于平衡，因为一个力不可能经过不在一条直线上的三点。

平面一般力系的平衡方程有三种不同的形式，即基本形式、二力矩式、三力矩式，在解题时可以根据具体情况选取其中某一种形式，但无论采用哪种形式，只有三个独立的平衡方程。

【例 2-8】　简支刚架受荷载作用如图 2-18a 所示，求 A、B 支座的反力。

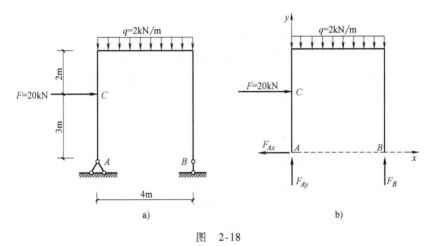

图　2-18

【解】

（1）取刚架整体为研究对象，画其受力图如图 2-18b 所示。

（2）选定坐标系，列二力矩式的平衡方程并求解。

$\sum F_x = 0$，$-F_{Ax} + F = 0$

$$F_{Ax} = F = 20\text{kN}\ (\leftarrow)$$

$\sum M_A = 0$，$4F_B - 3F - 4q \times 2 = 0$

$$F_B = \frac{1}{4} \times (3F + 8q) = \frac{1}{4} \times (3 \times 20 + 8 \times 2)\text{kN} = 19\text{kN}\ (\uparrow)$$

$\sum M_B = 0$，$-4F_{Ay} - 3F + 4q \times 2 = 0$

$$F_{Ay} = \frac{1}{4} \times (8q - 3F) = \frac{1}{4} \times (8 \times 2 - 3 \times 20)\text{kN} = -11\text{kN}\ (\downarrow)$$

F_{Ay} 为负值，表示力的实际方向与假设方向相反。

（3）校核。

$$\sum F_y = F_{Ay} + F_B - 4q = (-11 + 19 - 4 \times 2)\text{kN} = 0$$

说明计算无误。

3. 平面平行力系的平衡方程

平面平行力系是平面一般力系的一种特殊情况，其平衡方程都可由平面一般力系的平衡方程推出。如图 2-19 所示，各力组成一个平面平行力系。当取 x 轴与各力作用线垂直时，不论力系是否平衡，各力在 x 轴上的投影恒等于零，即 $\sum F_x = 0$ 成为恒等式，从平面一般力系的平衡方程中除去该方程，可导出平面平行力系的平衡方程为

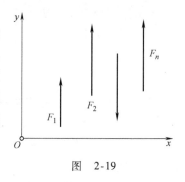

图　2-19

$$\begin{cases} \sum F_y = 0 \\ \sum M_A = 0 \end{cases} \qquad (2\text{-}11)$$

同理，由平面一般力系的平衡方程的二力矩式，可导出平面平行力系的平衡方程另一种形式为

$$\begin{cases} \sum M_A = 0 \\ \sum M_B = 0 \end{cases} \qquad (2\text{-}12)$$

式中，A、B 连线不能平行于各力作用线。

平面平行力系只有两个独立的平衡方程，只能求解两个未知量。

【**例 2-9**】　某外伸梁的构造及尺寸如图 2-20a 所示，该梁的计算简图及承受荷载情况如图 2-20b 所示，求 A、B 支座的反力。

【**解**】

（1）取梁 AC 为研究对象，画其受力图如图 2-20c 所示。

（2）选定坐标系，列二力矩式的平衡方程并求解。

$$\sum M_A = 0, \quad F_B \times 5 - 20 \times 5 \times 2.5 - 25 \times 2 \times 6 = 0$$
$$F_B = 110\text{kN} \quad (\uparrow)$$

$$\sum M_B = 0, \quad -F_A \times 5 + 20 \times 5 \times 2.5 - 25 \times 2 \times 1 = 0$$
$$F_A = 40\text{kN} \quad (\uparrow)$$

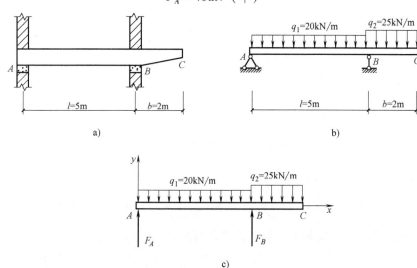

图　2-20

（3）校核。

$$\sum F_y = F_A + F_B - 20 \times 5 - 25 \times 2$$
$$= (40 + 110 - 20 \times 5 - 25 \times 2) \text{kN}$$
$$= 0$$

说明计算无误。

【**例 2-10**】 图 2-21 所示为一塔式起重机，已知轨距 $b = 4\text{m}$，机身重 $G = 220\text{kN}$，其作用线到右轨的距离 $e = 1.5\text{m}$，起重机平衡重 F_Q 距左轨 $a = 6\text{m}$，最大起重量 $F = 50\text{kN}$，其作用线到右轨的距离 $l = 12\text{m}$，问要使起重机在空载和满载时均不翻倒，平衡重 F_Q 的范围？

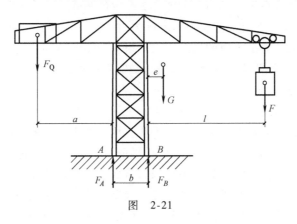

图 2-21

【**解**】

取起重机为研究对象，受力分析如图 2-21 所示。作用于起重机上的力有主动力 G、F、F_Q 及约束反力 F_A 和 F_B，它们组成一个平面平行力系。

（1）在空载时（即 $F = 0$），如平衡重过重，就会使起重机绕 A 点翻倒。当起重机处于临界平衡状态时，平衡重达到其允许值的最大值 $F_Q = F_{Q_{\max}}$，此时 $F_B = 0$，列平衡方程：

$$\sum M_A = 0, \quad F_{Q_{\max}} a - G(b + e) = 0$$

$$F_{Q_{\max}} = \frac{G(b + e)}{a} = \frac{220 \times (4 + 1.5)}{6} \text{kN} = 201.67\text{kN}$$

（2）在满载时（即 $F = 50\text{kN}$），如平衡重不足，就会使起重机绕 B 点翻倒。当起重机处于临界平衡状态时，平衡重为允许值的最小值 $F_Q = F_{Q_{\min}}$，此时 $F_A = 0$，列平衡方程：

$$\sum M_B = 0, \quad F_{Q_{\min}}(a + b) - Ge - Fl = 0$$

$$F_{Q_{\min}} = \frac{Ge + Fl}{a + b} = \frac{220 \times 1.5 + 50 \times 12}{6 + 4} \text{kN} = 93\text{kN}$$

因此，要保证起重机在满载和空载时不翻倒，平衡重应为

$$93\text{kN} \leqslant F_Q \leqslant 201.67\text{kN}$$

4. 物体系统的平衡

前面研究的都是单个物体的平衡问题，而在工程实际中，往往会遇到由若干个物体通过一定的约束相互连接而组成的系统，这种系统称为物体系统。如图 2-22a 所示的组合梁，就是由 AC 梁和 CD 梁通过铰 C 连接，并支承在 A、B、D 支座上而组成的一个物体系统。

在物体系统问题中，把作用在物体系统上的力分为内力和外力。所谓内力是系统内部物

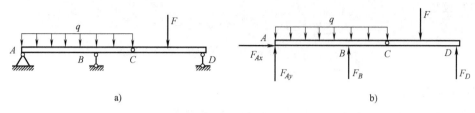

图 2-22

体之间的相互作用力，如图 2-22b 中铰 C 处左、右两段梁之间的相互作用力；所谓外力则是系统以外的物体作用在这系统上的力，如图 2-22b 中的荷载 q、F 及支座反力 F_{Ax}、F_{Ay}、F_B 和 F_D。在画物体系统受力图时，只画外力不画内力。

应当注意，内力和外力是相对的概念，由于研究对象的不同，内力也可转化为外力。如图 2-22 的组合梁在铰 C 处两段梁的相互作用力，对左段梁或右段梁来说是外力，而对组合梁的整体来说就是内力。

当整个物体系统平衡时，组成该系统的每一个物体也处于平衡状态，因而对每个受平面一般力系作用的物体，均可列出三个独立的平衡方程。如果物体系统由 n 个物体组成，则共有 $3n$ 个独立的平衡方程。如系统中有的物体受平面汇交力系或平面平行力系作用，则独立平衡方程数目将相应减少。当整个物体系统未知量数目不超过独立的平衡方程数目时，则可由平衡方程求出全部未知量，此类问题称为静定问题。若未知量的数目超过了独立的平衡方程数目，则不能由平衡方程求出全部未知量，这样的问题称为超静定问题。在静力学中，只研究静定问题。

在求解物体系统的平衡问题时，由于未知量较多，只选择一个研究对象往往不能求出全部的未知力，需选择两个或者更多的研究对象，因此，恰当地选取研究对象成为解题的关键。总的原则是：尽量使每个平衡方程中只含有一个未知量，避免求解联立方程。通常可以先以整体为研究对象，解出一部分未知力，再以单个物体或小系统为研究对象，求出余下的未知力；也可以分别以系统中的单个物体为研究对象来求解未知力。

下面举例说明求解物体系统平衡问题的方法。

【例 2-11】 组合梁受荷载情况如图 2-23a 所示。梁自重不计，求 A、C 支座的反力和铰 B 处的约束反力。

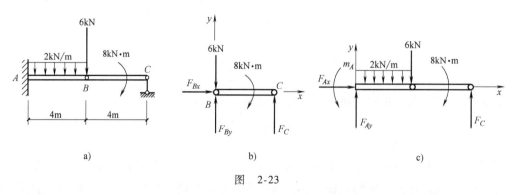

图 2-23

【解】

组合梁由两段梁 AB 和 BC 组成，作用于每一个物体的力系都是平面一般力系，共有 6

个独立的平衡方程，约束反力的未知数也是 6 个，因此可以全部求解。

（1）首先取 BC 梁为研究对象，受力图如图 2-23b 所示。

$\sum F_x = 0$，$F_{Bx} = 0$

$\sum M_B = 0$，$4F_C - 8 = 0$

$\qquad F_C = 2\text{kN}$

$\sum F_y = 0$，$F_{By} + F_C - 6 = 0$

$\qquad F_{By} = 6 - F_C = (6 - 2)\text{kN} = 4\text{kN}$

（2）取整体为研究对象，受力图如图 2-23c 所示。

$\sum F_x = 0$，$F_{Ax} = 0$

$\sum M_A = 0$，$m_A - 2 \times 4 \times 2 - 6 \times 4 - 8 + 8F_C = 0$

$\qquad m_A = (2 \times 4 \times 2 + 6 \times 4 + 8 - 8 \times 2)\text{kN} \cdot \text{m} = 32\text{kN} \cdot \text{m}$

$\sum F_y = 0$，$F_{Ay} + F_C - 6 - 2 \times 4 = 0$

$\qquad F_{Ay} = (6 + 2 \times 4 - 2)\text{kN} = 12\text{kN}$

（3）校核。

对整个组合梁

$$\sum M_B = m_A - F_{Ay} \times 4 + 2 \times 4 \times 2 - 8 + 4F_C$$
$$= (32 - 12 \times 4 + 16 - 8 + 4 \times 2)\text{kN}$$
$$= 0$$

说明计算无误。

【例 2-12】　钢筋混凝土三铰刚架受荷载情况如图 2-24a 所示，求 A、B 支座的反力和铰 C 的约束反力。

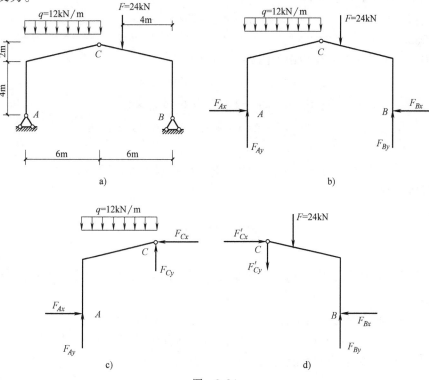

图　2-24

【解】

三铰刚架由左、右两半刚架组成，受到平面一般力系的作用，可以列出 6 个独立的平衡方程。分析整个三铰刚架和左、右两半刚架的受力，画出受力图如图 2-24b、c、d 所示，可见，系统的未知量总计为 6 个，可用 6 个平衡方程求解出 6 个未知量。

（1）取整个三铰刚架为研究对象，受力图如图 2-24b 所示。

$$\sum M_A = 0, \quad -12 \times 6 \times 3 - 24 \times 8 + F_{By} \times 12 = 0$$

$$F_{By} = \frac{1}{12} \times (12 \times 6 \times 3 + 24 \times 8) \text{kN} = 34 \text{kN}$$

$$\sum M_B = 0, \quad 12 \times 6 \times 9 + 24 \times 4 - F_{Ay} \times 12 = 0$$

$$F_{Ay} = \frac{1}{12} \times (12 \times 6 \times 9 + 24 \times 4) \text{kN} = 62 \text{kN}$$

$$\sum F_x = 0, \quad F_{Ax} - F_{Bx} = 0$$

$$F_{Ax} = F_{Bx}$$

（2）取左半刚架为研究对象，受力图如图 2-24c 所示。

$$\sum M_C = 0, \quad F_{Ax} \times 6 + 12 \times 6 \times 3 - F_{Ay} \times 6 = 0$$

$$F_{Ax} = \frac{1}{6} \times (6F_{Ay} - 12 \times 6 \times 3) = 26 \text{kN}$$

$$\sum F_y = 0, \quad F_{Ay} + F_{Cy} - 12 \times 6 = 0$$

$$F_{Cy} = 12 \times 6 - F_{Ay} = 10 \text{kN}$$

$$\sum F_x = 0, \quad F_{Ax} - F_{Cx} = 0$$

$$F_{Cx} = F_{Ax} = 26 \text{kN}$$

将 F_{Ax} 值代入式（1），可得

$$F_{Bx} = F_{Ax} = 26 \text{kN}$$

（3）校核。

考虑右半刚架的平衡，受力图如图 2-24d 所示。

$$\sum F_x = F'_{Cx} - F_{Bx} = (26 - 26) \text{kN} = 0$$

$$\sum M_C = -24 \times 2 + F_{By} \times 6 - F_{Bx} \times 6$$

$$= (-24 \times 2 + 34 \times 6 - 26 \times 6) \text{kN} \cdot \text{m}$$

$$= 0$$

$$\sum F_y = F_{By} - F'_{Cy} - 24 = (34 - 10 - 24) \text{kN} = 0$$

可见计算无误。

思 考 题

2-1 已知四个力 $\boldsymbol{F}_1$、$\boldsymbol{F}_2$、$\boldsymbol{F}_3$、$\boldsymbol{F}_4$ 汇交于一点，图 2-25 所示两个力多边形表示的力学意义是什么？

2-2 若一平面汇交力系满足 $\sum F_x = 0$，则此力系合成后，可能是什么结果？

2-3 平面一般力系的平衡方程有哪几种形式？应用时分别有什么限制条件？

2-4 若平面一般力系向作用面内任一点 A 简化，其主矢 $F'_R = 0$，但主矩 $M'_A \neq 0$，若再

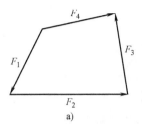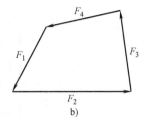

图　2-25

向平面内另一点 B 简化，其简化结果如何？

2-5　已知一平面力系满足 $\sum F_x = 0$ 和 $\sum M_A = 0$，试问该力系简化的最后结果是什么？

2-6　主矢是否就是原平面一般力系的合力？主矢与合力有什么关系？

2-7　图 2-26 所示的物体系统处于平衡状态，如果要计算各支座的约束反力，应怎样选取研究对象？

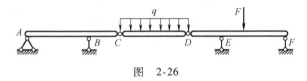

图　2-26

2-8　由 n 个物体组成的物体系统，就可列出 $3n$ 个独立的平衡方程，这种说法对吗？

习　题

2-1　如图 2-27 所示，一固定环受到三根绳索的拉力作用，已知 $F_1 = 1.5\text{kN}$，$F_2 = 2.2\text{kN}$，$F_3 = 1\text{kN}$，试用几何法和解析法求这三个拉力的合力。

2-2　图示支架 A、B、C 三处均为铰接，在 A 点悬挂一重 $G = 20\text{kN}$ 的重物，试用解析法求图 2-28 所示两种情况下 AB 和 AC 杆所受的力。杆的自重不计。

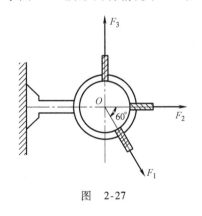

图　2-27

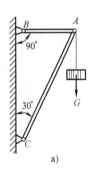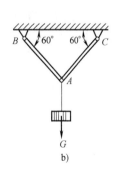

图　2-28

2-3　重力坝受荷载作用如图 2-29 所示，设坝的自重分别为 $G_1 = 9600\text{kN}$，$G_2 = 21600\text{kN}$，上游水压力 $F = 10120\text{kN}$，试将力系向坝底 O 点简化，并求其最后的简化结果。

2-4　求图 2-30 所示各梁的支座反力。

2-5　求图 2-31 所示各梁的支座反力。

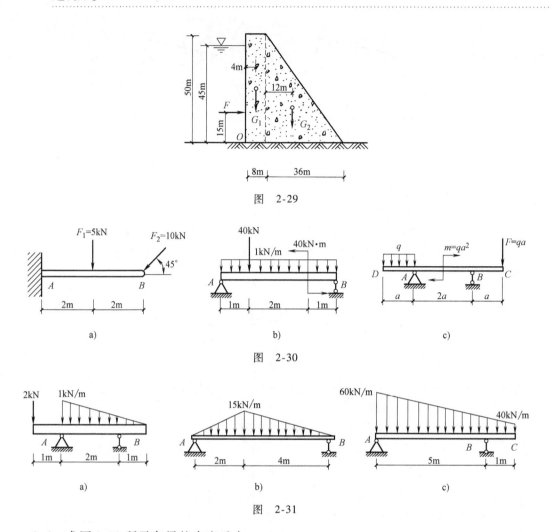

图 2-29

图 2-30

图 2-31

2-6 求图 2-32 所示各梁的支座反力。

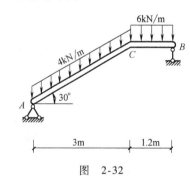

图 2-32

2-7 求图 2-33 所示刚架的支座反力。

2-8 求图 2-34 所示桁架的支座反力。

2-9 图 2-35 所示为一塔式起重机，已知机身重 $G = 500\text{kN}$（不包括平衡锤重量 F_Q），跑车 E 的最大起重量 $F = 250\text{kN}$，离 B 轨的最远距离 $l = 10\text{m}$，为了防止起重机左右翻倒，需在 D 点加一平衡锤。要使跑车在满载和空载时，起重机在任何位置均不翻倒，求平衡锤的

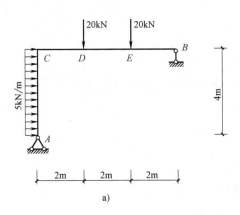

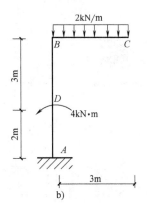

图　2-33

最小重量和平衡锤到左轨 A 的最大距离 x。（跑车自重不计，且 $e = 1.5\text{m}$，$b = 3\text{m}$）

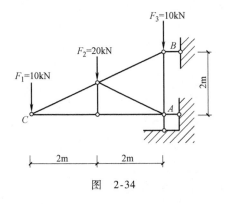

图　2-34

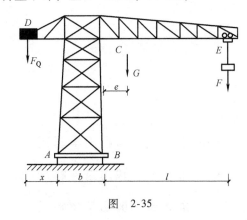

图　2-35

2-10　求图 2-36 所示多跨静定梁的支座反力。

2-11　求图 2-37 所示刚架的支座反力。

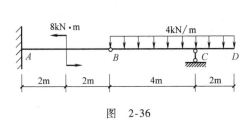

图　2-36

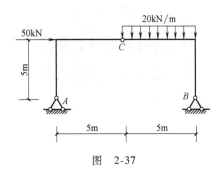

图　2-37

第二篇

材料力学

第 3 章

材料力学基础

学习目标
- 掌握变形固体的概念及其基本假设。
- 掌握杆件变形的基本形式。

3.1 变形固体及其基本假设

3.1.1 变形固体

在土木工程中，虽然结构或构件及其所用材料的物质结构和性质是多种多样的，但都具有一个共同的特点，即它们都是固体，如钢、铸铁、木材、混凝土等，在静力学中，曾把固体（物体）看成是刚体，即考虑固体在外力作用下其大小和形状都不发生变化。但实际上，自然界中是不存在刚体的，这些物体在外力的作用下或多或少都会产生变形。**在外力作用下，产生变形的固体材料称为变形固体。**

静力学主要研究的是在力作用下的物体平衡问题。微小变形对物体平衡研究的影响很小，因此可以认为，在外力作用下，物体的大小和形状都不会发生变化，此时可把物体视为刚体进行分析，可以简化计算。而在材料力学中，主要研究的却是构件在外力作用下的强度、刚度和稳定性问题。对于这类问题，微小的变形往往也是主要的影响因素之一，如果忽略它，将会导致严重的后果。因此，在材料力学中，组成构件的各种固体都应该视为变形体。

变形固体在外力作用下将产生两类变形：一类是**弹性变形**，这种变形会随着外力的消失而消失；另一类是**塑性变形**（或称为残余变形），这种变形在外力消失时不能全部消失而留有残余。一般的变形固体变形时，既有弹性又有塑性。但工程中常用的材料，作用的外力不超过一定范围时，此时塑性变形很小，就可以把物体看作只有弹性变形而没有塑性变形，只有弹性变形的物体称为理想弹性体，引起弹性变形的外力范围称为**弹性范围**。材料力学主要是研究物体在弹性范围内的变形及受力。

3.1.2 变形固体的基本假设

对于用变形固体材料做成的构件进行强度、刚度和稳定性计算时，由于其组成和性质十分复杂，为了便于研究，使问题简化，经常略去一些次要性质因素，将它们抽象为一种理想模型，再进行理论分析。根据其主要性质，对变形固体作出如下基本假设。

1. 均匀连续性假设

假设变形固体在其整个体积内都毫无空隙地充满了物质，并且物体各部分的材料力学性能完全相同。

实际上变形固体是由许多微粒或晶体组成的，而粒子或晶体之间存在空隙，材料在一定程度上沿各方向的力学性能都有所不同，由于这些空隙与构件尺寸相比极其微小，因此这些空隙的存在以及由此而引起性质上的差异，在研究构件受力和变形时都可以略去不计。

2. 各向同性假设

假设从物体的任何部位取出一部分，不计其体积大小，其在各个方向上的力学性能都完全相同。

实际上，组成固体的微粒或晶体在不同方向有不同的性质，但构件所包含的晶体数量极多，且晶粒的排列也不一定有规律可循，变形固体的性质只能是这些晶粒性质的平均值。这样就可以把构件看成是各向同性的。工程中常使用的建筑材料，如浇筑好的混凝土、钢材等，都可以认为是**各向同性材料**；但是也有一些材料，如木材、一些复合材料等，沿其各方向的力学性能显然是不同的，这些材料则称为**各向异性材料**。

3. 小变形假设

一般物体变形时的变形量远小于构件的几何尺寸，在研究构件的平衡和运动规律时，不需要考虑物体的变形，可按变形前的原始尺寸和形状进行计算。这样可使计算工作大为简化，而又不影响计算结果的精度。

总之，材料力学是将实际材料看作均匀、连续、各向同性的变形固体，且限于小变形范围。

3.2 杆件变形的基本形式

所谓**杆件**，就是某一方面的尺寸（长度）远大于其他两个方向（横截面）尺寸的构件。杆件在外力作用下会产生各种各样的变形，但不管这些变形如何复杂，归纳起来不外乎以下四种或者是这四种基本变形的组合。

3.2.1 轴向拉伸和压缩

在一对作用线与杆轴线重合，且大小相等、方向相反的外力作用下，杆件的主要变形是其长度的改变。这种变形称为轴向压缩或轴向拉伸，如图 3-1a、b 所示。

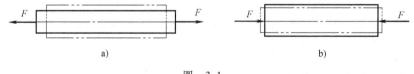

a)   b)

图 3-1

3.2.2 剪切

在一对相距很近的大小相等、方向相反的横向外力作用下，杆件的主要变形是相邻横截面沿外力作用线方向发生错动，这种变形形式称为剪切（图 3-2），剪切变形通常与其他变形共同存在。

3.2.3　扭转

在一对大小相等、转向相反、作用在横截面上的外力偶作用下，杆的任意两个横截面将绕轴线发生相对转动，而轴线仍维持直线，这种变形称为扭转（图3-3）。

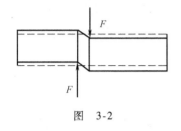

图　3-2

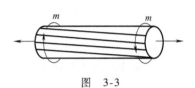

图　3-3

3.2.4　弯曲

在一对大小相等、转向相反、作用在杆的纵向平面的外力偶作用下，杆件轴线由直线变成曲线，这种变形形式称为纯弯曲（图3-4）。

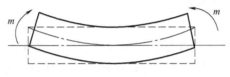

图 3-4

在工程实践中，杆件可能同时承受不同形式的荷载而发生复杂的变形，但经分析，基本上都可以看作上述基本变形的组合，由两种或两种以上基本变形组合而成的复杂变形称为组合变形。

本书以下章节中，将先分别讨论上述各种基本变形，再讨论组合变形。

第4章
轴向拉伸和压缩

学习目标

  · 理解轴向拉伸和压缩的概念，内力、应力、变形的概念。

  · 掌握绘制轴力图的方法，应用正应力公式、胡克定律求解轴向拉（压）杆件的应力及变形。

  · 掌握应用轴向拉（压）杆的强度条件求解各种强度问题。

  · 了解应力集中现象。

4.1　轴向拉伸和压缩的概念

工程中的很多构件，如钢木组合桁架中的钢拉杆（图4-1）和起重架的1、2杆（图4-2）都是直杆（连接部分除外）。作用在这些杆件上的外力合力的作用线与杆的轴线重合。在这种情况下，杆的主要变形是轴向伸长或缩短，这种产生轴向拉伸或压缩的杆件称为拉（压）杆。

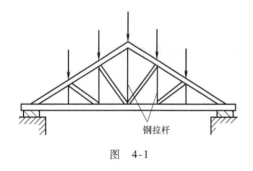

图　4-1

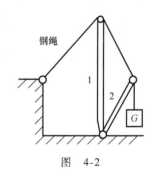

图　4-2

4.2　轴向拉（压）杆的内力

4.2.1　内力的概念

材料力学研究的对象是杆件，对于所研究的杆件来说，其他构件及其他物体作用在该杆件上的力均为外力。物体是由质点组成的，物体未受到外力作用时，各质点间本来就有相互作用力，物体在外力作用下，其内部各质点的相对位置将发生改变，其质点的相互作用力也会发生改变。这种由于物体受到外力作用引起相对位置的改变而产生的相互作用力，称为**附加内力**，通常简称为**内力**。

4.2.2 截面法、轴力、轴力图

1. 截面法

内力的大小随外力的改变而变化，它的大小及其在杆件内部的分布方式与杆件的强度、刚度和稳定性密切相关，所以在研究构件的强度、刚度等问题时，经常需要知道构件在已知外力作用下某一截面（通常是横截面）上的内力值。

由于内力是物体内部各截面间的相互作用力，所以在求构件的内力时，须假想地用一平面将构件截成两段，使欲求截面上的内力完全暴露出来，然后取其中一段，根据平衡条件求得内力的大小和方向。这种研究方法称为**截面法**。

用截面法求内力的方法，与外力分析方法中的求约束反力在本质上并没有区别，具体步骤如下：

（1）截：假想地用截面将杆件在需求内力的位置截为两段。

（2）取：弃去其中的任一段，取另一段为研究对象。

（3）代：用内力代替弃去的部分对留下部分的作用力，在留下部分的截面上画出内力。

（4）平：根据研究对象的平衡条件，求出内力的大小和方向。

2. 轴力和轴力图

由于引起轴向拉（压）变形的外力作用线沿着轴线，因此根据平衡可知，拉（压）杆件任意横截面上的内力也作用在轴线上。作用线在轴线上的内力称为轴力，用 F_N 表示。

如图 4-3a 所示的拉杆，采用截面法求杆件某横截面上的轴力时可按以下的步骤进行：

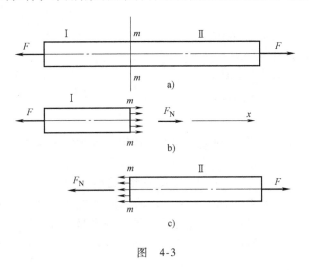

图 4-3

（1）在所求内力的截面处用 m—m 截面将杆件截成 I（左）、II（右）两部分，如图 4-3a所示；

（2）取 I 段为研究对象，在截开截面处用轴力 F_N 代替右段对左段的作用效果（取右段同理），如图 4-3b、c 所示；

（3）列平衡方程：由 $\sum F_x = 0$ 即可求解出轴力的大小。

为了表明轴力沿杆轴线变化的情况，用平行于轴线的坐标表示横截面的位置，垂直于杆轴线的坐标表示横截面上轴力的数值，以此表示轴力与横截面位置关系的几何图形，称为**轴**

力图。作轴力图时应注意以下几点：

（1）轴力图的位置应与杆件的位置相对应。轴力的大小，可按比例画在坐标上，并在图上标出轴力值。

（2）通常将正值（拉力）的轴力图画在坐标的正向；负值（压力）的轴力图画在坐标的负向。

【例4-1】 一等直杆及受力情况如图4-4a所示，求各段杆的轴力并绘出轴力图。

【解】

（1）求 AB 段轴力。

用假想截面在 1—1 处截开，取左段为分离体，设轴力 F_{N1} 为拉力，其指向背离横截面如图 4-4b 所示，由平衡方程得

$\sum F_x = 0$，$F_{N1} - 6 = 0$，$F_{N1} = 6\text{kN}$

（2）求 BC 段轴力。

用同样的方法，用假想截面在 2—2 处截开，同样取左段为分离体，如图4-4c所示，由平衡方程得

$\sum F_x = 0$，$F_{N2} + 10 - 6 = 0$，$F_{N2} = (-10+6)\ \text{kN} = -4\text{kN}$

（3）求 CD 段轴力。

为简化计算，取右段为分离体，如图4-4d所示，由平衡方程得

$\sum F_x = 0$，$-F_{N3} + 4 = 0$，$F_{N3} = 4\text{kN}$

按作轴力图的规则，作轴力图，如图4-4e所示。

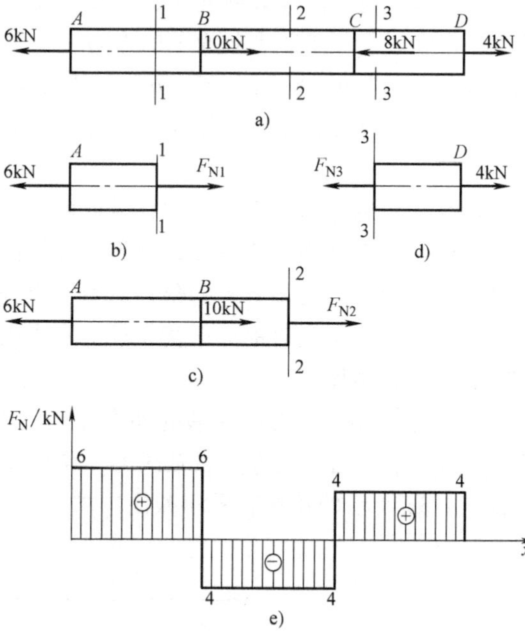

图 4-4

从【例4-1】可以得知：某截面上的轴力在数值上等于截面任意一侧所有轴向外力的代数和，即

$$F_N = (\text{左或右侧}) \sum F_i \tag{4-1}$$

式中，F_N 为拉（压）杆某截面上的轴力；F_i 为轴向外力。为了明确表示杆件在横截面上是受拉还是受压，并保证任取一侧所求结果相同，通常规定**轴力拉为正，压为负**，同时规定使截面受拉的外力为正，受压的外力为负。所以上述例子也可以直接用式（4-1）计算：

$$F_{N1} = 6\text{kN}$$

$$F_{N2} = (-10+6)\text{kN} = -4\text{kN}$$

$$F_{N3} = 4\text{kN}$$

为了简捷、直观、正确地计算并作出内力图，也可以假想用一个屏蔽面将杆件弃去的部分屏蔽起来，这样可以免去用假想截面将杆件切开的过程，而直接对未屏蔽的部分进行受力分析。根据未屏蔽部分的外力，可求出截面上内力的大小及其正、负。

【例4-2】 图4-5a所示为一等直杆受力图，试求其各段轴力并绘出轴力图。

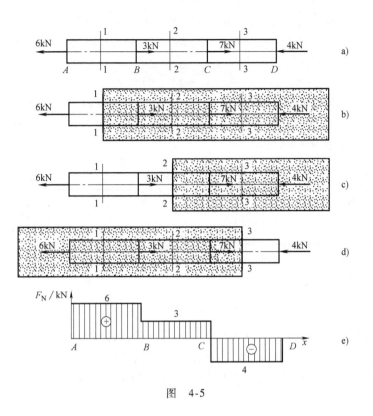

图 4-5

【解】

（1）外力分析。

杆上共作用四个外力，由于所有外力都作用在杆的轴线上，因此杆发生轴向拉、压变形，内力为轴力。

（2）内力分析。

1—1 截面上的轴力分析如图 4-5b 所示，用一个假想刚性屏蔽面将 1—1 截面以右的杆件屏蔽起来，根据公式 $F_N = （左）\sum F_i$，可得 $F_{N1} = 6kN$，即 AB 段各截面上的轴力 $F_{NAB} = 6kN$。

同理，将 2—2 截面的以右、3—3 截面以左的杆件屏蔽起来，如图 4-5c、d 所示，可得 BC 段和 CD 段上的轴力分别为 $F_{NBC} = 3kN$，$F_{NCD} = -4kN$。

（3）根据杆件各段截面上的轴力值，即可画出如图 4-5e 所示的轴力图。

4.3 轴向拉（压）杆截面上的应力

4.3.1 应力的概念

用截面法求出的拉（压）杆的内力是过截面形心作用在轴线上的集中力，即轴力。但实际上，拉（压）杆横截面上的内力并不是只作用在杆轴线上的一点，而是分布在整个横截面上，即内力是一个分布力，因此，用截面法求出的轴力是截面上分布内力的合力。力学中把内力在截面某点处的分布集度称为该点处的**应力**。

如图 4-6a 所示的杆件，为求截面 $m—m$ 上某点的应力，可过该点的周围取一微小面积 ΔA，设在 ΔA 上分布内力的合力为 ΔF，一般情况下 ΔF 不与截面垂直，则该点的应力为

$$p = \lim_{\Delta A \to 0} \frac{\Delta F}{\Delta A} = \frac{\mathrm{d}F}{\mathrm{d}A} \tag{4-2}$$

式中，p 为该点处的全应力的大小。应力 p 是一个矢量，使用时常将其分解成与截面垂直的分量 σ 和与截面相切的分量 τ。垂直截面的应力 σ 称为正应力，与截面相切的应力 τ 称为剪（切）应力，如图 4-6b 所示。

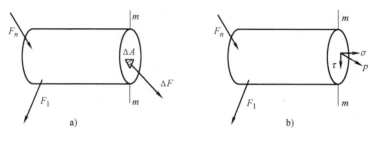

图　4-6

在国际单位制中，应力的单位为帕斯卡，简称为帕，符号为 Pa。

$$1\mathrm{Pa} = 1\mathrm{N/m}^2 \quad （1\ 帕 = 1\ 牛/米^2）$$

由于工程实际中应力数值较大，所以常用千帕（kPa）、兆帕（MPa）、吉帕（GPa）作为单位。其中，

$$1\mathrm{kPa} = 10^3\mathrm{Pa}$$
$$1\mathrm{MPa} = 10^6\mathrm{Pa}$$
$$1\mathrm{GPa} = 10^9\mathrm{Pa}$$

工程图纸上，长度常采用毫米（mm）为单位，则

$$1\mathrm{MPa} = 10^6\mathrm{N/m}^2 = 10^6\mathrm{N}/10^6\mathrm{mm}^2 = 1\mathrm{N/mm}^2$$

4.3.2　轴向拉（压）杆横截面上的正应力

对于轴向拉伸和压缩杆件，求出杆件的内力后，如要解决强度问题，还需要进一步研究横截面上的应力。由于不能直接观察到应力在截面上的分布情况，但内力与变形有关，因此可以通过变形来推测应力的分布。

下面以图 4-7 等直杆为例，观察轴向受拉杆所发生的变形。

为了方便观察，杆件未受力前，在它表面均匀地画上若干与轴线平行的纵线及与轴线垂直的横线，如图 4-7a 所示，使杆的表面形成许多大小相同的方格。然后在两端施加一对轴向拉力 F，如图 4-7b 所示，可以观察到，所有的小方格都变成了长方格，所有的纵线都伸长了同样的长度，但仍互相平行。所有的横线仍保持为直线，且仍垂直于杆轴，只是相对距离增大了。

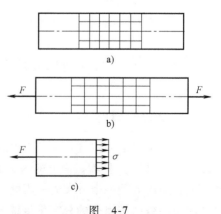

图　4-7

根据上述试验，可作如下假设：

（1）平面假设：若将各条横线看作一个个横截面，则杆件横截面在变形前后均为平面，且垂直于杆轴线，任意两个横截面只是作了相对的平移。

（2）均匀连续性假设：设想杆件是由许多纵向纤维组成的，根据平面假设可知，任意两横截面之间所有纤维都伸长相同的长度。

当变形相同时，受力也相同，由上述假设可知，横截面上的内力是均匀分布的，且方向垂直于横截面。由此可得结论：轴向拉伸时，杆件横截面上各点处只有正应力，且大小相等，如图 4-7c 所示。

$$\sigma = \frac{F_N}{A} \tag{4-3}$$

式中，F_N 为轴力，A 为杆的横截面面积。

当杆受轴向压缩时，情况完全类似，上式同样适用。由于前面已规定了轴力的正负号，由式（4-3）可知，正应力也随轴力有正负之分，拉应力为正，压应力为负。

【例 4-3】　若【例 4-1】中的等直杆其截面为 60mm×60mm 的正方形时，试求杆中各段横截面上的应力及最大应力。

【解】

杆的横截面面积 $A = 60 \times 60\text{mm}^2 = 3600\text{mm}^2$

【例 4-1】中求出了各段轴力，分别为 $F_{NAB} = 6\text{kN}$，$F_{NBC} = -4\text{kN}$，$F_{NCD} = 4\text{kN}$。

代入

$$\sigma = \frac{F_N}{A} \qquad 得$$

AB 段内任一横截面上的应力

$$\sigma_{AB} = \frac{F_{NAB}}{A} = \frac{6 \times 10^3}{3600}\text{N/mm}^2 = 1.67\text{N/mm}^2 = 1.67\text{MPa}$$

BC 段内在一横截面上的应力

$$\sigma_{BC} = \frac{F_{NBC}}{A} = \frac{-4 \times 10^3}{3600}\text{N/mm}^2 = -1.11\text{N/mm}^2 = -1.11\text{MPa}$$

CD 段内任一横截面上的应力

$$\sigma_{CD} = \frac{F_{NCD}}{A} = \frac{4 \times 10^3}{3600}\text{N/mm}^2 = 1.11\text{N/mm}^2 = 1.11\text{MPa}$$

最大应力 $\sigma_{max} = 1.67\text{MPa}$

【例 4-4】　图 4-8a 所示为一三角支架，杆 AB 为圆钢杆，直径 $d = 20\text{mm}$，杆 BC 为正方形截面木杆，边长 $a = 120\text{mm}$，已知荷载 $F = 60\text{kN}$。求各杆横截面上的正应力。

【解】

由于支架在 A、B、C 处均为铰接，杆中间不受外力作用，故杆 AB、BC 均为二力杆，即为轴向拉压杆。

（1）求各杆轴力。

取 B 点为研究对象，并假设各杆受拉，如图 4-8b 所示，列出平衡条件：

$$\sum F_x = 0, \quad -F_{NAB} \cdot \cos 30° - F_{NBC} \cos 30° = 0$$

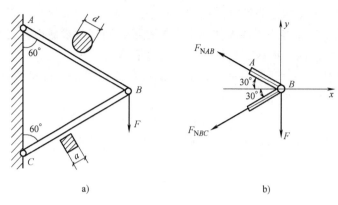

图 4-8

$$\sum F_y = 0, F_{NAB} \cdot \sin 30° - F_{NBC} \sin 30° - F = 0$$

联立求解得 $F_{NAB} = F = 60\text{kN}$（拉）, $F_{NBC} = -F = -60\text{kN}$（压）。

（2）求各杆正应力。

AB 杆：截面面积 $A_{AB} = \dfrac{\pi \cdot d^2}{4} = \dfrac{\pi \cdot 20^2}{4}\text{mm}^2 = 314\text{mm}^2$

$$\sigma_{AB} = \frac{F_{NAB}}{A_{AB}} = \frac{60 \times 10^3}{314}\text{N/mm}^2 = 191.1\text{N/mm}^2 = 191.1\text{MPa}（拉）$$

BC 杆：截面面积 $A_{BC} = a^2 = 120^2 = 1.44 \times 10^4\text{mm}^2$

$$\sigma_{BC} = \frac{F_{NBC}}{A_{BC}} = -\frac{60 \times 10^3}{1.44 \times 10^4}\text{N/mm}^2 = -4.2\text{N/mm}^2 = -4.2\text{MPa}（压）$$

4.3.3 轴向拉（压）杆斜截面上的应力

横截面是杆件特殊方位的截面，为了全面了解拉（压）杆各处的应力，现研究更一般的情况，即任一斜截面上的应力。

有一等直杆，其两端分别受到一个大小相等的轴向拉力 $\boldsymbol{F}$ 的作用，如图 4-9a 所示，现分析任意斜截面 m—n 上的应力，截面 m—n 的方位用它的外法线 on 与 x 轴的夹角 α 表示，并规定 α 从 x 轴算起，逆时针转向为正。

将杆件在 m—n 截面处截开，取左半段为研究对象，如图 4-9b 所示。

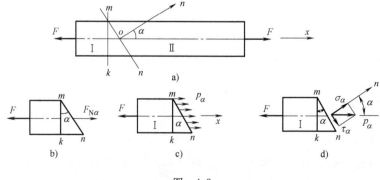

图 4-9

由静力平衡方程 $\Sigma F_x = 0$，可求得 m—n 截面上的内力

$$F_{N\alpha} = F = F_N$$

式中，$F_{N\alpha}$ 为横截面 m—n 上的轴力。

若将 p_α 表示 m—n 截面上任一点处的应力，按照上面所述横截面上正应力变化规律的分析，同样可得到斜截面上各点处的压力相等的结论，见图4-9c。

于是可得

$$p_\alpha = \frac{F_{N\alpha}}{A_\alpha} = \frac{F_N}{A_\alpha}$$ ①

式中，A_α 是斜截面面积，由几何原理可知，$A_\alpha = \dfrac{A}{\cos\alpha}$，将之代入式①可得 $p_\alpha = \dfrac{F_N}{A}\cos\alpha$

式中，$\dfrac{F_N}{A}$ 为横截面上的正应力，故得 $p_\alpha = \sigma\cos\alpha$。

p_α 是斜截面任一点处的应力，为以后研究方便，通常将 p_α 分解为垂直于斜截面上的正应力 σ_α 和相切于斜截面的剪应力 τ_α，如图4-9d所示，则

$$\sigma_\alpha = p_\alpha \cdot \cos\alpha = \sigma\cos^2\alpha \tag{4-4}$$

$$\tau_\alpha = p_\alpha\sin\alpha = \sigma\cos\alpha\sin\alpha = \frac{1}{2}\sigma\sin2\alpha \tag{4-5}$$

式（4-4）、式（4-5）同样也适用于轴向受压杆。σ_α 和 τ_α 的正负号规定如下：正应力 σ_α 以拉应力为正，压应力为负；剪压力 τ_α 以它使研究对象绕其中任意一点有顺时针转动趋势时为正，反之为负。

由式（4-4）、式（4-5）可见，轴向拉（压）杆在斜截面上有正应力和剪应力，它们的大小随截面的方位 α 而变。

当 $\alpha = 0°$ 时，正应力达到最大值，$\sigma_{max} = \sigma$；

当 $\alpha = 45°$ 时，剪压力达到最大值，$\tau_{max} = \dfrac{\sigma}{2}$。

由此可得出结论：拉（压）杆的最大正应力发生在横截面上，最大剪应力发生在与杆轴成45°的斜截面上。由于拉（压）杆的最大正应力发生在横截面上，所以只需计算横截面上的应力，便可判定它的强度是否足够。

4.4　轴向拉（压）杆的变形

4.4.1　轴向拉（压）杆的变形

杆件受轴向力作用时，沿杆轴方向会产生伸长（或缩短），称为纵向变形，同时杆的横向尺寸将减小（或增大），称为横向变形，如图4-10a、b所示。

设杆件变形前长为 L，变形后长为 L_1，则杆件的纵向变形为 $\Delta L = L_1 - L$。拉伸时纵向变形为正，缩短时纵向变形为负；由于杆的各段是均匀伸长的，所以可用单位长度的变形量来反映杆的变形程度。单位长度的纵向伸长称为纵向线应变，用 ε 表示，即

$$\varepsilon = \frac{\Delta L}{L} \tag{4-6}$$

对于轴向受拉（压）杆的横向变形，设杆原始边长为 a，受力后为 a_1，则其横向变形

量为 $\Delta a = a_1 - a$，与之相应的应变（横向线应变）ε' 为

$$\varepsilon' = \frac{\Delta a}{a} \qquad (4-7)$$

拉伸时，ε 为正，ε' 为负。

以上的概念同样适用于压杆，但压杆的纵向线应变 ε 为负，而横向线应变 ε' 为正。

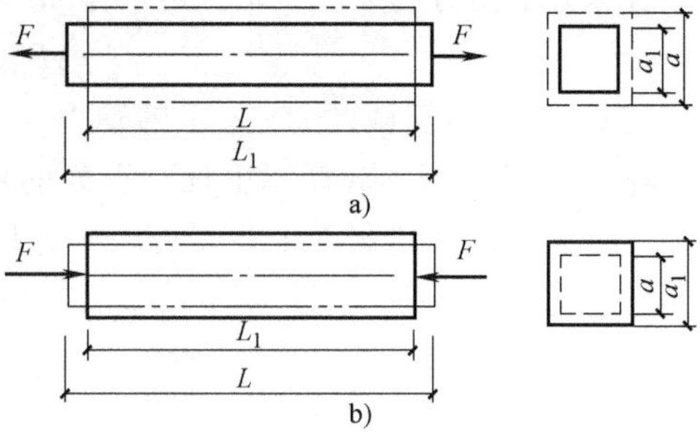

图 4-10

4.4.2 胡克定律

试验证明，工程实际中常用的一些材料（如低碳钢、合金钢等）所制成的杆件，当杆上的外力 F 不超过某一限值时（一般为比例极限），杆件的纵向变形与外力 F、杆件长度 L 成正比，而与杆件横截面面积 A 成反比，即

$$\Delta L \propto \frac{FL}{A}$$

引入比例常数 E，则有

$$\Delta L = \frac{FL}{EA}$$

如果在杆长 L 内，内力不变，$F_N = F$，可将上式改写成

$$\Delta L = \frac{F_N L}{EA} \qquad (4-8)$$

这一比例关系称为胡克定律，是 1678 年由英国科学家胡克提出的。式中的比例常数 E 称为弹性模量，由式（4-8）可知，当其他条件相同时，材料的弹性模量越大，则变形越小，它表示材料抵抗弹性变形的能力。E 的数值随材料而异，是通过试验测定的，其单位与应力的单位相同。EA 称为杆件的抗拉（压）刚度，对于长度相等，且受力相同的拉杆，其抗拉（压）刚度越大，则变形越小。

将式（4-6）及式（4-3），代入式（4-8）可得

$$\sigma = E\varepsilon \qquad (4-9)$$

式（4-9）是胡克定律的另一表达形式，它表明当杆件应力不超过某一限值时，应力与应变成正比。

试验证明，当杆件应力不超过比例极限时，横向线应变 ε' 与纵向线应变 ε 的绝对值之比为一常数，此比值称为横向变形系数或泊松比，用 μ 表示。

$$\mu = \left| \frac{\varepsilon'}{\varepsilon} \right| \qquad (4-10)$$

μ 是无单位的量，其数值随材料而异，可由试验测定。

考虑到此两应变 ε' 和 ε 的正负号恒相反，故有

$$\varepsilon' = -\mu\varepsilon$$

弹性模量 E 和泊松比 μ 都是表示材料弹性性能的常数。表 4-1 列出了几种常用材料的 E 和 μ 值。

表 4-1　几种材料的 E、μ 值

材料名称	弹性模量 E/GPa	泊松比 μ
碳钢	$200 \sim 220$	$0.25 \sim 0.33$
16Mn 钢	$200 \sim 220$	$0.25 \sim 0.33$
铸铁	$115 \sim 160$	$0.23 \sim 0.27$
铝及硬铝合金	71	0.33
花岗石	49	—
混凝土	$14.6 \sim 36$	$0.16 \sim 0.18$
木材（顺纹）	$10 \sim 12$	—

【例 4-5】　木柱受力如图 4-11 所示，$F_1 = 100\text{kN}$，$F_2 = 120\text{kN}$，柱子为圆截面，直径 $d = 160\text{mm}$。木材的弹性模量 $E = 10\text{GPa}$，求木柱的总变形。

【解】

木柱 AB 和 BC 两段轴力不同，应分别求出两段变形，然后求其总和。

（1）求轴力。

$F_{NAB} = -F_1 = -100\text{kN}$（压）

$F_{NBC} = -F_1 - F_2 = -100 - 120 = -220\text{kN}$（压）

（2）求木柱总变形。

截面面积 $A = \dfrac{\pi d^2}{4} = \dfrac{\pi\, 160^2}{4}\text{mm}^2 = 20096\text{mm}^2$

$$\Delta L_{AB} = \frac{F_{NAB}\, L_{AB}}{EA} = \frac{-100 \times 10^3 \times 2 \times 10^3}{10 \times 10^3 \times 20096}\text{mm} = -0.995\text{mm}$$

$$\Delta L_{BC} = \frac{F_{NBC}\, L_{BC}}{EA} = \frac{-220 \times 10^3 \times 2 \times 10^3}{10 \times 10^3 \times 20096}\text{mm} = -2.189\text{mm}$$

$$\Delta L_{总} = \Delta L_{AB} + \Delta L_{BC} = (-0.995 - 2.189)\text{mm} = -3.184\text{mm}$$

【例 4-6】　计算图 4-12a 结构中杆①及杆②的变形，已知杆①为钢杆，$A_1 = 4\text{cm}^2$，$E_1 = 160\text{GPa}$；杆②为木杆，$A_2 = 200\text{cm}^2$，$E_2 = 8\text{GPa}$，$F = 120\text{kN}$。

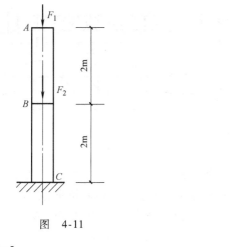

图　4-11

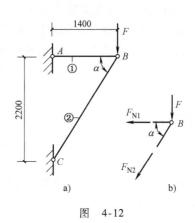

图　4-12

【解】

（1）求各杆的轴力，取 B 点为研究对象（图 4-12b），列平衡方程：

$$\sum F_y = 0, \quad -F - F_{N2}\sin\alpha = 0$$

$$\sum F_x = 0, \quad -F_{N1} - F_{N2}\cos\alpha = 0$$

代入题中条件可得 $F_{N1} = 76.36\text{kN}$，$F_{N2} = -142.36\text{kN}$。

（2）计算杆的变形。

$$L_2 = \sqrt{2.2^2 + 1.4^2}\,\text{m} = 2.61\,\text{m}$$

$$\Delta L_1 = \frac{F_{N1}L_1}{E_1 A_1} = \frac{76.36 \times 10^3 \times 1.4 \times 10^3}{160 \times 10^3 \times 4 \times 10^2}\,\text{mm} = 1.67\,\text{mm}$$

$$\Delta L_2 = \frac{F_{N2}L_2}{E_2 A_2} = \frac{-142.36 \times 10^3 \times 2.61 \times 10^3}{8 \times 10^3 \times 200 \times 10^2}\,\text{mm} = -2.32\,\text{mm}$$

4.5　材料在拉（压）时的力学性能

在前面的拉杆和压杆的计算中，讨论了拉（压）杆横截面上的应力，但要判别它是否会造成杆件的破坏，还须知道杆件材料能够承受的应力。应用胡克定律需要知道适用的范围及弹性模量 E 等材料的有关数据。材料在受力过程中各种物理性质的数据称为材料的力学性能，它们都是通过材料试验来测定的。

工程中使用的材料种类很多，可根据试件在拉断时塑性变形的大小，分为塑性材料和脆性材料，塑性材料在拉断时具有较大的塑性变形，如低碳钢、合金钢、铝、铅等。脆性材料在拉断时，塑性变形很小，如铸铁、砖、混凝土等。这两类材料的力学性能有非常明显的差别。在试验研究中，常把工程中用途较广泛的低碳钢和铸铁分别作为塑性材料和脆性材料的代表进行试验。

4.5.1　材料拉伸时的力学性能

为了保证试验数据的可靠性，试验时均采用国家规定的标准试件。如图 4-13 所示，金属材料试件中间部分工作时的长度 L 称为标距。试件中间部分较细，两端加粗，便于将试件安装在试验机具中。规定圆形截面试样，标距 L 与直径 d 的比例为 $L = 10d$ 或 $L = 5d$；矩形截面试样标距 L 与截面面积 A 的比例为 $L = 11.3\sqrt{A}$ 或 $L = 5.65\sqrt{A}$。

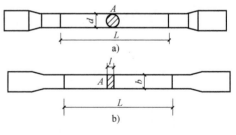

图　4-13

1. 低碳钢的拉伸试验

（1）拉伸图、应力应变图

将低碳钢的标准试件夹在试验机上，开动试验机后，试件受到由零缓慢增加的拉力 F，同时试件逐渐伸长。此时，试验机自动记录各时刻的拉力 F 以及标距 L 相应的纵向伸长 ΔL，直到拉断为止。为了方便观察，以拉力 F 为纵坐标，ΔL 为横坐标，将 F 和 ΔL 的关系按一定的比例绘制成曲线，称为拉伸图（或 $F\text{-}\Delta L$ 曲线），如图 4-14 所示。

由于 ΔL 与试样的标距 L 及横截面面积 A 有关。因此，对于同一材料，试件尺寸不同，其拉伸图也不同。为消除试件尺寸的影响，反映材料本身的性质，将纵坐标 F 除以试件横

截面的原始面积 A，用应力 $\sigma = \dfrac{F_N}{A}$ 表示，将横坐标 ΔL 除以原标距 L，用线应变 $\varepsilon = \dfrac{\Delta L}{L}$ 表示，这样画出的曲线称为应力-应变图，如图 4-14 所示。

（2）拉伸过程的四个阶段

由 σ-ε 图及试验观察，可以将低碳钢的拉伸过程分为四个阶段，现根据应力-应变图来说明低碳钢的力学性能：

1）弹性阶段（图 4-15 Ob 段）。在试件应力不超过 b 点所对应的应力时，材料的变形全部是弹性的，即卸除荷载时，试样的变形将全部消失。弹性阶段最高点 b 相对应的应力值 σ_e 称为材料的弹性极限。

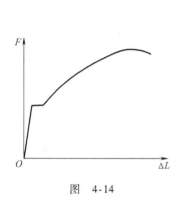

图　4-14

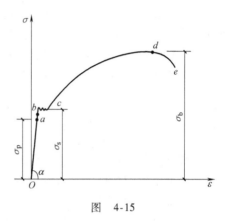

图　4-15

在弹性阶段，拉伸的初始阶段 oa 为直线，表明 σ 和 ε 成正比，材料服从胡克定律。a 点对应的应力称为比例极限，Q235 钢拉伸时的比例极限约为 200MPa。图中直线 oa 与横坐标 ε 的夹角为 α，材料的弹性模量 E 可由夹角的正切值表示，即

$$E = \frac{\sigma}{\varepsilon} = \tan\alpha$$

弹性极限 σ_e 和比例极限 σ_p 的意义不同，但由试验得出的数值很相近。因此，工程中不对它们进行严格的区分，常近似地认为在弹性范围内材料服从胡克定律。

2）屈服阶段（图 4-15 中 bc 段）。当应力超过 b 点对应的应力后，应变增加很快，应力仅在很小的范围内波动，在 σ-ε 图上呈现出接近于水平的"锯齿"阶段 bc。这阶段应力基本不变，应变显著增加，好像材料对外力屈服了一样，故此阶段称屈服阶段（也称流动阶段）。屈服阶段中的最低应力称为屈服极限，用 σ_s 表示。Q235 钢的屈服极限约为 240MPa。

材料到达屈服阶段时，如试件表面光滑，则在试件表面上可以看到许多与试件轴线成 45°的倾斜条纹，这种条纹称为滑移线。这是由于 45°斜截面上存在最大剪应力，造成材料内部晶粒之间发生相互的滑移所致。一般情况下，应力达到屈服时，材料将出现显著的塑性变形，使构件不能正常工作，所以在构件设计时，一般应将构件的最大工作应力限制在屈服极限 σ_s 以下。

3）强化阶段（图 4-15 的 cd 段）。屈服阶段后，材料重新产生了抗拉变形的能力。图 4-16 中的曲线 cd 段又开始上升，表明若要试样继续变形，必须增加外力，这一阶段称为强化阶段。曲线最高点 d 所对应的应力称为强度极限，以 σ_b 表示。低碳钢的强度极限约

为 400MPa。

4）缩颈阶段（图 4-15de 段）。当应力达到强度极限后，就可以观察到在试件薄弱处截面将发生显著收缩，出现"缩颈"现象（图 4-16），由于缩颈处截面面积迅速减小，试件继续变形所需的拉力 F 也相应减小，用原始截面面积 A 算出的应力值也随之下降。曲线出现了 de 段形状，曲线到达 e 点时试样被拉断。

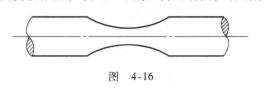

图 4-16

屈服极限 σ_s 和强度极限 σ_b 是衡量材料强度的两个重要指标。

（3）塑性指标

试件断裂后，变形中的弹性部分消失了，而塑性变形残余了下来。试件断裂后遗留下的塑性变形大小，常常用来衡量材料的塑性性能。一般塑性性能指标如下：

1）延伸率。如图 4-17 所示，试样拉断后的标距长度 L_1 减去原长 L 之差（即工作段上总的塑性变形）除以 L 的百分比，称为材料延伸率，即

$$\delta = \frac{L_1 - L}{L} \times 100\% \qquad (4-11)$$

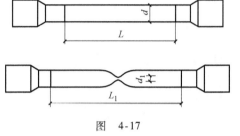

图 4-17

工程中延伸率是衡量材料塑性的一个重要指标，按延伸率的大小可将材料分为两类。$\delta \geqslant 5\%$ 的材料，如低碳钢、铝、铜等，称为塑性材料；$\delta < 5\%$ 的材料，如铸铁、石料、混凝土等，称为脆性材料。

2）断面收缩率（截面收缩率）。试件拉断后，断裂处的最小横截面面积用 A_1 表示，则比值

$$\psi = \frac{A - A_1}{A} \times 100\% \qquad (4-12)$$

式中，ψ 称为断面收缩率，低碳钢的 ψ 值为 $60\% \sim 70\%$。

（4）冷作硬化

在试验过程中，如加载到强化阶段某点 f 时（图 4-18），将荷载逐渐减小到零，可以看到，卸载过程中应力和应变仍保持为直线关系，且卸载直线 fO_1 与弹性阶段内的直线 Oa 近乎平行。在图中 4-18 所示的 σ-ε 曲线中，f 点的横坐标可以看作 OO_1 与 O_1g 之和。其中，OO_1 是塑性变形，O_1g 是弹性变形。

如果卸载后立即再加荷载，直到试件拉断，所得的加载曲线如图 4-18 中的 O_1fde，可见卸载后再加载，材料的比例极限和屈服极限都得到提高，而塑性下降。这种将材料预拉到强化阶段，然后卸载，当再加载时，比例极限和屈服极限得到提高而塑性降低的现象，称为冷作硬化。工程上常常利用冷作硬化来提高低碳钢构件的屈服极限，以达到节约钢筋的目的。

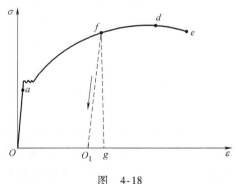

图 4-18

2. 其他材料的拉伸力学性能

其他材料如锰钢、硬铝、退火球墨铁铁和青
铜等金属材料拉伸时的应力-应变图如图 4-19，从图示可以看出，这些材料在拉伸断裂前与
低碳钢一样均具有较大的残余变形，因此均属
于塑性材料；与低碳钢不同的是，这些材料中
有些材料如锰钢和硬铝并不存在明显的屈服
阶段。

对于这种屈服阶段不明显的塑性材料，工
程中通常以卸载后产生数值为 0.2% 的残余应
变的应力作为屈服应力，称为屈服强度或名义
屈服极限，并用 $\sigma_{0.2}$ 表示。如图 4-20 所示，在
横坐标轴上取 $OC = 0.2\%$，自 C 点作直线平行
于 OA，并与应力-应变曲线相交于 D 点，与 D
点对应的正应力即为名义屈服极限。至于脆性
材料，如灰口铸铁与陶瓷等，从开始受力直至
断裂，变形始终很小，既不存在屈服阶段，也

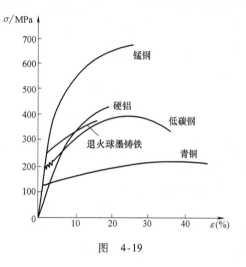

图　4-19

无缩颈现象，如图 4-21 所示为灰口铸铁拉伸时的应力-应变曲线，断裂时的应变仅为
0.4% ~ 0.5%，断口则垂直于试样轴线，即断裂发生在最大拉应力作用面。

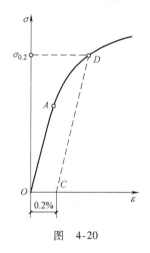

图　4-20

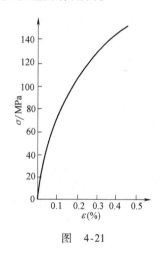

图　4-21

4.5.2　材料压缩试验时的力学性能

金属材料压缩试验时用的试件一般为圆柱体，高约为直径的 1.5 ~ 3.0 倍，高度太高会
使材料受压后容易发生弯曲变形；非金属材料（混凝土、石料）等试件为立方块，如图
4-22 所示。

1. 低碳钢的压缩试验

图 4-23 中的实线为低碳钢压缩试验的 $\sigma\text{-}\varepsilon$ 曲线，虚线为拉伸试验的 $\sigma\text{-}\varepsilon$ 曲线。比较两
者可以看出，在屈服阶段以前，两曲线基本重合，低碳钢压缩时的比例极限、屈服极限、弹
性模量均与拉伸时相同。过了屈服阶段之后，试件越压越扁（图4-23），压力增加，其受压

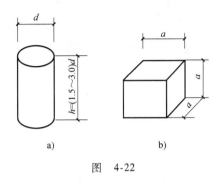

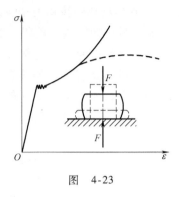

图 4-22

图 4-23

面积也增加，试件只压扁而不破坏，不能测出其强度极限。因此，低碳钢的力学性能指标可通过拉伸试验测定，一般不做压缩试验。

2. 铸铁的压缩试验

图 4-24 是铸铁受压时的 σ-ε 曲线，图中虚线表示受拉时的 σ-ε 曲线。由图可见，铸铁压缩时的强度极限约为受拉时的 2 ~ 4 倍，延伸率也比拉伸时大 4 ~ 5 倍，经过试验观察，其他脆性材料也具有类似的性质，所以脆性材料适用于受压构件。

铸铁压缩破坏时，试件将沿与轴线成 45°的斜截面发生破坏，即在最大剪应力所在的面上破坏，铸铁抗剪强度低于其抗拉、抗压强度。

木材是一种特殊的材料，其力学性能具有方向性，顺纹方向的强度比横纹方向高得多，而且其抗拉强度高于抗压强度，如图 4-25 所示，所以木材被称为各向异性材料。

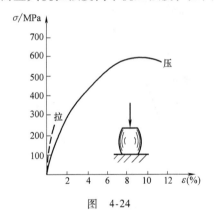

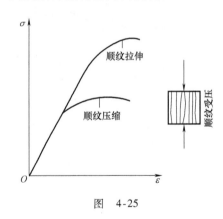

图 4-24

图 4-25

4.5.3 两类材料力学性能的比较

通过以上的试验分析，可以得出塑性材料和脆性材料的主要差别如下。

1. 强度方面

塑性材料拉伸和压缩的弹性极限 σ_p、屈服极限 σ_s 基本相同，应力超过弹性极限后有屈服现象；脆性材料拉伸时没有屈服现象，破坏是突然的，压缩时的强度极限远比拉伸大，因此，脆性材料一般适用于受压构件。

2. 变形方面

塑性材料的延伸率 δ 和断面收缩率都比较大，构件破坏前有较大的塑性变形；材料可塑性大，便于加工和安装时的矫正。而脆性材料的 δ 和 ψ 较小，难以加工，在安装时的矫正中易产生裂纹和损坏。

总体来说，塑性材料的力学性能较脆性材料好，但必须指出，上述关于塑性材料和脆性材料的概念是指常温、静载时的情况，而实际上，同一种材料在不同的外界因素影响下，塑性还是脆性并非一成不变。例如，典型的塑性材料低碳钢在低温时也会变得很脆。

4.6　拉（压）杆件的强度计算

4.6.1　极限应力

任何一种材料制作的构件，都存在能承受应力的固有极限，称为极限应力，用 σ^0 表示，杆内应力达到此值时，杆件即宣告破坏。从 4.5 节材料的试验中可以观察到，对于塑性材料，当应力达到屈服极限时，将出现显著的塑性变形，对于脆性材料，构件达到强度极限时，会引起断裂。

对塑性材料：$\sigma^0 = \sigma_s$；

对脆性材料：$\sigma^0 = \sigma_b$。

4.6.2　容许应力和安全系数

由于在实际设计计算时有许多不利因素无法预计，构件使用时又必须留有足够的安全度，因此规定将极限应力 σ^0 缩小 n 倍作为衡量材料承载能力的依据，称为许用应力，以符号 $[\sigma]$ 表示：

$$[\sigma] = \frac{\sigma^0}{n} \tag{4-13}$$

式中，n 为大于 1 的数，称为安全系数。

在确定安全储备时，必须考虑各方面的因素，n 过大，设计的构件过于安全，用料增多；选用过小，构件偏于危险。此外，还应考虑荷载的性质、荷载的数值及计算方法的准确程度。材料的均匀程度，材料的力学性能和试验方法的可靠程度，工作条件及重要性等，对 n 的取值都有影响。例如，在静载作用下，脆性材料的均匀性较差，破坏时没有显著变形的"预告"，所以所取的安全系数比塑性材料大。一般工程中，

脆性材料：$[\sigma] = \dfrac{\sigma_b}{n}$，$n = 2.5 \sim 3.0$；

塑性材料：$[\sigma] = \dfrac{\sigma_s}{n}$，$n = 1.4 \sim 1.7$。

常用材料的容许应力可见表 4-2。

4.6.3　强度条件及强度计算

由前面的推导可知，拉（压）杆的工作应力 $\sigma = \dfrac{F_N}{A}$，为了保证构件能安全正常工作，

表 4-2　常用材料的许用应力（适用于常温、静载和一般工作条件）

材料名称	牌号	应力种类		
		$[\sigma]$	$[\sigma_y]$	$[\tau]$
普通碳钢	Q215	137~152	137~152	84~93
普通碳钢	Q235	152~167	152~167	93~98
优质碳钢	45	216~238	216~238	128~142
低碳合金钢	16Mn	211~238	211~238	127~142
灰铸铁		28~78	118~147	—
铜		29~118	29~118	—
铝		29~78	29~78	—
松木(顺纹)		6.9~9.8	8.8~12.0	0.98~1.27
混凝土		0.098~0.690	0.98~8.80	

注：1. $[\sigma]$ 为许用拉应力，$[\sigma_y]$ 为许用压应力，$[\tau]$ 为许用剪应力；

　　2. 材料质量较好，厚度或直径较小时取上限；材料质量较差，尺寸较大时取下限，其详细规定，可参阅有关设计规范或手册。

杆内最大工作应力不得超过材料的许用应力，即

$$\sigma_{max} = \frac{F_N}{A} \leq [\sigma] \tag{4-14}$$

式（4-14）称为拉（压）杆的强度条件。

轴向拉（压）杆中，产生最大正应力的截面称为危险截面。对于轴向拉压的等直杆，其轴力最大的截面就是危险截面。

利用强度条件式（4-14）可以解决轴向拉（压）杆在强度计算方面的三类问题：

（1）强度校核：已知构件的横截面面积 A、材料的许用应力 $[\sigma]$ 及所受荷载，应用式（4-14）就可以检查构件的强度是否足够。

（2）设计截面：已知构件所承受的荷载及材料许用应力 $[\sigma]$，则构件所需的横截面面积 A 可用下式计算：

$$A \geq \frac{F_N}{[\sigma]} \tag{4-15}$$

（3）确定许可荷载：已知构件的横截面面积 A 及材料的许用应力 $[\sigma]$，则构件所能承受的轴力可用下式计算：

$$F_N \leq A[\sigma] \tag{4-16}$$

再根据 F_N 计算容许荷载。

【例 4-7】　图 4-26a 所示支架，杆①为直径 $d = 18mm$ 的圆截面钢杆，许用应力 $[\sigma_1] = 160MPa$；杆②为边长 $a = 120mm$ 的方形截面木杆，许用应力 $[\sigma_2] = 6MPa$，已知结点 B 处挂一重物 $G = 50kN$，试校核两杆的强度。

【解】

（1）计算杆的轴力。

取两杆汇交点 B 为研究对象（图 4-26b）

列平衡方程：$\sum F_x = 0$，$-F_{N1} - F_{N2}\cos\alpha = 0$

$$\sum F_y = 0, \quad -G - F_{N2}\sin\alpha = 0$$

解方程得　$F_{N1} = 37.5\text{kN}$（拉力），$F_{N2} = -62.5\text{KN}$（压力）。

（2）校核强度：

$$\sigma_1 = \frac{F_{N1}}{A_1} = \frac{37.5 \times 10^3}{\dfrac{3.14 \times 18^2}{4}}\text{MPa} = 147.44\text{MPa} < [\sigma_1]$$

$$\sigma_2 = \frac{F_{N2}}{A_2} = \frac{-62.5 \times 10^3}{120^2}\text{MPa} = -4.34\text{MPa} < [\sigma_2]$$

故①、②杆均满足强度要求。

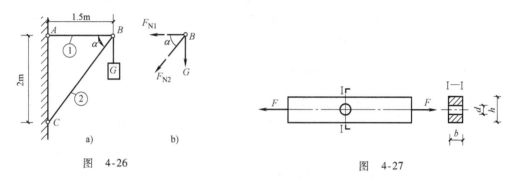

图　4-26　　　　　　　　　　　　图　4-27

【例4-8】　图4-27所示杆件，中部打了一个直径 $d = 100\text{mm}$ 的圆孔，已知：拉力 $F = 100\text{kN}$；截面宽 $b = 200\text{mm}$，许用应力 $[\sigma] = 1\text{MPa}$，试确定截面高度 h。

【解】

由于Ⅰ—Ⅰ截面处打了一个孔，使得该处截面面积减小，故危险截面是Ⅰ—Ⅰ截面，应对该截面进行计算。

截面内力　$F_N = F = 100\text{kN}$

截面积　$A = b(h - d)$

由式（4-15）得 $A = b(h - d) \geq \dfrac{F_N}{[\sigma]}$

解出 h 并代入相关数据得

$$h \geq \frac{F_N}{[\sigma]b} + d = \left(\frac{100 \times 10^3}{1 \times 200} + 100\right)\text{mm} = 600\text{mm}$$

所以取 h 为600mm。

【例4-9】　图4-28所示支架，杆①的许用应力 $[\sigma]_1 = 160\text{MPa}$，杆②的许用应力 $[\sigma]_2 = 180\text{MPa}$，两杆截面面积为 $A = 350\text{mm}^2$，求许可荷载 $[F]$。

【解】

（1）计算杆的轴力。截取两杆汇交点 C 为研究对象（图4-28b），列平衡方程：

$$\sum F_x = 0, \quad F_{N2}\sin 30° - F_{N1}\sin 45° = 0$$

$$\sum F_y = 0, \quad F_{N2}\cos 30° + F_{N1}\cos 45° - F = 0$$

联立解得　$F_{N1} = 0.518F$，$F_{N2} = 0.732F$。

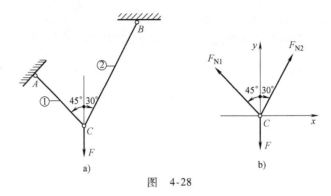

图 4-28

（2）计算许可荷载。先根据杆①的强度条件，计算杆①的许可轴力：

$$[F_{N1}] = A[\sigma]_1 = 350 \times 160N = 56000N = 56kN$$

因 $0.518F \leq [F_{N1}]$

所以 $F \leq \dfrac{[F_{N1}]}{0.518} = \dfrac{56}{0.518}kN = 108.11kN$

再根据杆②的强度条件，计算杆②的许可轴力：

$$[F_{N2}] = A[\sigma]_2 = 350 \times 180N = 63000N = 63kN$$

因 $0.732F \leq [F_{N2}]$

所以 $F \leq \dfrac{[F_{N2}]}{0.732} = \dfrac{63}{0.732}kN = 86.07kN$

比较两次所得的许可荷载，取其较小者。所以整个结构的许可荷载为 $[F] = 86.07kN$。

4.7 应力集中

4.7.1 应力集中的概念

等截面直杆受轴向拉伸或压缩时，横截面上的应力是均匀分布的。如果截面尺寸有突然变化，则横截面突变处的应力就不均匀了。在工程中，由于需要，常需在一些构件上钻孔、开槽以及制成阶梯杆等，从而导致杆件截面的形状或尺寸发生突变。如图 4-29 和图 4-30 所

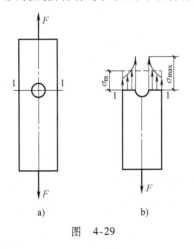

图 4-29

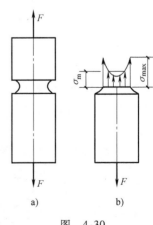

图 4-30

示。这种由于杆件外形的突然变化而引起局部应力急剧增大的现象，称为应力集中。

4.7.2 应力集中对构件强度的影响

应力集中对构件强度的影响随构件性能不同而异。塑性材料具有屈服阶段，当杆件截面有突变时会发生应力集中现象，截面应力呈不均匀分布（图4-31a），若外力继续增大，则截面上应力最大点先达到屈服极限 σ_s（图4-31b）。若再继续增加外力，该点的应力不会增大，只是应变增加，其他点处的应力继续提高，以保持内、外力平衡。外力不断加大，截面上达到屈服极限的区域也逐渐扩大，如图4-31c、d所示，直至整个截面上各点应力达到屈服极限，构件才丧失工作能力。因此，对于塑性材料构件，应力集中的存在并不显著降低它抵抗荷载的能力，所以强度计算中可以不考虑应力集中的影响。而脆性材料没有屈服阶段，只要应力一达到极限，就会使杆件局部断裂，从而导致整个构件断裂，大大降低了构件的承载能力。因此，对于脆性材料构件，必须考虑应力集中对强度的影响。

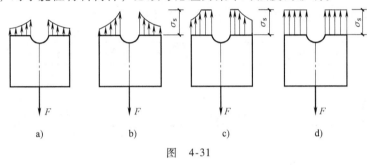

图 4-31

思 考 题

4-1 什么是内力？求内力的方法是什么？什么是应力？内力和应力的关系是什么？

4-2 轴向拉（压）杆件上作用有什么样的外力？横截面上产生什么样的内力？如何定义正负号？

4-3 拉（压）杆件横截面上有什么应力？如何分布？最大值在何处？

4-4 强度计算应在构件的什么位置进行？如何确定该位置？

4-5 指出下列杆件（图4-32）中哪些部位属于轴向拉伸或压缩？

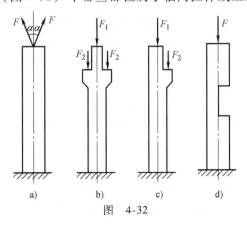

图 4-32

4-6 什么截面叫作构件的危险截面？如何确定拉（压）构件的危险截面？轴力最大的截面一定是危险截面，这种说法对吗？

4-7 两根杆件，制作材料不同，截面面积不同，受同样的轴向拉力作用时，它们的内力是否相同？应力是否相同？

4-8 胡克定律有几种表达形式？它们的应用条件是什么？

4-9 图 4-33 所示是某三种材料的应力-应变图，哪一种材料：（1）强度高；（2）刚度大；（3）塑性好？

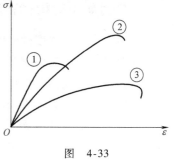

图 4-33

习 题

4-1 求图 4-34 所示各杆指定截面的轴力，并作轴力图。

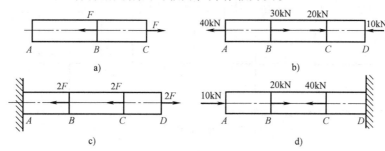

图 4-34

4-2 如图 4-35 所示阶梯直杆，横截面的面积 $A_1 = 200\text{mm}^2$，$A_2 = 300\text{mm}^2$，$A_3 = 400\text{mm}^2$，求轴力图和各杆段的应力。

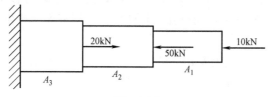

图 4-35

4-3 方形截面砖柱（图 4-36），上段柱高 2m，边长 $a_1 = 240\text{mm}$；下段柱高 3m，边长 $a_2 = 370\text{mm}$。荷载 $F_1 = 50\text{kN}$，$F_2 = 90\text{kN}$。不计自重，$E = 3\text{GPa}$。试求：（1）柱的轴力图；（2）各段柱的应力；（3）柱顶 A 的位移。

4-4 一矩形截面木杆（图 4-37），两端的截面被圆孔削弱，中间的截面被两个切口减弱。如图所示，杆端承受轴向拉力 $F = 80\text{kN}$，已知 $[\sigma] = 7\text{MPa}$，试校核此杆的强度。

4-5 如图 4-38 所示为一雨篷的结构计算简图，其伸出长度为 1.8m，宽度为 4m，由两根与水平成 30°的圆钢拉着。雨篷承受的均布荷载为 2kN/m^2，钢的容许应力 $[\sigma] = 170\text{MPa}$。

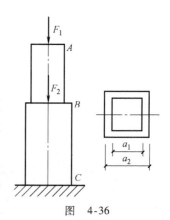

图 4-36

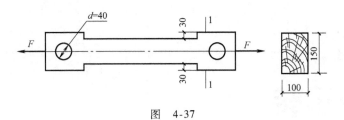

图 4-37

试选择拉杆的直径。

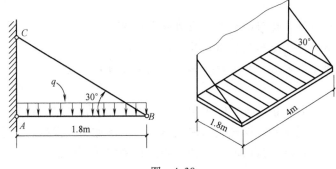

图 4-38

4-6 如图4-39所示结构受力 $F = 150\text{kN}$ 作用。AC 是钢杆，直径 $d_1 = 35\text{mm}$，许用应力 $[\sigma]_{钢} = 160\text{MPa}$，$BC$ 是铝杆，直径 $d_2 = 50\text{mm}$，许用应力 $[\sigma]_{铝} = 60\text{MPa}$。已知 $\alpha = 30°$，试校核该结构的强度。

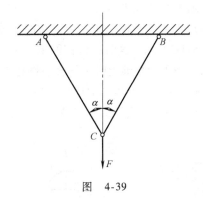

图 4-39

第5章

剪切与扭转

学习目标
- 了解剪切变形和扭转变形的横截面应力分布规律。
- 熟练掌握剪切和挤压变形的实用计算方法及步骤。
- 掌握圆轴扭转变形内力、应力的计算方法及强度校核问题。

剪切变形和扭转变形都是工程实际中常见的基本变形形式。铆钉连接、销钉连接都是剪切变形的工程实例；用螺丝刀拧螺丝时的螺丝刀杆、汽车方向盘操纵杆、卷扬机轴等都是扭转变形的实例。本章主要研究剪切的实用计算和圆轴的扭转变形。

5.1 剪切变形和挤压变形的概念

在工程实际中，构件与构件之间一般都是采用螺栓、销钉、焊接来连接的。这些连接件中，不仅存在剪切变形，还伴随着挤压变形。

图5-1a表示一铆钉连接两块钢板的简图。当钢板受拉时，铆钉的左上侧面和右下侧面受到传来的一对力 **F** 作用，如图5-1b所示。这时，铆钉的上、下部分将沿着外力的方向分别向右和向左移动，如图5-1c所示。当外力足够大时，将会使铆钉剪断，这就是剪切破坏。同时，钢板孔和铆钉在接触的表面上相互压紧，产生局部压缩的现象。当传递的压力很大时，钢板圆孔可能被挤压成椭圆孔，导致连接松动，或铆钉可能被压扁或压坏，这就是挤压破坏。

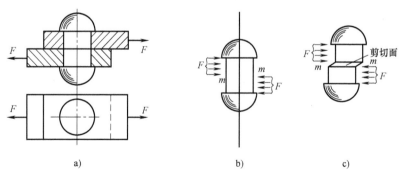

图 5-1

由上可知，杆件受到一对大小相等、方向相反、作用线相距很近的横向力（即垂直杆轴方向的力）作用时，两力间的横截面将沿力的方向发生相对错动，这种变形称为**剪切变形**。发生相对错动的截面称为剪切面。只有一个受剪面的情况称为单剪（图5-1中的铆钉）。同时存在两个受剪面的情况称为双剪（图 5-2 中的销钉）。

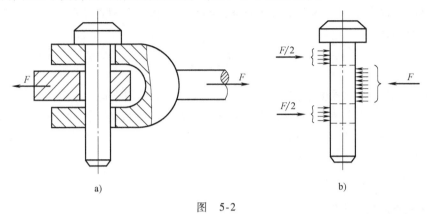

图　5-2

连接件受剪切时，两构件接触面上相互压紧，产生挤压变形。局部受压的表面称为挤压面。作用在挤压面上的压力称为挤压力。

必须注意，挤压与压缩是截然不同的两个概念，前者产生在两个物体的表面，而后者产生于一个物体上。

5.2　剪切和挤压的实用计算

5.2.1　剪切的实用计算

下面以常见的螺栓（图 5-3a）为例，说明剪切应力及强度的计算方法。

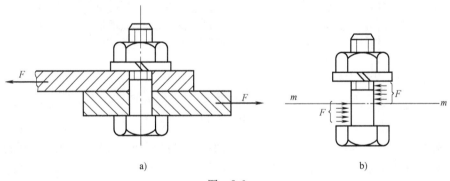

图　5-3

取螺栓为研究对象，其受力情况如图 5-3b 所示。首先求出 m—m 截面上的内力。将螺栓从 m—m 截面假想截开，分为上、下两部分，任取其中一部分作为研究对象。根据静力平衡条件，在剪切面内必有一个与外力 F 大小相等，方向相反的内力存在，这个内力叫剪力，用 F_V 表示。受剪面上的剪力沿着截面作用，因此在截面上各点处均引起相应的剪应力，剪应力在剪切面上的分布很复杂，工程中通常采用以试验为基础的实用计算法来计算，即假设剪应力在剪切面上均匀分布，所以剪应力的计算公式如下：

$$\tau = \frac{F_V}{A}$$

$$(5-1)$$

式中，F_V 为剪切面上的剪力；A 为剪切面面积。

为了保证构件在工作中不发生剪切破坏，必须使构件工作时产生的剪应力，不超过材料的许用剪应力，即

$$\tau = \frac{F_V}{A} \leqslant [\tau] \tag{5-2}$$

式（5-2）就是剪切强度条件。式中，$[\tau]$ 为材料的许用剪应力。

工程中常用材料的许用剪应力可从有关规范中查得，也可按下面的经验公式确定：

脆性材料：$[\tau] = (0.6 \sim 0.8)[\sigma]$；

塑性材料：$[\tau] = (0.8 \sim 1.0)[\sigma]$。

式中，$[\sigma]$ 为材料的许用拉应力。

5.2.2　挤压的实用计算

在挤压面上，由挤压力所引起的应力称为挤压应力，以 σ_c 表示。挤压应力在挤压面上的分布规律也比较复杂，工程中同样采用实用计算法来计算，即假设挤压应力在挤压面上均匀分布，因此，挤压应力为

$$\sigma_c = \frac{F_c}{A_c} \tag{5-3}$$

式中，F_c 为挤压面上的挤压力；A_c 为挤压面的计算面积。

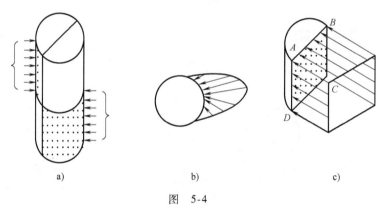

a)　　　　　　　　　　b)　　　　　　　　　　c)

图　5-4

对于螺栓、销钉等连接件，当挤压面为半圆柱时，挤压面的计算面积则取半圆柱的正投影面积，如图 5-4 所示，这样按式（5-3）计算的挤压应力和实际最大挤压应力值很接近。当挤压面为平面时，挤压面的计算面积就是两个物体的接触面积。

为了保证构件局部不产生挤压破坏，必须满足工作挤压应力不超过材料的许用挤压应力，即

$$\sigma_c = \frac{F_c}{A_c} \leqslant [\sigma_c] \tag{5-4}$$

式（5-4）是挤压强度条件。材料的许用挤压应力可根据试验确定，工程中常用材料的许用挤压应力可从有关规范中查得。在一般情况下，材料的许用挤压应力与许用拉应力存在着下述近似关系：

塑性材料：$[\sigma_c] = (1.5 \sim 2.5)[\sigma]$；

脆性材料：$[\sigma_c] = (0.9 \sim 1.5)[\sigma]$。

当连接件与被连接件的材料不同时，应以连接中抵抗挤压力能力弱的构件来进行挤压强度计算。

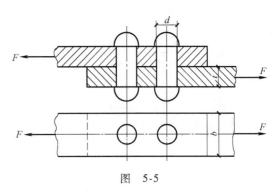

图 5-5

【例5-1】 如图5-5所示，两块厚度 $t = 10$mm，宽度 $b = 60$mm 的钢板，用两个直径 $d = 18$mm 的铆钉连接在一起，钢板受拉力 $F = 80$kN。设两个铆钉受力相等，已知 $[\tau] = 180$MPa，$[\sigma_c] = 300$MPa，$[\sigma] = 210$MPa，试校核铆钉连接件的强度。

【解】

（1）根据经验，一般破坏形式有三种，即剪切、挤压、拉伸。板上有两个铆钉，故每个铆钉上的剪力 $F_V = F/2$。

（2）校核铆钉的剪切强度。

$$\tau = \frac{F/2}{A} = \frac{80 \times 10^3/2}{\dfrac{\pi d^2}{4}} = \frac{4 \times 80 \times 10^3}{2 \times 3.14 \times 18^2} \text{MPa} = 157\text{MPa} < [\tau] = 180\text{MPa}$$

故满足剪切强度要求。

（3）校核铆钉的挤压强度。

$$\sigma_c = \frac{F/2}{dt} = \frac{40 \times 10^3}{10 \times 18}\text{MPa} = 220\text{MPa} < [\sigma_c] = 300\text{MPa}$$

故满足挤压强度要求。

（4）校核板的拉伸强度。

$$\sigma = \frac{F}{(b-d)t} = \frac{80 \times 10^3}{(60-18) \times 10}\text{MPa} = 190\text{MPa} < [\sigma] = 210\text{MPa}$$

故满足拉伸强度要求。

【例5-2】 如图5-6a所示木杆接头，已知轴向拉力 $F = 25$kN，截面宽度 $b = 100$mm，木材的顺纹许用剪切应力 $[\tau] = 1$MPa，顺纹许用挤压应力 $[\sigma_c] = 10$MPa。试根据剪切和挤压强度条件确定接头的尺寸 L 和 a。

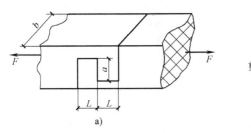
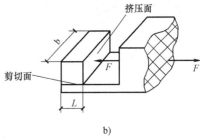

a)　　　　　　　　　　　　　b)

图 5-6

【解】

（1）根据剪切强度条件确定尺寸 L：

如图所示，其受剪面积为 $A = Lb$，剪力 $F_V = F$

则由剪切强度条件 $\tau = \dfrac{F_{\mathrm{V}}}{A} = \dfrac{F}{Lb} \leqslant [\tau]$

可得 $L \geqslant \dfrac{F}{b[\tau]} = \dfrac{25 \times 10^3}{0.1 \times 1 \times 10^6}\, \mathrm{m} = 0.25\,\mathrm{m} = 250\,\mathrm{mm}$

（2）根据挤压强度条件确定尺寸 a：

如图所示，其挤压面积为 $A_{\mathrm{c}} = ba$，挤压力 $F_{\mathrm{c}} = F$

则由挤压强度条件

$$\sigma_{\mathrm{c}} = \frac{F_{\mathrm{c}}}{A_{\mathrm{c}}} = \frac{F}{ba} \leqslant [\sigma_{\mathrm{c}}]$$

可得 $a \geqslant \dfrac{F}{b[\sigma_{\mathrm{c}}]} = \dfrac{25 \times 10^3}{0.1 \times 10 \times 10^6}\,\mathrm{m} = 0.025\,\mathrm{m} = 25\,\mathrm{mm}$

则木头接头尺寸可取 $L = 250\,\mathrm{mm}$，$a = 25\,\mathrm{mm}$。

从上面的例题可以看出，在关于剪切和挤压的计算中，关键是剪切和挤压面的判定及其面积的计算。一般来说，剪切面与外力平行，在两个外力的作用线之间。它是同一物体的一部分相对另外部分沿外力方向发生错动的平面。挤压面发生于两个构件的接触面，挤压面积在垂直于外力的平面上。

5.3　扭转的概念

杆的两端承受大小相等、方向相反、作用平面垂直于杆件轴线的两个力偶，杆的任意两横截面将绕轴线相对转动，这种受力与变形形式称为扭转。杆件任意两截面之间的相对转角称为扭转角，简称转角。

在工程中经常会遇到一些承受扭转的构件，其所受外力主要是力偶，且力偶的作用面与杆的轴线垂直。以汽车转向轴为例，如图 5-7a 所示，轴的上端受到经由方向盘传来的力偶作用，下端则又受到来自转向器的阻抗力偶作用。再以螺丝刀拧螺丝钉为例，如图 5-7b 所示，在螺丝刀柄上用手指作用一个力偶，螺丝钉的阻力就在螺丝刀的刀口上作用一个大小相等方向相反的力偶。这些杆件在外力偶作用下所产生的变形主要是扭转变形。

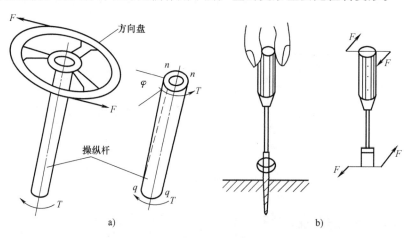

a)　　　　　　　　　　　　　　　b)

图　5-7

5.4 圆轴扭转时的内力——扭矩

圆轴在外力偶矩的作用下，横截面上将产生内力，可用截面法求出这些内力。

设一圆轴（图5-8a）在外力偶矩 M_e 的作用下发生扭转变形，如欲求截面Ⅰ—Ⅰ上的内力，可应用截面法将Ⅰ—Ⅰ截开，取左端为研究对象（图5-8b），由平衡条件可知，在截面Ⅰ—Ⅰ上必存在一个力偶 T。由平衡方程

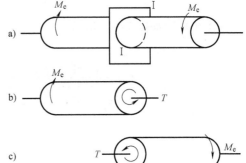

$$\sum M_x(\boldsymbol{F}) = 0, T - M_e = 0$$

可得　$T = M_e$。

这个内力偶矩 T 就是圆轴扭转时横截面上的内力，称为扭矩。

为了使同一截面按左、右两端求得的扭矩不仅在大小上相同，而且正负号也相同，对扭

图 5-8

矩的正负号采用右手螺旋法则，即以右手的四指表示扭矩的转向，如拇指的指向离开截面，则扭矩 T 为正（图5-9a）；反之，如拇指的指向朝向截面，则扭矩为负（图5-9b）。应用截面法求扭矩时，一般先假设截面上的扭矩为正。

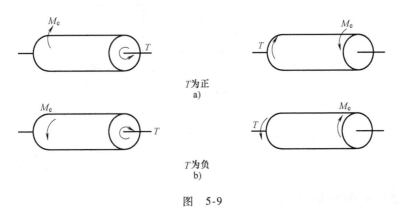

T 为正
a)

T 为负
b)

图 5-9

【例5-3】 如图5-10所示的传动轴，已知外力偶矩 $m_1 = 15.93\text{kN} \cdot \text{m}$，$m_2 = 4.78\text{kN} \cdot \text{m}$，$m_3 = 4.78\text{kN} \cdot \text{m}$，$m_4 = 6.37\text{kN} \cdot \text{m}$，试绘出轴的扭矩图。

【解】

根据已知条件，各段横截面上的扭矩不相同，现用截面法计算各段杆轴的扭矩。在 BC 段，用一个假想的截面 n—n 将杆截开，选取左边部分为脱离体，T_1 表示横截面上的扭矩，并假设为正值，如图5-10b所示。由平衡方程 $\sum m = 0$，有

$$T_1 + m_2 = 0,$$
$$T_1 = -m_2 = -4.78\text{kN} \cdot \text{m}$$

结果为负，说明扭矩的实际转向与假设相反，也说明横截面上的实际扭矩为负值。

同理，在 CA 段上，可取左边部分为研究对象（图略），有

$$T_2 + m_2 + m_3 = 0$$

$$T_2 = -m_2 - m_3 = -9.56\text{kN} \cdot \text{m}$$

在 AD 段上，可取右边部分为研究对象（图略），有

$$-T_3 + m_4 = 0$$

$$T_3 = m_4 = 6.37\text{kN} \cdot \text{m}$$

作出扭矩图如图 5-10c 所示。

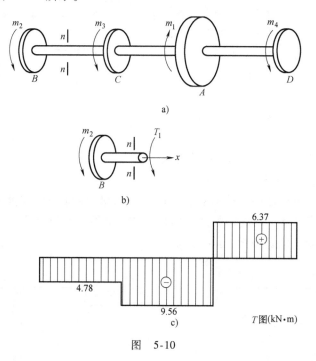

图 5-10

5.5 圆轴扭转的应力与强度条件

5.5.1 圆轴扭转的变形特征

为了求得圆轴扭转时横截面上的应力，就必须了解应力在截面上的分布规律。为此，取如图 5-11 所示的圆轴做试验。首先在圆轴的表面画两条圆周线和两条与轴线平行的纵向线，然后在圆轴两端施加外力偶矩 M_e，圆轴即产生扭转变形。在微小变形的情况下，从圆轴表面可以观察到以下现象：

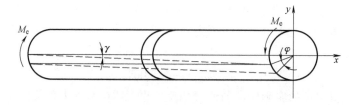

图 5-11

（1）两圆周线的形状、大小和距离均保持不变。

（2）两条纵向线倾斜了相同的角度，原来轴表面的小矩形方格变成了平行四边形。

（3）轴的直径和长度都没有发生变化。

根据观察到的这些现象，可以作如下假设：圆轴在扭转变形时，各个横截面在扭转变形后仍为互相平行的平面，且形状和大小不变，只是相对转了一个角度，此假设称为圆轴扭转时的平面假设。根据平面假设，可以得出以下结论：

（1）由于相邻两截面相对地转过一个角度，即发生了旋转式的相对滑动，由此产生了剪切变形，故截面上存在相应的剪应力。又因为半径长度不变，故剪应力方向与半径垂直。

（2）由于相邻截面的间距不变，所以横截面上没有正应力。

5.5.2 剪应力计算公式

通过以上对圆轴扭转变形的分析，根据横截面上剪应力的分布规律，可从以下几个方面得出横截面上剪应力的计算公式。

1. 几何变形方面

从受扭圆轴中取出一微段 dx 来研究，如图 5-12 所示。圆轴扭转后，微段的右截面相对左截面转过了一微小角度 $d\varphi$，因此其上的任意半径 CO_2 也转动了同一角度，转到了 C_1O_2，由于这种转动，杆表面的纵向线 AC 也倾斜了一个角度 γ，γ 即为横截面周边上任一点 A 的剪应变。半径为 ρ 的内层圆轴的纵线 EF 倾斜到 EF_1，倾斜角为 γ_ρ，γ_ρ 即为此处的剪应变。在小变形的情况下，根据几何关系有

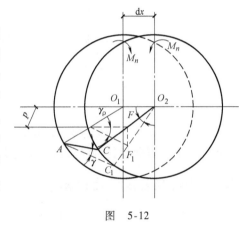

图 5-12

$$\gamma_\rho \approx \tan\gamma_\rho = \frac{EF_1}{EF} = \frac{\rho d\varphi}{dx} \rho \cdot \frac{d\varphi}{dx} \qquad (5\text{-}5)$$

2. 物理方面

在弹性范围内，根据剪切胡克定律，圆轴横截面上距圆心为 ρ 处的剪应力 τ_ρ 与该处的剪应变 γ_ρ 成正比，即

$$\tau_\rho = G\gamma_\rho$$

将式（5-5）代入上式，得

$$\tau_\rho = G\rho \frac{d\varphi}{dx} = G\rho\theta \qquad (5\text{-}6)$$

上式表明：横截面上任意剪应力的大小与该点到圆心的距离成正比。在所有与圆心等距离的点处，剪应力均相等，圆心处剪应力为零，圆周边缘剪应力最大。剪应力的分布如图 5-13 所示，剪应力的方向与半径垂直。

经理论推导（推导过程略）可得出圆轴扭转时，

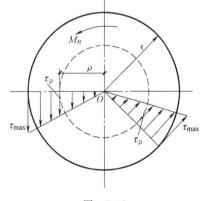

图 5-13

横截面上距圆心为 ρ 处的最终剪应力计算公式为

$$\tau = \frac{T}{I_{\mathrm{p}}}\rho \tag{5-7}$$

式中，I_{p} 为截面对形心的极惯性矩，它是一个与截面形状和尺寸有关的几何量。对于实心轴而言，$I_{\mathrm{p}} = \frac{\pi D^4}{32}$，$D$ 表示圆截面的直径；对于空心轴而言，$I_{\mathrm{p}} = \frac{\pi\,(D^4 - d^4)}{32}$，$D$、$d$ 分别表示圆截面的外径和内径。

对于确定的轴，外力偶 m 和截面极惯性矩 I_{p} 都是定值，故最大剪应力必在截面周边各点上（图 5-14），即 $\rho = D/2$ 时，有

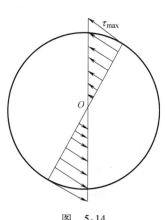

$$\tau_{\max} = \frac{T}{I_{\mathrm{p}}} \cdot \frac{D}{2} \tag{5-8}$$

若令 $W_{\mathrm{p}} = \dfrac{I_{\mathrm{p}}}{D/2}$，则式（5-8）可写成如下形式：

$$\tau_{\max} = \frac{T}{W_{\mathrm{p}}} \tag{5-9}$$

式中，W_{p} 称为抗扭截面系数，其单位为 mm^3 或 m^3。对于实心轴，$W_{\mathrm{p}} = \dfrac{I_{\mathrm{p}}}{D/2} = \dfrac{\frac{\pi D^4}{32}}{\frac{D}{2}} = \dfrac{\pi D^3}{16}$

图 5-14

需要注意的是，平面假设只对圆截面直杆才适用。且在公式的推导中应用了剪切胡克定律，当 $\tau_{\max}$ 不超过剪切比例极限时，上述公式才适用。

5.5.3 强度条件及强度计算

为保证圆轴扭转时具有足够的强度，就必须使轴的最大剪应力 $\tau_{\max}$ 不超过材料的许用剪应力 $[\tau]$，即

$$\tau_{\max} = \frac{T}{W_{\mathrm{p}}} \leqslant [\tau] \tag{5-10}$$

式（5-10）称为圆轴扭转时的强度条件。应注意 T 为危险截面上的扭矩。

与拉压杆的强度计算类似，对于圆轴受扭，用式（5-10）也可以解决强度校核、设计截面尺寸和确定许用荷载等三种强度计算问题。

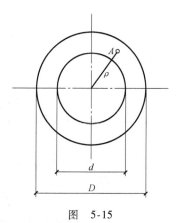

【例 5-4】 如图 5-15 所示钢制圆轴截面，外径 $D = 125\mathrm{mm}$，内径 $d = 75\mathrm{mm}$，扭矩 $T = 10\mathrm{kN} \cdot \mathrm{m}$，材料的许用剪应力为 $[\tau] = 40\mathrm{MPa}$，试求出最小剪应力，并校核该轴的强度。

【解】

（1）计算极惯性矩：

图 5-15

$$I_p = \frac{\pi(D^4 - d^4)}{32} = \frac{3.14 \times (125^4 - 75^4)}{32}\,\text{mm}^4 = 20.86 \times 10^6\,\text{mm}^4$$

（2）求最小剪应力：

$$\tau_{\min} = \frac{T}{I_p} \cdot \frac{d}{2} = \frac{10 \times 10^6}{20.86 \times 10^6} \times \frac{75}{2}\,\text{MPa} = 18\,\text{MPa}$$

（3）校核强度：

$$\tau_{\max} = \frac{T}{I_p} \cdot \frac{D}{2} = \frac{10 \times 10^6}{20.86 \times 10^6} \times \frac{125}{2}\,\text{MPa} = 30\,\text{MPa} < [\tau]$$

故满足强度要求。

5.6 圆轴扭转的刚度问题

5.6.1 圆轴扭转时的变形计算公式

计算圆轴的扭转变形即计算两截面间的相对转角 φ，其计算公式为

$$\varphi = \frac{Tl}{GI_p} \tag{5-11}$$

从式（5-11）可以看出，扭转角 φ 与扭矩 T、长度 l 成正比，而与 GI_p 成反比，即 GI_p 越大，圆轴越不容易发生扭转变形，GI_p 称为圆轴的抗扭刚度，它反映了圆轴抵抗扭转变形的能力。

圆轴单位长度上的扭转角称为单位扭转角，以 θ 表示，θ 的单位是弧度每米（rad/m），则

$$\theta = \frac{\varphi}{l} = \frac{Tl}{GI_p l} = \frac{T}{GI_p} \tag{5-12}$$

5.6.2 刚度条件

为保证圆轴的正常工作，除了满足强度要求，还应满足刚度要求，否则会影响机械的传动性能和加工工件所要求的精度。因此，工程上要求轴工作时的最大单位转角不超过许用的单位扭转角 $[\theta]$，即

$$\theta = \frac{\varphi}{l} = \frac{T}{GI_p} \leqslant [\theta] \tag{5-13}$$

式（5-13）就是圆轴扭转时的刚度条件。

5.7 矩形截面杆的扭转问题

工程中有时会遇到一些非圆截面杆的情况，且以矩形截面杆为常见，如曲轴上的曲柄、房屋建筑中的雨篷梁等。矩形截面杆的扭转变形情况如图 5-16 所示。由图 5-16 可见，横截面不再保持为平面，而变为凹凸不平的曲面，即横截面发生了翘曲。因此，平面假设不再适用，以平面假设为依据推导得到的圆轴应力及变形公式，已不能应用于非圆截面杆。

若非圆截面杆扭转时各横截面翘曲程度相同，即各横截面能自由翘曲，则横截面上只有

切应力而无正应力，这种扭转称为**自由扭转**。若各横截面的翘曲程度不同，即横截面的翘曲受到约束条件或受力条件的限制时，横截面上既有正应力又有切应力，这种扭转称为**约束扭转**。

非圆截面杆的扭转必须用弹性力学的方法进行研究。矩形截面轴扭转时，横截面上切应力分布规律如图 5-17 所示，截面周边上各点切应力与周边平行，且与扭矩转向一致；横截面上四个角点处切应力为零，长边中点处有最大切应力 $\tau_{\max}$，短边中点处的切应力 τ_1 也较大，应力计算式如下：

长边中点：
$$\tau_{\max} = \frac{T}{W_{\text{t}}} = \frac{T}{\alpha h b^2} \tag{5-14}$$

短边中点：
$$\tau_1 = \gamma \tau_{\max} \tag{5-15}$$

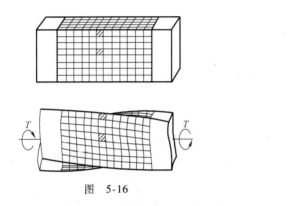

图　5-16

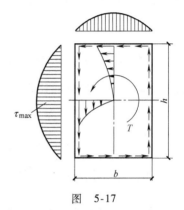

图　5-17

扭转角为

$$\varphi = \frac{Tl}{GI_{\text{p}}} = \frac{Tl}{G\beta h b^3} \tag{5-16}$$

式中，h 和 b 分别代表矩形截面长边和短边的长度；系数 α、β 及 γ 与比值 $\frac{h}{b}$ 有关，其值见表 5-1。

表 5-1　矩形截面扭转的有关系数 α、β 及 γ

$\frac{h}{b}$	1.0	1.2	1.5	1.75	2.0	2.5	3.0	4.0	6.0	8.0	10.0	∞
α	0.208	0.219	0.231	0.239	0.246	0.258	0.267	0.282	0.299	0.307	0.313	0.333
β	0.141	0.166	0.196	0.214	0.229	0.249	0.263	0.281	0.299	0.307	0.313	0.333
γ	1.000	0.930	0.859	0.820	0.795	0.766	0.753	0.745	0.743	0.742	0.742	0.742

从表中可以看出，当 $\frac{h}{b} \geqslant 10$ 时，α 与 β 均接近于 $\frac{1}{3}$。所以，对于长为 h、宽为 δ 的狭长矩形截面杆，其扭转变形与最大扭转切应力分别为

$$\varphi = \frac{3Tl}{Gh\delta^3} \tag{5-17}$$

$$\tau_{\max} = \frac{3T}{h\delta^2} \tag{5-18}$$

思　考　题

5-1　剪切构件的受力和变形特点与轴向挤压有什么不同？

5-2　什么叫挤压？挤压和轴向压缩有什么区别？

习　题

5-1　如图 5-18 所示为一铆接接头，板厚 $t = 2\text{mm}$，板宽 $b = 15\text{mm}$，铆钉直径 $d = 4\text{mm}$，许用剪应力 $[\tau] = 100\text{MPa}$，许用挤压应力 $[\sigma_c] = 300\text{MPa}$，板的许用拉应力为 $[\sigma] = 160\text{MPa}$，试计算接头的许可荷载。

5-2　如图 5-19 所示，已知两块厚度 $t = 20\text{mm}$ 的钢板对接，上、下各加一块厚度 $t_1 = 12\text{mm}$ 的盖，用直径相同的四个铆钉连接，同时已知拉力 $F = 120\text{kN}$，铆钉的 $[\sigma_c] = 180\text{MPa}$，$[\tau] = 160\text{MPa}$，钢板的 $[\sigma] = 300\text{MPa}$，板宽 $b = 50\text{mm}$，试确定铆钉直径 d。

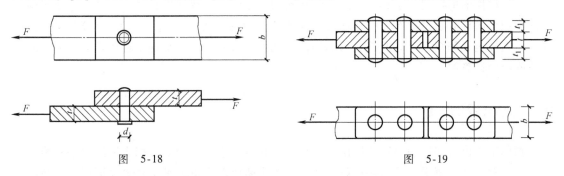

图　5-18　　　　　　　　　　　　　图　5-19

5-3　如图 5-20 所示，圆轴上作用四个外力偶，其力偶矩分别为 $m_1 = 2000\text{N} \cdot \text{m}$，$m_2 = 1200\text{N} \cdot \text{m}$，$m_3 = 300\text{N} \cdot \text{m}$，$m_4 = 500\text{N} \cdot \text{m}$。

（1）试作轴的扭矩图。

（2）若 m_1 与 m_2 作用的位置互换，扭矩图有何变化？

5-4　如图 5-21 所示，钢轴所受外力偶矩分别为 $m_1 = 800\text{N} \cdot \text{m}$，$m_2 = 2000\text{N} \cdot \text{m}$，$m_3 = 1200\text{N} \cdot \text{m}$，已知 $L_1 = 1\text{m}$，$L_2 = 2\text{m}$，$[\tau] = 50\text{MPa}$，$[\theta] = 0.25°/\text{m}$，$G = 80\text{GPa}$，试设计该轴的直径。

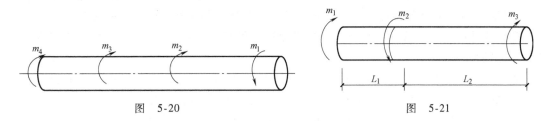

图　5-20　　　　　　　　　　　　　图　5-21

第6章
截面的几何性质

学习目标

- 理解重心、形心、静矩、惯性矩的概念。
- 掌握平面一般图形重心（形心）的坐标公式及求解步骤。
- 掌握组合平面图形静矩的计算方法。
- 熟练掌握简单平面图形的惯性矩计算公式及平行移轴公式。

真实构件的横截面都是具有一定几何形状的平面图形。在构件设计中，经常需要运用与构件横截面的形状及尺寸有关的几何量，这些几何量统称为平面图形的几何性质，如面积、形心、惯性矩、静矩等，它们都是影响构件承载力的重要因素，常用于在材料力学的弯曲变形等问题的计算中。

6.1 重心和形心

物体重心位置和形心位置的确定在工程中有着重要意义。例如，挡土墙或起重机等重心的位置若超过某一范围，受荷载后就不能保证挡土墙或起重机的平衡。要保证挡土墙和起重机的平衡，就需要掌握重心及形心的位置。

6.1.1 重心

地球上的任何物体都受到地球引力的作用，这个力称为物体的重力。可将物体看作由许多微小部分组成，每一微小部分都受到地球引力的作用，这些引力汇交于地球中心。但是，由于一般物体的尺寸远比地球的半径小得多，因此，这些引力可近似地看成是空间平行力系。由试验可知，不论物体在空间的方位如何，物体重力的合力作用线始终通过一个确定的点 C，C 点称为该物体的重心。特别注意的是，一个形状和尺寸不变的物体只有一个重心。

确定物体的重心主要有两种方法：公式计算法和试验方法，这里主要介绍用于确定一般物体重心的坐标公式。

设有一重为 G 的形状不规则物体，将它分成许多微小部分，若各微小部分的所受重力分别用 ΔG_1，ΔG_2，$\cdots \Delta G_n$ 表示，G 表示物体所受重力的合力，则有

$$G = \Delta G_1 + \Delta G_2 + \cdots + \Delta G_n$$

即

$$G = \sum \Delta G_i$$

取一个恰当的空间直角坐标系（图6-1），设各微小部分的重力作用点的坐标分别为 (x_1, y_1, z_1)，(x_2, y_2, z_2)，$\cdots$，(x_n, y_n, z_n)，整个物体所受重力的合力作用点 C 点，

即物体的重心坐标为 (x_C, y_C, z_C)。

对 y 轴应用合力矩定理有

$$M_y(\boldsymbol{G}) = \sum M_y(\Delta \boldsymbol{G}_i)$$

展开公式即为 $Gx_C = \Delta G_1 x_1 + \Delta G_2 x_2 + \cdots +$

$$\Delta G_n x_n = \sum \Delta G_i x_i$$

故

$$x_C = \frac{\sum \Delta G_i x_i}{G}$$

同理，也可以对 x 轴和 z 轴应用合力矩定理得

$$y_C = \frac{\sum \Delta G_i y_i}{G}$$

$$z_C = \frac{\sum \Delta G_i z_i}{G}$$

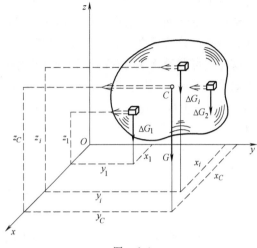

图　6-1

因此，一般物体重心的坐标公式为

$$\begin{cases} x_C = \dfrac{\sum \Delta G_i x_i}{G} \\[3mm] y_C = \dfrac{\sum \Delta G_i y_i}{G} \\[3mm] z_C = \dfrac{\sum \Delta G_i z_i}{G} \end{cases} \tag{6-1}$$

此时，为了更好地理解和应用式（6-1），可推导其进一步变化。设物体是均质的，即物体的体积密度 γ 是常量，此时，物体各微小部分的体积分别为 ΔV_1，ΔV_2，$\cdots$，ΔV_n，而整个物体的体积为 V，则重力和体积之间有以下关系：

$$G = \gamma V$$

$$\Delta G_1 = \gamma \Delta V_1, \Delta G_2 = \gamma \Delta V_2, \cdots \Delta G_n = \gamma \Delta V_n,$$

将上述关系代入式（6-1）并消去 γ 后得

$$\begin{cases} x_C = \dfrac{\sum \Delta V_i x_i}{V} \\[3mm] y_C = \dfrac{\sum \Delta V_i y_i}{V} \\[3mm] z_C = \dfrac{\sum \Delta V_i z_i}{V} \end{cases} \tag{6-2}$$

式（6-2）表明，均质物体的重心位置完全取决于物体的几何形状，而与物体的重量无关。

6.1.2　形心

由式（6-2）所确定的点也称为物体的形心。显然，均质物体的重心即为其形心。

式（6-2）与式（6-1）是形式上有所不同，但是它们对于均质物体所求出的重心坐标是一致的，既然如此，若研究的物体是一般性的平面物体，例如一个等厚、均质的薄平板，那么，重心计算公式会不会有什么变化呢？

首先，可假设这块薄板的面积为 A，厚度为 t，当然，它的形状是任意的，薄板的总体积可表示为 $V = At$，仿照求重心时的做法，将薄板分割成许多微小部分，则每一微小部分的体积为 $\Delta V_1 = A_1 t$，$\Delta V_2 = A_2 t$，$\cdots$，$\Delta V_n = A_n$，将上述关系代入式（6-2）中的前两式，消去 t 后得

$$
\left.
\begin{aligned}
x_C &= \frac{\sum \Delta A_i x_i}{A} \\
y_C &= \frac{\sum \Delta A_i y_i}{A}
\end{aligned}
\right\} \tag{6-3}
$$

式（6-3）所确定的 C 点就是均质薄板的重心，这个点也称为均质薄板的形心，或平面图形的形心。对于均质物体来说，形心和重心是重合的。

特别需要注意的是，式（6-3）并不适用于非均质平面物体的形心或重心计算，这是为什么呢？其实答案就在公式的推导过程中，请读者自行思考。

对于具有对称面、对称轴或对称中心的均质物体，其形心必在其对称面、对称轴或对称中心上。例如，圆球的形心在其对称中心（球心）上，T 形薄板的形心在其对称轴上，管道的形心在其对称面和对称轴的交点 C 上，如图 6-2 所示。

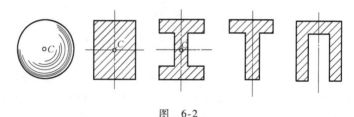

图 6-2

工程中有一些图形比较复杂，但它们往往是由圆形、矩形、三角形等简单图形组合而成，通常把这种图形称为组合图形。求组合图形的形心一般有两种方法，分割法和负面积法。可将组合体分成几个简单图形，而这些简单图形的重心是已知或易求的，这样整个组合图形的重心就可以用式（6-2）直接求得，形心可以用式（6-3）求得。

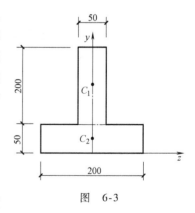

图 6-3

【例 6-1】 试求图 6-3 所示 T 形截面的形心坐标。

【解】

将平面图形分割为两个矩形，如图 6-3 所示，每个矩形的面积及形心坐标为

$$A_1 = 200 \times 50 \, \text{mm}^2, z_1 = 0 \, \text{mm}, y_1 = 150 \, \text{mm}$$

$$A_2 = 200 \times 50 \, \text{mm}^2, z_2 = 0 \, \text{mm}, y_2 = 25 \, \text{mm}$$

由式（6-3）可求得 T 形截面的形心坐标为

$$y_C = \frac{\sum A_i y_i}{A} = \frac{A_1 y_1 + A_2 y_2}{A_1 + A_2} = \frac{200 \times 50 \times 150 + 200 \times 50 \times 25}{200 \times 50 + 200 \times 50} \text{mm} = 87.5 \text{mm}$$

【例 6-2】 不等肢角钢的截面近似简化如图 6-4 所示，试求其形心坐标。

【解】

（1）将该图形分成两个矩形，取坐标系如图 6-4 所示。

（2）根据对称性，两矩形的形心在各自对称轴的交点上，其形心坐标分别为

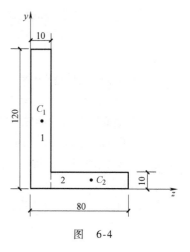

$$A_1 = 120 \times 10 \text{mm}^2 = 1200 \text{mm}^2$$

$$z_1 = \frac{10}{2} \text{mm} = 5 \text{mm}$$

$$y_1 = \frac{1}{2} \times 120 \text{mm} = 60 \text{mm}$$

$$A_2 = (80 - 10) \times 10 \text{mm}^2 = 700 \text{mm}^2$$

$$z_2 = \left(\frac{80 - 10}{2}\right) + 10 \text{mm}^2 = 45 \text{mm}^2$$

$$y_2 = \frac{10}{2} \text{mm} = 5 \text{mm}$$

图　6-4

（3）根据式（6-3）进行计算：

$$z_C = \frac{\sum \Delta A_i z_i}{A} = \frac{A_1 z_1 + A_2 z_2}{A_1 + A_2} = \frac{1200 \times 5 + 700 \times 45}{1200 + 700} \text{mm} = 19.74 \text{mm}$$

$$y_C = \frac{\sum \Delta A_i y_i}{A} = \frac{A_1 y_1 + A_2 y_2}{A_1 + A_2} = \frac{1200 \times 60 + 700 \times 5}{1200 + 700} \text{mm} = 39.74 \text{mm}$$

6.2　静矩

6.2.1　定义

如图 6-5 所示为一个任意平面图形，其面积为 A，在平面图形上取直角坐标轴 zOy。取微面积 $\mathrm{d}A$，$\mathrm{d}A$ 的坐标分别为 y 和 z，则 $y\mathrm{d}A$、$z\mathrm{d}A$ 分别称为微面积 $\mathrm{d}A$ 对于 z 轴和 y 轴的静矩。

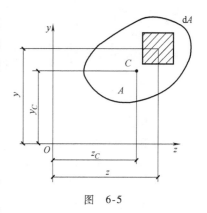

$$\begin{cases} S_y = \int_A z \mathrm{d}A \\ S_z = \int_A y \mathrm{d}A \end{cases} \tag{6-4}$$

式 6-4 所代表的是微面积 $\mathrm{d}A$ 对整个平面图形面积的定积分，它们分别称为整个图形对于 y 轴和 z 轴的静矩。

图　6-5

平面图形的静矩是对某一个坐标轴而言的，同一平面图形对不同的坐标轴，其静矩不同。静

矩是代数量，可能为正，也可能为负或为零。其常用单位为米的三次方（m³）或毫米的三次方（mm³）。

引入平面物体形心的概念后，静矩公式（6-4）还可表示为

$$\begin{cases} S_y = z_C A \\ S_z = y_C A \end{cases}$$ (6-5)

即截面对某轴的静矩等于其面积与形心坐标（形心至该轴的距离）的乘积。当坐标轴通过截面的形心时，其静矩为零；反之，若截面对某轴的静矩为零，则该轴必通过截面的形心。

【例 6-3】 某矩形截面如图 6-6 所示，高为 h，宽为 b，试分别计算截面对 z 轴和形心轴 z_C 轴的静矩。

【解】

（1）计算对 z 轴的静矩：

$$S_z = A y_C = \frac{bh^2}{2}$$

（2）计算对形心轴 z_C 轴的静矩：

$$S_{zC} = A y_{zC} = 0$$

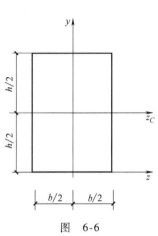

图 6-6

6.2.2 组合图形静矩的计算

工程实际中，很多构件的截面是由矩形、圆形等简单图形组合而成的图形。根据静矩的定义，组合图形对某轴的静矩等于若干个简单图形对同一轴静矩的代数和，即

$$\begin{cases} S_y = A_1 z_1 + A_2 z_2 + \cdots + A_n z_n = \sum_{i=1}^{n} A_i z_i \\ S_z = A_1 y_1 + A_2 y_2 + \cdots + A_n y_n = \sum_{i=1}^{n} A_i y_i \end{cases}$$ (6-6)

【例 6-4】 试计算图 6-7 所示截面对 z 轴和 y 轴的静矩。

【解】

（1）分析：图示截面可看成是由 3 个小矩形组合而成。分别将 3 个矩形的面积记为 A_1、A_2、A_3，形心记为 C_1、C_2、C_3（图 6-7）。

（2）计算 S_y：

根据反对称性可知 $y_C = 60\text{mm}$，z_C，则由静矩公式（6-5）可得

$$S_y = A z_C = 0$$

（3）计算 S_z：

由静矩式（6-5）可得

$$S_z = A y_C = (A_1 + A_2 + A_3) y_C = (120 \times 10 + 60 \times 10 + 60 \times 10) \times 60 \text{mm}^3 = 144000 \text{mm}^3$$

亦可由式（6-6）采用分割法计算 S_z 如下：

$$y_{C1} = 60\text{mm}, y_{C2} = 115\text{mm}, y_{C3} = 5\text{mm}$$

$$S_z = A_1 y_{C1} + A_2 y_{C2} + A_3 y_{C3} = (120 \times 10 \times 60 + 60 \times 10 \times 115 + 60 \times 10 \times 5) \text{mm}^3 = 144000 \text{mm}^3$$

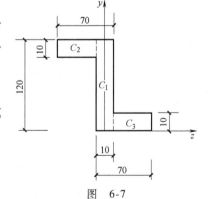

图 6-7

6.3　惯性矩和极惯性矩

6.3.1　惯性矩、惯性积、极惯性矩的定义

如图 6-8 所示，从任意面中坐标为 (z, y) 处取一面积元素 $\mathrm{d}A$，则 $z^2\mathrm{d}A$ 和 $y^2\mathrm{d}A$ 分别称为该微面积 $\mathrm{d}A$ 对于 y 轴和 z 轴的惯性矩，它们在整个图形范围内的定积分分别称为整个平面图形对 z 轴和 y 轴的惯性矩。上式表明，惯性矩恒大于零。其常用单位为 m^4 或 mm^4。

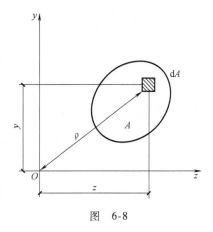

$$\begin{cases} I_z = \int_A y^2\,\mathrm{d}A \\ I_y = \int_A z^2\,\mathrm{d}A \end{cases} \tag{6-7}$$

把截面上的微面积 $\mathrm{d}A$ 与它到 y、z 轴距离的乘积 $yz\mathrm{d}A$ 称为该微面积 $\mathrm{d}A$ 对两坐标轴的惯性积，在整个图形范围内的定积分

$$I_{yz} = \int_A yz\,\mathrm{d}A \tag{6-8}$$

图　6-8

I_{yz} 称为整个截面对 y、z 轴的惯性积。

由定义可知，惯性积可能为正值或负值，也可能为零，常用的单位是 m^4 或 mm^4。可以证明，在两正交坐标轴中，只要 z、y 轴之一为平面图形的对称轴，则平面图形对 z、y 轴的惯性积就一定等于零。

如图 6-8 所示，若是将微面积 $\mathrm{d}A$ 与它到坐标原点的距离 ρ 的平方构造一个乘积 $\rho^2\mathrm{d}A$，则这个乘积称为该微面积 $\mathrm{d}A$ 对坐标原点的极惯性矩，在整个图形范围内的定积分称为平面图形对坐标原点的**极惯性矩**。

$$I_\mathrm{p} = \int_A \rho^2\,\mathrm{d}A$$

由于 $\rho^2 = z^2 + y^2$，于是有

$$I_\mathrm{p} = \int_A \rho^2\,\mathrm{d}A = \int_A (z^2 + y^2)\,\mathrm{d}A = \int_A y^2\,\mathrm{d}A + \int_A z^2\,\mathrm{d}A \tag{6-9}$$

即

$$I_\mathrm{p} = I_y + I_z$$

上式表明，截面上任一对相互垂直坐标轴的惯性矩之和，等于它对该二轴交点的极惯性矩。

以下是简单图形（图 6-9）对形心轴的惯性矩计算公式：（可参考附表Ⅰ）

（1）矩形截面：$I_z = \dfrac{bh^3}{12}$ 或 $I_y = \dfrac{hb^3}{12}$；

（2）圆形截面：$I_z = I_y = \dfrac{\pi D^4}{64}$；

（3）圆环型截面：$I_z = I_y = \dfrac{\pi(D^4 - d^4)}{64}$。

型钢的惯性矩可直接由型钢表查得，见附表。

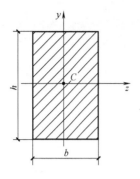 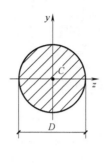 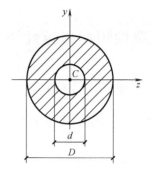

图 6-9

6.3.2 惯性矩的平行移轴公式

如图 6-10 所示一任意截面，它对任意的 z、y 两坐标轴的惯性矩分别为 I_z 和 I_y，z_C、y_C 轴称为截面的形心轴。截面对于这对形心轴的惯性矩分别为 I_{zC} 和 I_{yC}。根据惯性矩的理论公式可推得（推导过程略）

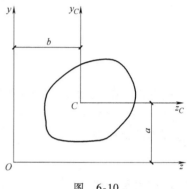

$$\begin{cases} I_z = I_{zC} + a^2 A \\ I_y = I_{yC} + b^2 A \end{cases} \quad (6\text{-}10)$$

式（6-10）即为惯性矩的**平行移轴公式**。

图 6-10

它表明，截面对任意轴的惯性矩等于截面对与该轴平行的形心轴的惯性矩，加上截面的面积与两轴距离平方的乘积。由于 $a^2 A$ 和 $b^2 A$ 恒为正值，所以，在所有相互平行的轴中，截面对形心的惯性矩最小。

【例 6-5】 计算图 6-11 所示矩形截面对 z_1 轴和 y_1 轴的惯性矩。

【解】

根据前面的内容可知，矩形截面对其形心轴的惯性矩为

$$I_z = \frac{bh^3}{12}, \quad I_y = \frac{hb^3}{12}$$

于是利用平行移轴公式可得

$$I_{z1} = I_z + a^2 A = \frac{bh^3}{12} + \left(\frac{h}{2}\right)^2 bh = \frac{bh^3}{3}$$

$$I_{y1} = I_y + b^2 A = \frac{hb^3}{12} + \left(\frac{b}{2}\right)^2 bh = \frac{hb^3}{3}$$

6.3.3 组合图形惯性矩的计算

图 6-11

由惯性矩的定义可知，组合图形对某轴的惯性矩，就等于组成它的各简单图形对同一轴惯性矩之和，即

$$\begin{cases} I_z = I_{z1} + I_{z2} + \cdots + I_{zn} = \sum_{i=1}^{n} I_{zi} \\ I_y = I_{y1} + I_{y2} + \cdots + I_{yn} = \sum_{i=1}^{n} I_{yi} \end{cases} \quad (6\text{-}11)$$

式中，I_{zi}、I_{yi} 分别为组合截面中任一简单图形对 z 和 y 轴的惯性矩。

简单图形对本身形心轴的惯性矩可以通过查表求得，再利用平行移轴公式，便可求得各简单图形对指定轴的惯性矩。

【例 6-6】 计算图 6-12 所示 T 形截面对形心轴 z_C 轴的惯性矩。

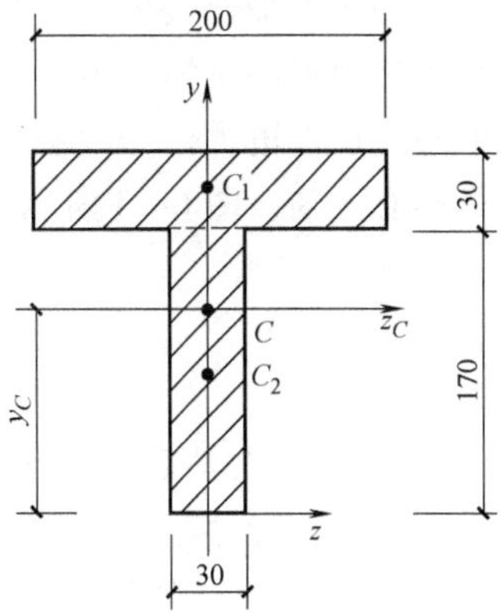

【解】

（1）确定形心位置 C 的坐标：

因为 y 轴是对称轴，所以 $z_C = 0$。将图形分为如图所示两个矩形，则

$$y_C = \frac{A_1 y_1 + A_2 y_2}{A_1 + A_2} = \frac{200 \times 30 \times 185 + 30 \times 170 \times 85}{200 \times 30 + 30 \times 170} \text{mm} = 139 \text{mm}$$

图 6-12

（2）计算截面对形心轴的惯性矩 I_{zC}

$$I_{zC} = I_{zC1} + I_{zC2} = \left(\frac{200 \times 30^3}{12} + 46^2 \times 200 \times 30 + \frac{30 \times 170^3}{12} + 54^2 \times 30 \times 170 \right) \text{mm}^4 = 40.3 \times 10^6 \text{mm}^4$$

6.4 主惯性轴和形心主惯性轴的概念

若截面对于任意的 y 轴和 z 轴的惯性积 $I_{yz} = 0$，则这一对互相垂直的坐标轴称为截面的主惯性轴，简称主轴。截面对于主轴的惯性矩称为主惯性矩。例如图 6-13 所示的矩形截面，因为 $I_{yz} = 0$，$I_{yz1} = 0$，$I_{yz2} = 0$，所以 y 轴和 z、z_1、z_2 轴三对轴均称为截面的主轴，惯性矩 I_y、I_z、I_{z1}、I_{z2} 均为截面的主惯性矩。

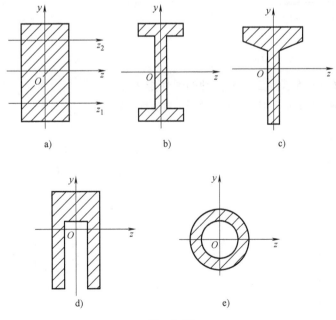

图 6-13

如果主轴通过截面形心，则称其为形心主惯性轴，简称形心主轴，截面对形心主轴的惯性矩称为形心主惯性矩。如图 6-13 所示，矩形截面中的 y 轴和 z 轴为形心主轴，I_y 和 I_z 是形心主惯性矩，z_1、z_2 是主轴，却不是形心主轴，故截面的对称轴和与之垂直的形心轴一定是形心主轴，图 6-13 所示各截面的 y 轴和 z 轴均为形心主轴。

思 考 题

6-1 什么是重心、形心？它们之间有什么关系？

6-2 惯性矩的平行移轴公式是什么？

6-3 什么是惯性矩？其特点是什么？

习 题

6-1 求图 6-14 所示各平面图形的形心坐标及平面图形对 y 轴和 z 轴的静矩。

6-2 如图 6-15 所示为两个 20a 号槽钢组成的组合截面，求该截面对形心轴的惯性矩 I_z、I_y。

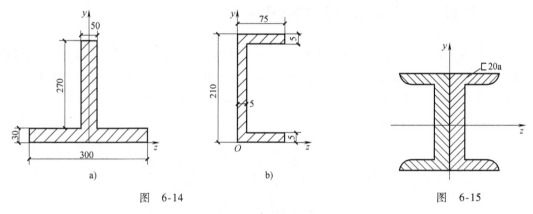

图 6-14   图 6-15

6-3 求如图 6-16 所示截面对形心轴的惯性矩 I_z。

6-4 计算图 6-17 所示工字形截面对形心轴的惯性矩 I_z、I_y。

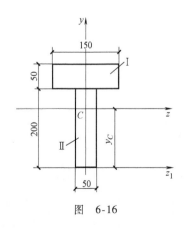

图 6-16

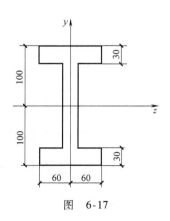

图 6-17

6-5 试计算图6-18所示T形截面对于对称轴y轴的惯性矩I_y和对于垂直于y轴的形心轴z轴的惯性矩I_z。

6-6 试确定图6-19所示截面的形心位置，并计算截面对形心主轴z轴的惯性矩I_z。

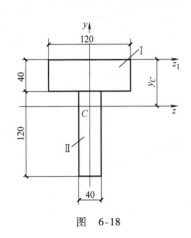

图 6-18

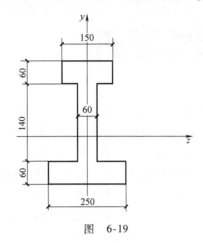

图 6-19

第 7 章
梁的弯曲

学习目标

- 理解弯曲变形和平面弯曲的概念。
- 熟练掌握用截面法和简便法计算梁指定截面的剪力和弯矩。
- 熟练掌握用简捷法及叠加法绘制梁的内力图。
- 掌握梁的正应力强度条件及正应力强度计算。
- 了解常见截面梁的最大剪应力计算公式及剪应力强度条件。
- 会用叠加法计算梁的变形。
- 了解提高梁弯曲强度和弯曲刚度的措施。

7.1 平面弯曲的概念

7.1.1 平面弯曲

当杆件受到垂直于杆轴的外力作用，或在纵向平面内受到力偶作用时，如图 7-1 所示，杆件轴线由直线变成曲线，这种变形称为**弯曲变形**。工程中通常将以弯曲变形为主要变形的杆件称为梁。

弯曲变形是工程中最常见的一种基本变形，如房屋建筑中的楼面梁、阳台挑梁等，在楼面荷载和梁自重的作用下，都将发生弯曲变形，如图 7-2 所示。

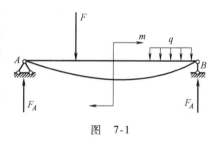

图 7-1

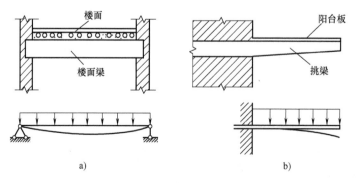

a)   b)

图 7-2

工程中常用的梁，其横截面往往有一根纵向对称轴，如图 7-3 所示，这根对称轴与梁轴线所组成的平面称为纵向对称平面（图7-4）。如果作用在梁上的外力（包括荷载和支座反力）和外力偶都位于纵向对称平面内，梁变形后，轴线将在此纵向对称平面内弯曲。这种**外力作用平面与梁的弯曲平面相重合的弯曲，称为平面弯曲。**平面弯曲是最常见的弯曲变形，本章将以平面弯曲为主，讨论等截面直梁的内力、应力和变形计算。

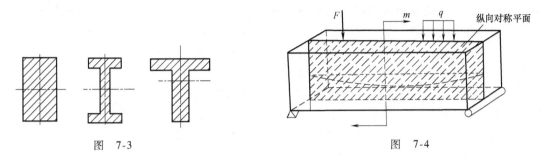

图 7-3   图 7-4

7.1.2 单跨静定梁的基本形式

在平面弯曲中，梁受到的荷载、支座反力通常组成一个位于梁纵向对称面内的平面一般力系。如果作用于梁上的未知支座反力可由平面一般力系的平衡方程全部确定，这种梁称为**静定梁**。工程中的单跨静定梁根据其支座形式和支承位置的不同分为下列三种基本形式。

（1）**简支梁**：一端为固定铰支座，另一端为活动铰支座的梁，如图7-5a所示。

（2）**悬臂梁**：一端为固定端支座，另一端自由的梁，如图7-5b所示。

（3）**外伸梁**：一端或两端伸出支座之外的简支梁，如图7-5c所示。

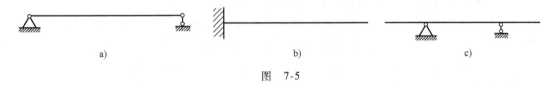

a)   b)   c)

图 7-5

工程中为了满足某种需求，有时在静定梁上再增加一个或几个支座，如图7-6所示。这时，仅靠静力平衡方程无法确定梁的所有支座反力，这类梁称为**超静定梁**，超静定梁问题将在第三篇结构力学部分讨论。

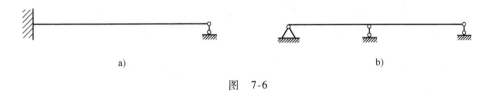

a)   b)

图 7-6

7.2 梁横截面上的内力——剪力与弯矩

为了对梁进行强度和刚度计算，在求得梁的支座反力后，就必须计算梁的内力。下面将着重讨论梁的内力计算方法。

7.2.1 截面法求梁的内力

1. 剪力与弯矩

当已知作用于梁上的外力（荷载及支座反力）时，即可用截面法确定其任一横截面上的内力。例如图 7-7a 所示的梁，在荷载 F 和支座反力 F_A、F_B 共同作用下处于平衡状态，现分析距离 A 支座为 x 的任意横截面上的内力。设想用 m—m 截面在所求内力处将梁截开，取左段梁为研究对象，如图 7-7b 所示。左段梁上仅有外力 F_A 作用，为了与 F_A 保持平衡，截面 m—m 上必然有与 F_A 等值、平行且反向的内力 F_V 存在，这个内力 F_V 称为**剪力**；同时，因剪力 F_V 与 F_A 组成一个力偶，为了与该力偶矩保持平衡，截面 m—m 也必然存在一个内力偶矩 M 与该力偶矩大小相等、转向相反，这个内力偶矩 M 称为**弯矩。可见，梁发生弯曲时横截面上同时存在着两个内力：剪力和弯矩。**

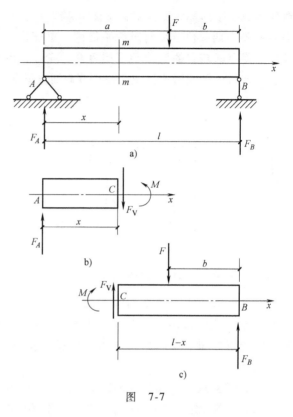

图　7-7

剪力的单位为 N 或 kN，弯矩的单位为 N·m 或 kN·m。

剪力和弯矩的大小，可由左段梁的静力平衡求得，即

$$\sum F_y = 0, F_A - F_V = 0, 得 F_V = F_A$$
$$\sum M_C = 0, M - F_A x = 0, 得 M = F_A x$$

如果取右段梁作为研究对象，同样可求得截面 m—m 上的剪力和弯矩，根据作用力与反作用力的关系，它们与从左段梁求出 m—m 截面上的 F_V 和 M 大小相等，方向相反，如图 7-7c所示。

2. 剪力和弯矩的正负号规定

为了使不论以左段梁或右段梁为脱离体所求得的同一个截面上的剪力 F_V 和弯矩 M 具有相同的正负号，根据梁的变形现象对其作如下规定。

（1）剪力的正负号：横截面上的剪力 F_V 使所选取的梁段有顺时针转动趋势时为正，反之为负，如图 7-8 所示。

（2）弯矩的正负号：横截面上的弯矩 M 使所选取的梁段产生下凸上凹（即下侧受拉、上侧受压）的变形时为正，反之为负，如图 7-9 所示。

3. 用截面法求梁指定截面上的内力

用截面法求梁指定截面内力的一般步骤如下：

（1）计算支座反力。

（2）用假想的截面在拟求内力处将梁截开，取其中任一段为研究对象，画出其受力图（截面上的剪力 F_V 和弯矩 M 均先假设为正值）。

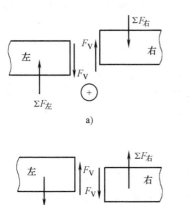

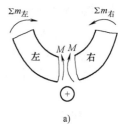

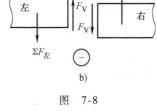

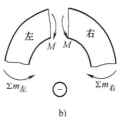

图 7-8 图 7-9

（3）建立平衡方程，求解未知内力。

下面举例说明用截面法计算指定截面上的剪力和弯矩。

【例7-1】 简支梁受荷载作用如图7-10a所示，试求截面1—1上的剪力和弯矩。

【解】

（1）求支座反力，考虑梁的整体平衡，有

$$\sum M_B = 0, -F_A \times 5 + 30 \times 4 + 10 \times 3 \times 1.5 = 0$$

$$\sum M_A = 0, F_B \times 5 - 30 \times 1 - 10 \times 3 \times 3.5 = 0$$

解得 $F_A = 33\text{kN}(\uparrow), F_B = 27\text{kN}(\uparrow)$。

校核： $\sum F_y = F_A + F_B - 30 - 10 \times 3 = (33 + 27 - 30 - 30)\text{kN} = 0$

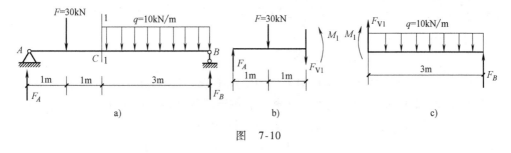

图 7-10

（2）求截面1—1上的内力。

将梁在截面1—1处截开，取左段梁为研究对象，画其受力图，剪力 F_{V1} 和弯矩 M_1 均先假设为正值，如图7-10b所示。列平衡方程并求解：

$$\sum F_y = 0, F_A - 30 - F_{V1} = 0$$

$$F_{V1} = F_A - 30 = (33 - 30)\text{kN} = 3\text{kN}$$

$$\sum M_1 = 0, -F_A \times 2 + 30 \times 1 + M_1 = 0$$

$$M_1 = F_A \times 2 - 30 \times 1 = (33 \times 2 - 30 \times 1)\text{kN} \cdot \text{m} = 36\text{kN} \cdot \text{m}$$

求得 F_{V1} 和 M_1 均为正值，表示截面1—1上内力的实际方向与假定的方向相同，即为正剪力和正弯矩。

若取右段梁为研究对象，也设 F_{V1} 和 M_1 为正值，如图 7-10c 所示。列平衡方程并求解：

$$\sum F_y = 0, F_{V1} - 10 \times 3 + F_B = 0$$
$$F_{V1} = 10 \times 3 - F_B = (30 - 27) \text{kN} = 3 \text{kN}$$
$$\sum M_1 = 0, -M_1 - 10 \times 3 \times 1.5 + F_B \times 3 = 0$$
$$M_1 = -10 \times 3 \times 1.5 + F_B \times 3 = (-10 \times 3 \times 1.5 + 27 \times 3) \text{kN} \cdot \text{m} = 36 \text{kN} \cdot \text{m}$$

可见，F_{V1} 和 M_1 也为正值，结果与左段相同。

7.2.2　简便法求内力

根据上述例题，可以总结出直接根据梁上的外力计算梁内力的规律。

（1）梁任一横截面上的剪力，在数值上等于该截面左侧（或右侧）梁段上所有外力（包括荷载和支座反力）在垂直于轴线方向投影的代数和。若外力对所求截面产生顺时针方向转动趋势时，取正号；反之，取负号。此规律可记为"**顺转剪力正**"。

（2）梁任一横截面上的弯矩，在数值上等于该截面左侧（或右侧）梁段上所有外力（包括外力偶）对该截面形心力矩的代数和。将所求截面固定，若外力矩使所考虑的梁段产生下凸弯曲变形（即上部受压、下部受拉）时，取正号；反之，取负号。此规律可记为"**下凸弯矩正**"。

利用上述规律直接由外力求梁内力的方法称为**简便法**。用简便法求内力可以省去画受力图和列平衡方程，从而简化计算过程。现举例说明。

【**例 7-2**】　简支梁受荷载作用如图 7-11 所示，试用简便法求截面 1—1、2—2 上的剪力和弯矩。

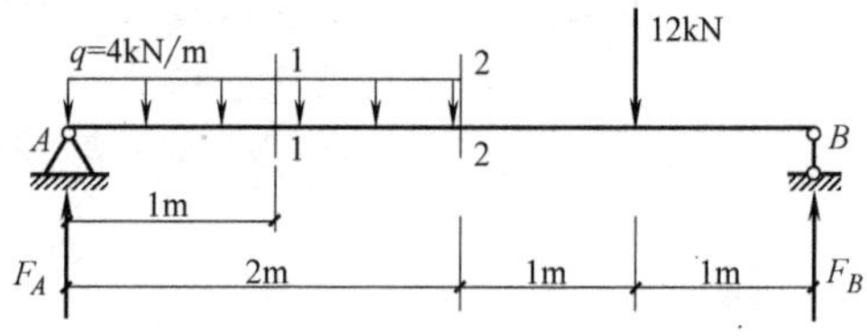

【**解**】

（1）求支座反力。由梁的整体平衡求得

$$F_A = 9 \text{kN} (\uparrow), F_B = 11 \text{kN} (\uparrow)$$

（2）计算 1—1 截面的内力。由 1—1 截面左侧梁段的外力进行计算：

$$F_{V1} = (9 - 4 \times 1) \text{kN} = 5 \text{kN}$$
$$M_1 = (9 \times 1 - 4 \times 1 \times 0.5) \text{kN} \cdot \text{m} = 7 \text{kN} \cdot \text{m}$$

（3）计算 2—2 截面的内力。由 2—2 截面右侧梁段的外力进行计算：

$$F_{V2} = (12 - 11) \text{kN} = 1 \text{kN}$$
$$M_2 = (11 \times 2 - 12 \times 1) \text{kN} \cdot \text{m} = 10 \text{kN} \cdot \text{m}$$

图　7-11

【**例 7-3**】　悬臂梁受荷载作用如图 7-12 所示，试用简便法求截面 1—1、2—2 上的剪力和弯矩。

【**解**】

对于悬臂梁，计算指定截面上的内力，可以选取截面到自由端的部分为脱离体，而不需要计算支座反力。因此，由指定截面右侧梁段的外力进行计算：

$$F_{V1} = (4 \times 1) \text{kN} = 4 \text{kN}$$
$$M_1 = (-4 \times 1 \times 0.5 - 8) \text{kN} \cdot \text{m} = -10 \text{kN} \cdot \text{m}$$
$$F_{V2} = 0$$

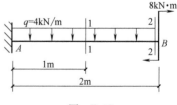

图　7-12

$$M_2 = -8 \text{kN} \cdot \text{m}$$

7.3 用内力方程法绘制剪力图和弯矩图

为了进行梁的强度和刚度计算，仅求出梁在指定截面上的剪力和弯矩是不够的，还应知道剪力和弯矩沿梁轴线的变化规律，尤其是梁内最大剪力和最大弯矩的数值及其所在截面的位置。

7.3.1 剪力方程和弯矩方程

从 7.2 节例题可以看出，剪力和弯矩一般随着梁的横截面位置而变化。为了表示剪力和弯矩沿梁轴线的变化规律，设横截面位置用沿梁轴线的坐标 x 表示，则梁内各横截面的剪力和弯矩可以表示为坐标 x 的函数，即

$$\begin{cases} F_V = F_V(x) \\ M = M(x) \end{cases}$$

以上两式分别称为梁的剪力方程和弯矩方程，统称为梁的内力方程。列方程时，可以随意地选择梁上任一点为坐标原点，但习惯上选梁的左端点为坐标原点。

7.3.2 剪力图和弯矩图

为了直观地表示剪力和弯矩沿梁轴线的变化情况，可以根据剪力方程和弯矩方程分别绘制出梁的剪力图和弯矩图。作图方法与轴力图相似，即用沿梁轴线的横坐标 x 表示梁的横截面位置，用纵坐标表示相应横截面上的剪力值或弯矩值，并规定：将正剪力画在 x 轴的上方，负剪力画在 x 轴的下方；把弯矩图画在梁受拉的一侧，即正弯矩画在 x 轴的下方，负弯矩画在 x 轴的上方，如图 7-13 所示。

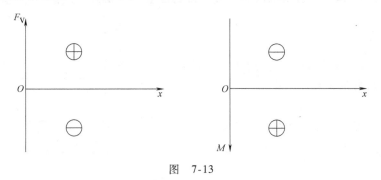

图 7-13

下面举例说明列出梁的剪力方程和弯矩方程的方法，并画出剪力图和弯矩图。

【例 7-4】 简支梁受均布荷载 q 作用如图 7-14a 所示，试画出梁的剪力图和弯矩图。

【解】

（1）求支座反力。根据对称关系，可得

$$F_A = F_B = \frac{1}{2}ql(\uparrow)$$

（2）列剪力方程和弯矩方程。选梁的 A 支座为坐标原点，在距离 A 点为 x 处的任意截

面，将梁假想截开，根据左段梁的平衡，可得

$$F_V(x) = F_A - qx = \frac{1}{2}ql - qx \qquad (0 < x < l)$$

$$M(x) = F_A x - \frac{1}{2}qx^2 = \frac{1}{2}qlx - \frac{1}{2}qx^2 \qquad (0 < x < l)$$

（3）画剪力图和弯矩图。因剪力方程 $F_V(x)$ 是 x 的一次函数，说明剪力图应该是一条斜直线。

当 $x = 0$ 时，$F_{VA} = \dfrac{ql}{2}$；

$x = l$ 时，$F_{VB} = -\dfrac{ql}{2}$。

根据这两个截面的剪力值，画出剪力图如图 7-14b 所示。

因弯矩方程 $M(x)$ 是 x 的二次函数，说明弯矩图是一条二次抛物线，应至少计算 3 个截面的弯矩值，才可描绘出曲线的大致形状。

当 $x = 0$ 时，$M_A = 0$；

$x = \dfrac{l}{2}$ 时，$M_C = \dfrac{ql^2}{8}$；

$x = l$ 时，$M_B = 0$。

根据以上计算结果，画出弯矩图如图 7-14c 所示。

从画出的内力图可知：**简支梁在均布荷载作用下，剪力图为斜直线，最大剪力发生在两端支座处，$|F_V|_{max} = \dfrac{1}{2}ql$；弯矩图为二次抛物线，最大弯矩发生在剪力为零的跨中截面上，$|M|_{max} = \dfrac{1}{8}ql^2$。**

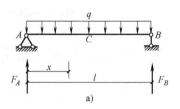

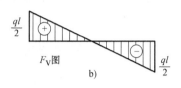

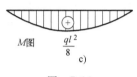

图　7-14

【**例 7-5**】　简支梁受集中力作用如图 7-15a 所示，试画出梁的剪力图和弯矩图。

【**解**】

（1）求支座反力。根据梁的整体平衡条件，得

$$F_A = \frac{Fb}{l}（\uparrow），F_B = \frac{Fa}{l}（\uparrow）$$

（2）列剪力方程和弯矩方程。梁在 C 截面处有集中力 F 作用，AC 段和 CB 段所受的外力不同，其内力方程也不相同，需分段列出。

AC 段：选梁的 A 支座为坐标原点，在距离 A 端为 x_1 的任意截面处将梁假想截开，根据左段梁的平衡，可得

$$F_V(x) = F_A = \frac{Fb}{l} \qquad (0 < x_1 < a)$$

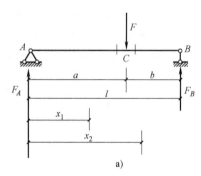

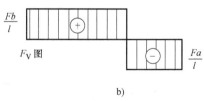

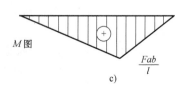

图　7-15

$$M(x_1) = F_A x_1 = \frac{Fb}{l} x_1 \qquad (0 \leqslant x_1 \leqslant a)$$

CB 段：选梁的 A 支座为坐标原点，在距离 A 端为 x_2 的任意截面处将梁假想截开，根据右段梁的平衡，可得

$$F_V(x_2) = -F_B = -\frac{Fa}{l} \qquad (a < x_2 < l)$$

$$M(x_2) = F_B(l - x_2) = \frac{Fa}{l}(l - x_2) \qquad (a \leqslant x_2 \leqslant l)$$

（3）画剪力图和弯矩图

① 剪力图：AC 段剪力方程 $F_V(x_1)$ 为常数，其值为 $\frac{Fb}{l}$，剪力图是一条平行于 x 轴的直线，因为是正值，画在 x 轴上方。CB 段剪力方程 $F_V(x_2)$ 也为常数，其值为 $-\frac{Fa}{l}$，剪力图也是一条平行于 x 轴的直线，因为是负值，画在 x 轴下方。整梁的剪力图如图 7-15b 所示。

② 弯矩图：AC 段弯矩方程 $M(x_1)$ 是 x_1 的一次函数，弯矩图是一条斜直线，只要计算两个截面的弯矩值，就可以画出弯矩图。

当 $x_1 = 0$ 时，$M_A = 0$；

$x_1 = a$ 时，$M_C = \frac{Fab}{l}$。

根据计算结果，可画出 AC 段的弯矩图。

CB 段弯矩方程 $M(x_2)$ 也是 x_2 的一次函数，弯矩图仍是一条斜直线。

当 $x_2 = a$ 时，$M_C = \frac{Fab}{l}$；

$x_2 = l$ 时，$M_B = 0$。

由上面两个弯矩值，可画出 CB 段弯矩图。整梁的弯矩图如图 7-15c 所示。

从画出的内力图可知：简支梁受集中荷载作用，当 $a > b$ 时，$|F_V|_{max} = \frac{Fa}{l}$，最大剪力发生在 BC 段的任意截面上；$|M|_{max} = \frac{Fab}{l}$，最大弯矩发生在集中力作用处的截面上。若 $a = b$，即集中力作用在梁的跨中时，则最大弯矩发生在梁的跨中截面上，$M_{max} = \frac{Fl}{4}$。

此外，由内力图可知：**在集中力作用处，剪力图发生突变，其突变值等于该集中力的大小，突变方向与该集中力的方向一致；弯矩图出现尖角，尖角方向与该集中力方向一致。**

【例 7-6】 简支梁受集中力偶 m 作用如图 7-16a 所示，试画出梁的剪力图和弯矩图。

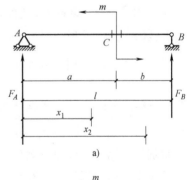

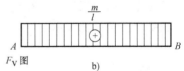

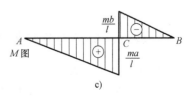

图 7-16

【解】

（1）求支座反力。根据梁的整体平衡条件，得

$$F_A = \frac{m}{l}(\uparrow), F_B = -\frac{m}{l}(\downarrow)$$

（2）列剪力方程和弯矩方程。梁在截面 C 处有集中力偶 m 作用，AC 段和 CB 段所受到的外力不同，其内力方程也不相同，需分段列出。

AC 段：选梁的 A 支座为坐标原点，在距离 A 端为 x_1 的任意截面处将梁假想截开，根据左段梁的平衡，可得

$$F_V(x_1) = F_A = \frac{m}{l} \qquad (0 < x_1 \leq a)$$

$$M(x_1) = F_A x_1 = \frac{m}{l} x_1 \qquad (0 \leq x_1 < a)$$

CB 段：选梁的 A 支座为坐标原点，在距离 A 端为 x_2 的任意截面处将梁假想截开，根据右段梁的平衡，可得

$$F_V(x_2) = F_B = \frac{m}{l} \qquad (a \leq x_2 < l)$$

$$M(x_2) = F_B(l - x_2) = -\frac{m}{l}(l - x_2) \qquad (a < x_2 \leq l)$$

（3）画剪力图和弯矩图

① 剪力图：AC 段和 CB 段的剪力都是常数，其值为 $\frac{m}{l}$，故剪力图是一条平行于 x 轴的直线，且位于 x 轴上方。画出剪力图如图 7-16b 所示。

② 弯矩图：AC 段和 CB 段的弯矩方程都是 x 的一次函数，故弯矩图都是斜直线。

AC 段：当 $x_1 = 0$ 时，$M_A = 0$；

$$x_1 = a \text{ 时}, M_{C左} = \frac{ma}{l}。$$

CB 段：当 $x_2 = a$ 时，$M_{C右} = \frac{mb}{l}$；

$$x_2 = l \text{ 时}, M_B = 0。$$

根据计算结果，画出整梁的弯矩图如图 7-16c 所示。

从画出的内力图可知：**在集中力偶作用处，剪力图无变化，弯矩图出现突变，其突变值等于该集中力偶矩的大小。**

7.4　利用剪力、弯矩与分布荷载集度之间的微分关系作剪力图和弯矩图

7.4.1　剪力、弯矩与分布荷载集度之间的微分关系

梁任一截面上剪力、弯矩与分布荷载集度三者之间存在一定的微分关系，掌握这一关系，将更加有利于剪力图和弯矩图的绘制。

如图 7-17a 所示，简支梁上作用有任意的分布荷载 $q = q(x)$，q 是横截面位置 x 的函数，

并规定 $q(x)$ 以向上为正，向下为负。选取支座 A 为坐标原点，且 x 轴以向右为正。

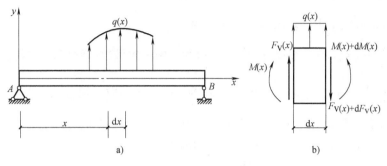

图 7-17

用坐标为 x 和 $x+dx$ 的两个相邻截面从梁上截取长为 dx 的微段来进行研究，如图 7-17b 所示。分布荷载 $q(x)$ 在 dx 微段上可视为常量。设微段左侧截面上的剪力和弯矩分别为 $F_V(x)$ 和 $M(x)$，右侧截面上的剪力和弯矩应比左侧截面分别有微小的增量 $dF_V(x)$ 和 $dM(x)$，即分别为 $F_V(x)+dF_V(x)$ 和 $M(x)+dM(x)$。在上述力的作用下，微段梁处于平衡状态，由平衡方程

$$\sum F_y = 0, F_V(x) + q(x)dx - [F_V(x) + dF_V(x)] = 0$$

可得

$$\frac{dF_V(x)}{dx} = q(x) \tag{7-1}$$

再列平衡方程：

$$\sum M_C = 0, -M(x) - F_V(x)dx - q(x) \cdot \frac{dx^2}{2} + [M(x) + dM(x)] = 0$$

上式中，C 点为右侧截面的形心，略去高阶微量 $q(x)\dfrac{dx^2}{2}$，可得

$$\frac{dM(x)}{dx} = F_V(x) \tag{7-2}$$

将式（7-2）对 x 求导，并考虑式（7-1），可得

$$\frac{d^2M(x)}{dx^2} = \frac{dF_V(x)}{dx} = q(x) \tag{7-3}$$

根据导数的几何意义，函数的一阶导数表示函数图像在该点处切线的斜率，二阶导数表示函数图像的凹凸性能。因此，式（7-1）表明：剪力图上某一点切线的斜率等于梁上相应截面处的分布荷载集度；式（7-2）表明：弯矩图上某一点切线的斜率等于梁上相应截面上的剪力；式（7-3）表明：弯矩图的凹凸取决于分布荷载集度 $q(x)$ 的正负。

7.4.2 荷载集度与剪力图和弯矩图之间的关系

根据式（7-1）~ 式（7-3），可以得到分布荷载、剪力图和弯矩图之间存在的下列规律：

（1）在无分布荷载的梁段（即 $q(x)=0$ 时）

1）由 $\dfrac{dF_V(x)}{dx} = q(x) = 0$ 可知，$F_V(x)$ 是常数，则剪力图是一条平行于梁轴的直线。

2）由 $\dfrac{\mathrm{d}M(x)}{\mathrm{d}x} = F_V(x) = $ 常数可知，$M(x)$ 为 x 的一次函数，则弯矩图应是一条斜直线。

（2）在均布荷载作用的梁段（即 $q(x) = $ 常数时）

1）由 $\dfrac{\mathrm{d}F_V(x)}{\mathrm{d}x} = q(x) = $ 常数可知，$F_V(x)$ 为 x 的一次函数，则剪力图应是一条斜直线。

2）由 $\dfrac{\mathrm{d}^2 M(x)}{\mathrm{d}x^2} = q(x) = $ 常数可知，$M(x)$ 为 x 的二次函数，则弯矩图应是一条二次曲线。

当 $q(x)$ 方向向下，即 $q(x) < 0$ 时，弯矩图应为一条向下凸的曲线；反之，当 $q(x)$ 方向向上，即 $q(x) > 0$ 时，弯矩图应为一条向上凸的曲线。

3）在 $F_V(x) = 0$ 的截面，因为 $\dfrac{\mathrm{d}M(x)}{\mathrm{d}x} = F_V(x) = 0$，所以 $M(x)$ 有极值，即在剪力等于零的截面上，弯矩具有极值。

另外，［例 7-5］和［例 7-6］还证实了如下两点：

① 梁在集中力作用处，剪力图发生突变，弯矩图出现转折。

② 梁在集中力偶作用处，剪力图无变化，弯矩图发生突变。

根据上述推证出的普遍规律，将常见荷载作用下剪力图和弯矩图形状之间的对应关系归纳于表 7-1，供作图查阅。

表 7-1　常见荷载作用下剪力图和弯矩图的形状特征

杆件上荷载情况	无荷载梁段	均布荷载 q 作用梁段	集中力 F 作用点	集中力偶 m 作用点
剪力图	水平线	斜直线	有突变（突变值为 F）	无变化
弯矩图	一般为斜直线	抛物线（凸向与 q 指向相同）	有折点	有突变（突变值为 m）

7.4.3　利用微分关系绘制梁的剪力图和弯矩图

从表 7-1 中所列的规律可见，根据梁上的外力情况，就可以知道该梁段上剪力图和弯矩图的形状。因此，只要控制梁上几个控制截面，并算出控制截面的内力值，就可画出内力图。这样，绘制内力图就变成求几个截面的剪力和弯矩问题，而不必再列内力方程，因而比较简便。这种作图方法亦称**简捷法**，具体步骤如下：

（1）根据梁所受外力情况将梁分成若干段。分段原则是把集中力、集中力偶作用点及分布荷载的起止点作为分段点，使每段梁除了两端，中间或者受均布荷载作用，或者无任何荷载作用。

（2）根据梁上的荷载情况，判断剪力图和弯矩图的大致形状。

（3）计算控制截面上的剪力值和弯矩值。控制截面一般可选支座截面，集中力及集中力偶作用点两侧截面，均布荷载的起止点及跨中截面等。

（4）逐段绘制梁的剪力图和弯矩图。

为了明确表示各截面的内力，在内力符号的右下角采用双下标，第一个下标表示内力所在杆端的名称，第二个下标表示该内力所在杆件另一端的名称，如 CD 杆 C 端的剪力记为 F_{VCD}、D 端的剪力记为 F_{VDC}；AC 杆 A 端的弯矩记为 M_{AC}、C 端的弯矩记为 M_{CA} 等。

下面举例说明剪力图和弯矩图的绘制方法。

【例7-7】　简支梁受荷载情况如图7-18a所示，试作出梁的剪力图和弯矩图。

【解】

（1）求支座反力：

$$F_A = 30\text{kN}(\uparrow), F_B = 30\text{kN}(\uparrow)$$

（2）根据梁上的外力情况将梁分段，将梁分为 *AC*、*CD* 和 *DB* 三段。

（3）计算控制截面剪力，画剪力图。

AC 段：无荷载作用的梁段，剪力图为水平线，其控制截面剪力为

$$F_{VAC} = 30\text{kN}$$

CD 段：无荷载作用的梁段，剪力图为水平线，其控制截面剪力为

$$F_{VCD} = (30 - 20)\text{kN} = 10\text{kN}$$

DB 段：有均布荷载作用的梁段，剪力图为斜直线，其控制截面剪力为

$$F_{VDB} = (30 - 20)\text{kN} = 10\text{kN}$$

$$F_{VBD} = -30\text{kN}$$

根据上述计算结果，画出剪力图如图7-18b所示。

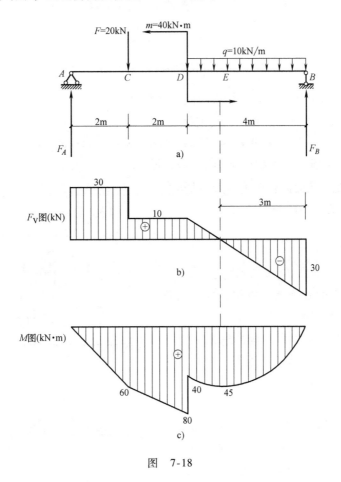

图　7-18

（4）计算控制截面弯矩，画弯矩图。

AC 段：无荷载作用的梁段，弯矩图是斜直线，控制这条斜直线的两个端截面的弯矩

值为

$$M_{AC} = 0$$

$$M_{CA} = (30 \times 2) \text{kN} \cdot \text{m} = 60 \text{kN} \cdot \text{m}$$

CD 段：无荷载作用的梁段，弯矩图是斜直线，控制这条斜直线的两个端截面的弯矩值为

$$M_{CD} = M_{CA} = 60 \text{kN} \cdot \text{m}$$

$$M_{DC} = (30 \times 4 - 20 \times 2) \text{kN} \cdot \text{m} = 80 \text{kN} \cdot \text{m}$$

DB 段：有均布荷载作用的梁段，由于 *q* 向下，弯矩图为下凸的二次抛物线，需计算出三个控制截面的弯矩值，两个端截面的弯矩值为

$$M_{DB} = (30 \times 4 - 10 \times 4 \times 2) \text{kN} \cdot \text{m} = 40 \text{kN} \cdot \text{m}$$

$$M_{DB} = 0$$

由剪力图可知，*DB* 段存在剪力等于零的截面，此段弯矩图中存在着极值，应该求出极值所在的截面位置及其大小。

设剪力为零的截面为 *E*，它到 *B* 支座的距离为 *x*，由该截面上剪力等于零的条件可求得 *x* 值，即

$$F_V(x) = -30 + 10x = 0$$

$$x = \frac{30}{10} \text{m} = 3 \text{m}$$

距离 *x* 也可由剪力图中相似三角形的比例关系得出。

截面 *E* 上的弯矩即为极值弯矩，其值为

$$M_E = (30 \times 3 - 10 \times 3 \times 1.5) \text{kN} \cdot \text{m} = 45 \text{kN} \cdot \text{m}$$

根据上述计算结果，画出弯矩图如图 7-18c 所示。

【**例 7-8**】　外伸梁受荷载作用如图 7-19a 所示，试作出外伸梁的剪力图和弯矩图。

【**解**】

（1）求支座反力

$$F_B = 20 \text{kN}(\uparrow), \quad F_D = 5 \text{kN}(\uparrow)$$

（2）根据梁上的外力情况将梁分段，将梁分为 *AB*、*BC* 和 *CD* 三段。

（3）计算控制截面剪力，画剪力图。

AB 段：有均布荷载作用的梁段，剪力图为斜直线，其控制截面剪力为

$$F_{VAB} = 0$$

$$F_{VBA} = -q \times 2\text{m} = (-5 \times 2) \text{kN} = -10 \text{kN}$$

BC 和 *CD* 段：均为无荷载作用的梁段，剪力图均为水平线，其控制截面剪力为

$$F_{VBC} = F - F_D = (15 - 5) \text{kN} = 10 \text{kN}$$

$$F_{VDC} = -F_D = -5 \text{kN}$$

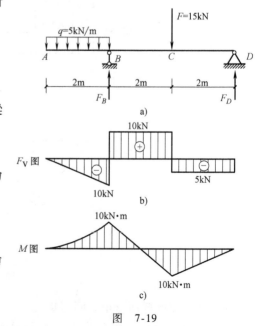

图　7-19

画出剪力图如图 7-19b 所示。

（4）计算控制截面弯矩，画弯矩图。

AB 段：有均布荷载作用的梁段，由于 q 向下，弯矩图为下凸的二次抛物线，其控制截面弯矩为

$$M_{AB} = 0$$
$$M_{BA} = -q \times 2 \times 1 = (-5 \times 2 \times 1) \text{kN} \cdot \text{m} = -10 \text{kN} \cdot \text{m}$$

BC 段和 CD 段：均为无荷载作用的梁段，弯矩图均为斜直线，其控制截面弯矩为

$$M_{BC} = M_{BA} = -10 \text{kN} \cdot \text{m}$$
$$M_{CB} = M_{CD} = F_D \times 2 = (5 \times 2) \text{kN} \cdot \text{m} = 10 \text{kN} \cdot \text{m}$$
$$M_{DC} = 0$$

画出弯矩图如图 7-19c 所示。

7.5 用叠加法绘制弯矩图

7.5.1 叠加原理

由于在小变形条件下，梁的支座反力、内力、应力和变形等参数均与荷载呈线性关系，每一荷载单独作用时引起的某一参数不受其他荷载的影响。所以，**梁在 n 个荷载共同作用时所引起的某一参数（支座反力、内力、应力和变形等），等于梁在各个荷载单独作用时所引起同一参数的代数和，这种关系称为叠加原理。**

7.5.2 叠加法画简支梁的弯矩图

根据叠加原理来绘制梁的内力图的方法称为叠加法。 由于剪力图一般比较简单，因此不用叠加法绘制。下面只讨论用叠加法作梁的弯矩图。其方法如下：先分别作出梁在每一个荷载单独作用下的弯矩图，然后将各弯矩图中同一截面上的弯矩值代数相加，即可得到梁在所有荷载共同作用下的弯矩图。

【例 7-9】 简支梁受荷载作用如图 7-20a 所示，设 $m_A > m_B$，试用叠加法画梁的弯矩图。

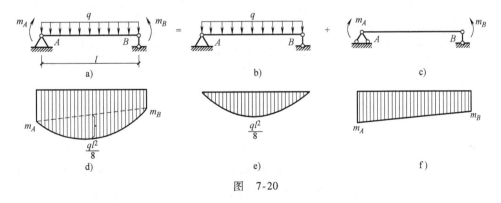

图 7-20

【解】

（1）先将梁上荷载分为两组。其中，均布荷载 q 为一组，集中力偶 m_A 和 m_B 为一组，如

图 7-20b、c 所示。

（2）分别画出 q 和 m 单独作用时的弯矩图，如图 7-20e、f 所示。

（3）将以上两个弯矩图相叠加。所谓叠加，是将同一截面上的弯矩值代数相加，并非图形的简单拼凑。由于图 7-20e、f 分别为抛物线图形和直线图形，所以需确定三个截面的弯矩值。

$$M_{AB} = m_A + 0 = m_A$$

$$M_{BA} = m_B + 0 = m_B$$

$$M_{AB中点} = \frac{m_A + m_B}{2} + \frac{ql^2}{8}$$

根据上述计算，可得到原简支梁的弯矩图，如图 7-20d 所示。

【例 7-10】 简支梁受荷载作用如图 7-21a 所示，试用叠加法画梁的弯矩图。

【解】

（1）先将梁上荷载分为两组。其中，集中力 F 为一组，集中力偶 m 为一组，如图 7-21b、c 所示。

（2）分别画出 F 和 m 单独作用时的弯矩图，如图 7-21e、f 所示。

（3）将以上两个弯矩图相叠加。由于图 7-21e、f 分别为折线图形和直线图形，所以只需确定三个截面的弯矩值。

$$M_{AB} = 0 + 0 = 0$$

$$M_{CB} = 0 + 0 = 0$$

$$M_{BA} = -\frac{m}{2} + \frac{Fl}{4}$$

根据上述计算，可得到原简支梁的弯矩图如图 7-21d 所示。

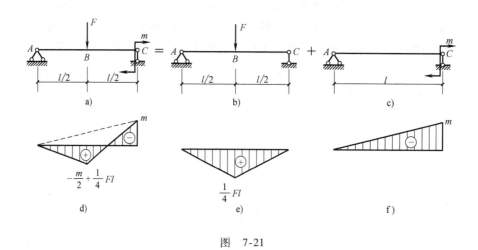

图 7-21

在实际绘制弯矩图时，并不需要单独绘出每种荷载单独作用时的弯矩图，而是直接作出最终的弯矩图。其具体做法如下：**先画出杆件两端弯矩，并连以虚线，然后以该虚线为基准线，叠加上简支梁在均布荷载或集中力作用下的弯矩图，则最后所得图线与原选定的水平基线所包围的图形即为实际弯矩图。**

7.5.3 区段叠加法画弯矩图

上述简支梁弯矩图的叠加方法可以推广到结构中任意直杆段。这对画复杂荷载作用下梁的弯矩图和今后画刚架、超静定梁的弯矩图十分有用。

以图 7-22a 中的区段 AB 为例，如果已求出该梁 A 截面的弯矩 M_A 和 B 截面的弯矩 M_B，则可取出 AB 段为脱离体（图 7-22b），然后根据脱离体的平衡条件分别求出 A、B 截面的剪力 F_{VA}、F_{VB}。将此脱离体与图 7-22c 中的简支梁相比较，由于简支梁受相同的均布荷载 q 及杆端力偶 M_A、M_B 作用，因此，由简支梁的平衡条件可求得支座反力，即 $F_A = F_{VA}$，$F_B = F_{VB}$。

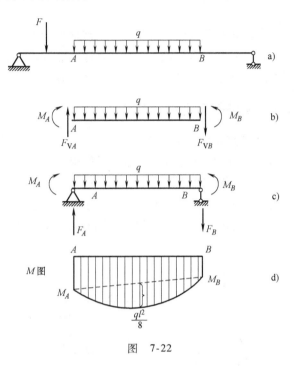

图 7-22

可见图 7-22b 与图 7-22c 两者受力完全相同，因此两者的内力也必然相同。对于图 7-22c 所示简支梁，可以用上面讲的叠加法作出其弯矩图如图 7-22d 所示，显然 AB 段的弯矩图也可用叠加法作出。这说明，任意直杆段都可以当作简支梁，并可以利用叠加法来作其弯矩图。这种利用叠加法作某一直杆段弯矩图的方法称为区段叠加法。

【例 7-11】 外伸梁受荷载作用如图 7-23a 所示，试用区段叠加法画梁的弯矩图。

【解】

（1）将梁分为 AB、BC 两个区段。

（2）计算控制截面弯矩。

$$M_{AB} = 0$$

$$M_{BA} = M_{BC} = (-10 \times 2)\text{kN} \cdot \text{m} = -20\text{kN} \cdot \text{m}$$

$$M_{CB} = 0$$

AB 区段弯矩图为抛物线，其中间截面弯矩值为

$$M_{AB中} = \frac{M_{AB} + M_{BA}}{2} + \frac{ql_{AB}^2}{8}$$

$$= \left(\frac{0 + (-20)}{2} + \frac{10 \times 4^2}{8}\right)\text{kN} \cdot \text{m} = 10\text{kN} \cdot \text{m}$$

（3）作弯矩图如图 7-23b 所示。

由【例 7-11】可以看出，用区段叠加法作外伸梁的弯矩图时，不需要求支座反力就可以画出

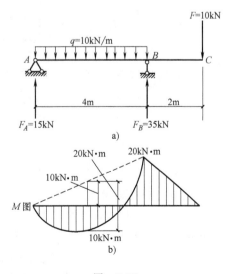

图 7-23

其弯矩图，非常方便。但是，一般不能直接求出最大弯矩的精确值，若需要确定最大弯矩的精确值，应找出剪力等于零的截面位置，求出该截面的弯矩，即得到最大弯矩的精确值。

7.6 梁弯曲时的应力及强度计算

由 7.5 节可知，一般情况下，梁的横截面上既有弯矩 M 又有剪力 F_V。弯矩 M 是由梁横截面上的正应力 σ 合成的，剪力 F_V 是由梁横截面上的剪应力 τ 合成的。本节着重讨论梁横截面上的正应力、剪应力的计算公式及其强度条件。

7.6.1 梁横截面上的正应力

1. 纯弯曲和剪切弯曲的概念

如图 7-24a 所示的简支梁在荷载作用下发生平面弯曲，其剪力图和弯矩图如图 7-24b、c 所示。从剪力图和弯矩图可看出，梁的 AC、DB 段上既有弯矩又有剪力，这种弯曲称为剪切弯曲或横力弯曲；而梁的 CD 段上只有弯矩无剪力，这种弯曲称为纯弯曲。在推导梁的正应力公式时，为了使问题简单化，可选取处于平面弯曲状态的纯弯曲梁为研究对象。

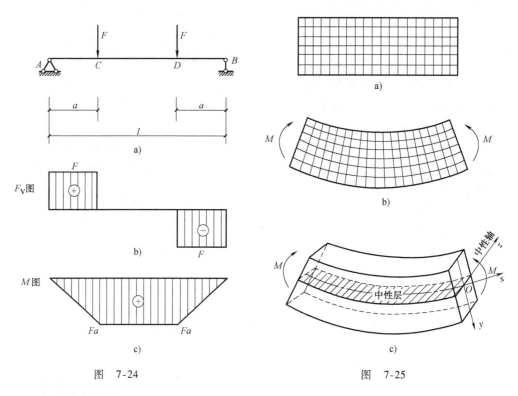

图 7-24   图 7-25

2. 正应力分布规律

力虽然存在，但看不见摸不着，因此只能通过试验来观察梁的变形现象，从而推测梁横截面上的应力分布情况。现取一根矩形截面的橡皮梁，在其侧面画上与轴线平行的纵向线及与轴线垂直的横向线，形成许多均等的小矩形，如图 7-25a 所示。然后在梁的两端施加一对大小为 M 的外力偶矩，使梁发生纯弯曲变形，如图 7-25b 所示，这时可观察到下列现象：

（1）所有的纵向线都弯成了曲线，靠近底面的纵向线伸长了，靠近顶面的纵向线缩短了。

（2）所有的横向线仍保持为直线，只是相互倾斜了一个角度，但仍与弯曲后的纵向线垂直。

根据上面所观察到的现象，可作出如下假设和推断：

（1）平面假设：若将各条横向线看作一个个横截面，由于横向线变形前后都是直线，表明横截面变形后仍保持平面，且仍垂直于弯曲后的梁轴线。

（2）单向受力假设：若将梁看作由无数纵向纤维所组成，各纵向纤维只受到轴向拉伸或压缩，不存在相互挤压。

由变形的连续性可知：从下部各层纤维伸长到上部各层纤维缩短的变化中，必有一层纤维既不伸长也不缩短，这层纤维称为**中性层**。中性层与各横截面的交线称为**中性轴**，如图7-25c所示。中性轴通过横截面形心，且与竖向对称轴 y 垂直，将梁横截面分为受压和受拉两个区域。由此可知，梁弯曲变形时，各截面绕中性轴转动，使梁内纵向纤维伸长和缩短，中性层上各纵向纤维长度不变。正应力分布规律如图7-26所示。

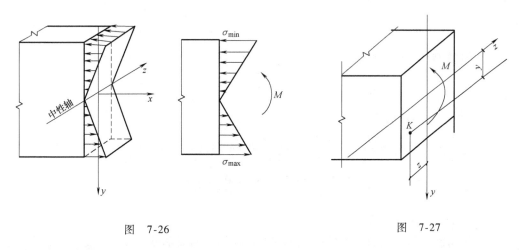

图 7-26   图 7-27

3. 正应力计算公式

如图7-27所示，经理论推导（推导从略），纯弯曲时梁横截面上任一点处正应力的计算公式为

$$\sigma = \frac{My}{I_z} \tag{7-4}$$

式中，M 为横截面上的弯矩；y 为计算应力点到中性轴的距离；I_z 为横截面对中性轴的惯性矩。

在同一横截面上，M、I_z 均为定值，σ 与 y 成正比，y 越大，σ 也越大，因此，正应力沿截面高度呈线性分布。在梁的中性轴上，$y=0$，$\sigma=0$；在梁的上、下边缘处，$y=y_{max}$，$\sigma=\sigma_{max}$。计算正应力时，M 和 y 均用绝对值代入。当截面上作用正弯矩时，中性轴以下部分为拉应力，中性轴以上部分为压应力；当截面上作用负弯矩时，中性轴以上部分为拉应力，中性轴以下部分为压应力。

式（7-4）是梁在纯弯曲情况下导出的，但工程中的很多情况属于剪切弯曲。对于发生剪切弯曲的梁，若其跨度 l 与截面高度 h 之比 $l/h>5$，由弹性力学的分析可证明，其横截面上的正应力变化规律几乎与纯弯曲时相同。而工程中常用梁的 l/h 值常远大于 5，因此该公式也适用于 $l/h>5$、发生剪切弯曲的梁。

【例 7-12】 矩形截面悬臂梁受荷载作用如图 7-28 所示，已知 $q=3\text{kN/m}$，$b=120\text{mm}$，$h=180\text{mm}$，$l=2\text{m}$，试求截面 C 上 a、b 点的正应力及梁上的最大正应力。

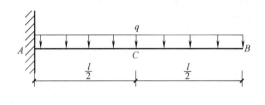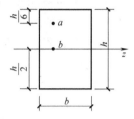

图 7-28

【解】

（1）计算截面 C 的弯矩：

$$M_C = -q\cdot\frac{l}{2}\cdot\frac{l}{4} = -\frac{ql^2}{8} = -\frac{3\times2^2}{8}\text{kN}\cdot\text{m} = -1.5\text{kN}\cdot\text{m}$$

（2）计算截面的惯性矩：

$$I_z = \frac{bh^3}{12} = \frac{120\times180^3}{12}\text{mm}^4 = 5.83\times10^7\text{mm}^4$$

（3）计算 a、b 点的正应力：

$$\sigma_a = \frac{M_C y_a}{I_z} = \frac{1.5\times10^6\times60}{5.83\times10^7}\text{MPa} = 1.54\text{MPa}（拉应力）$$

$$\sigma_b = \frac{M_C y_b}{I_z} = \frac{M_C\times0}{I_z} = 0\text{MPa}$$

（4）计算梁上的最大正应力：

对于作用满跨均布荷载的悬臂梁，最大弯矩发生在固定端截面处，其值为

$$M_{\max} = -\frac{ql^2}{2} = -\frac{3\times2^2}{2}\text{kN}\cdot\text{m} = -6\text{kN}\cdot\text{m}$$

梁的最大正应力发生在固定端截面的上、下边缘处，上边缘产生最大拉应力，下边缘产生最大压应力，因中性轴是截面对称轴，最大拉、压应力是相等的，其值为

$$\sigma_{\max} = \frac{M_{\max} y_{\max}}{I_z} = \frac{6\times10^6\times90}{5.83\times10^7}\text{MPa} = 9.26\text{MPa}$$

7.6.2 梁的正应力强度计算

1. 梁的正应力强度条件

对梁进行强度计算时，必须算出梁的最大正应力。产生最大正应力的截面称为危险截面。对于等截面直梁，最大弯矩所在的截面就是危险截面。危险截面上的最大应力点称为危险点，它发生在距中性轴最远的上、下边缘处。

对于中性轴是截面对称轴的梁，最大正应力值为

$$\sigma_{\max} = \frac{M_{\max} y_{\max}}{I_z}$$

令 $W_z = \dfrac{I_z}{y_{\max}}$，则

$$\sigma_{\max} = \frac{M_{\max}}{W_z} \tag{7-5}$$

式中，W_z 称为抗弯截面系数，它与截面形状和尺寸有关，是衡量截面抗弯能力的一个几何量，其常用单位为 m^3 或 mm^3。

对于高为 h、宽为 b 的矩形截面：

$$W_z = \frac{I_z}{y_{\max}} = \frac{bh^3/12}{h/2} = \frac{bh^2}{6}$$

对于直径为 D 的圆形截面：

$$W_z = \frac{I_z}{y_{\max}} = \frac{\pi D^4/64}{D/2} = \frac{\pi D^3}{32}$$

工字钢、槽钢、角钢等型钢截面的 W_z 值可从附录型钢表中查得。

为了保证梁的安全，必须使梁横截面上的最大正应力不超过材料的许用应力，即

$$\sigma_{\max} = \frac{M_{\max}}{W_z} \leqslant [\sigma] \tag{7-6}$$

式（7-6）为梁的正应力强度条件。

2. 梁的正应力强度计算

利用梁的正应力强度条件，可解决工程中常见的三类强度计算问题。

（1）强度校核：$\sigma_{\max} = \dfrac{M_{\max}}{W_z} \leqslant [\sigma]$；

（2）截面设计：$W_z \geqslant \dfrac{M_{\max}}{[\sigma]}$；

（3）确定许可荷载：$M_{\max} \leqslant W_z [\sigma]$。

【例 7-13】 一圆形截面木梁受荷载作用如图 7-29 所示，已知圆木直径 $d = 16cm$，弯曲时木材的许用应力 $[\sigma] = 10MPa$，试校核梁的正应力强度。

【解】

（1）计算梁的最大弯矩：

作弯矩图，由弯矩图可知 $|M_{\max}| = 4kN \cdot m$。

（2）计算抗弯截面系数：

$$W_z = \frac{\pi d^3}{32} = \frac{3.14 \times 160^3}{32} mm^3$$
$$= 4.02 \times 10^5 mm^3$$

（3）校核正应力强度：

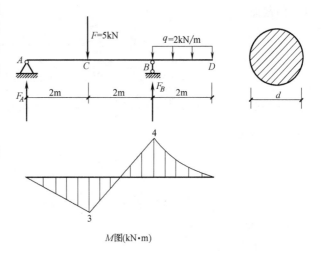

M图(kN·m)

图 7-29

$$\sigma_{max} = \frac{M_{max}}{W_z} = \frac{4 \times 10^6}{4.02 \times 10^5} \text{MPa} = 9.95 \text{MPa} < [\sigma] = 10 \text{MPa}$$

故满足正应力强度条件。

【例7-14】 悬臂钢梁受荷载作用如图7-30a所示，已知材料的许用应力 $[\sigma]$ = 170MPa，试按正应力强度条件选择图7-30b所示3种截面尺寸，并比较3种截面所耗费的材料。

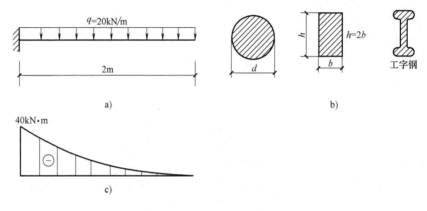

图 7-30

【解】

（1）计算梁的最大弯矩：

作弯矩图如图7-30c所示，由图可知

$$|M_{max}| = 40 \text{kN} \cdot \text{m}$$

（2）计算钢梁所需的抗弯截面系数：

$$W_z \geqslant \frac{M_{max}}{[\sigma]} = \frac{40 \times 10^6}{170} \text{mm}^3 = 235 \times 10^3 \text{mm}^3$$

（3）计算3种截面的尺寸

1）圆截面：

$$W_z = \frac{\pi d^3}{32} \geqslant 235 \times 10^3 \text{mm}^3$$

$$d \geqslant \sqrt[3]{235 \times 10^3 \times 32/\pi} \text{ mm} = 133.8 \text{mm}$$

取 $d = 134$mm，则 $A_1 = \frac{\pi d^2}{4} = \frac{3.14 \times 134^2}{4} \text{mm}^2 = 14095 \text{mm}^2$

2）矩形截面：

$$W_z = \frac{bh^2}{6} = \frac{b(2b)^2}{6} = \frac{2b^3}{3} \geqslant 235 \times 10^3 \text{mm}^3$$

$$b \geqslant \sqrt[3]{235 \times 10^3 \times 3/2} \text{ mm} = 70.6 \text{mm}$$

取 $b = 71$mm，则 $A_2 = bh = 2b^2 = 2 \times 71^2 \text{mm}^2 = 10082 \text{mm}^2$

3）工字形截面：

根据 $W_z \geqslant 235 \times 10^3 \text{mm}^3$，查型钢表，可选用20a工字钢，其 $W_z = 237 \times 10^3 \text{mm}^3$，其面

积由表中查得 $A_3 = 3550\ \text{mm}^2$。

（4）比较材料用量。由于材料相同，故 3 种截面梁的用料之比等于相应横截面面积之比，即

$$A_1 : A_2 : A_3 = 1 : 0.72 : 0.25$$

由此可见，在满足梁的正应力强度条件下，工字形截面最省料，矩形截面次之，圆截面耗费材料最多。

【例 7-15】　一矩形截面简支木梁受荷载作用如图 7-31 所示，已知 $b = 140\text{mm}$，$h = 210\text{mm}$，$l = 5\text{m}$，弯曲时木材的许用应力 $[\sigma] = 10\text{MPa}$，试求梁能承受的最大荷载 $[q]$。

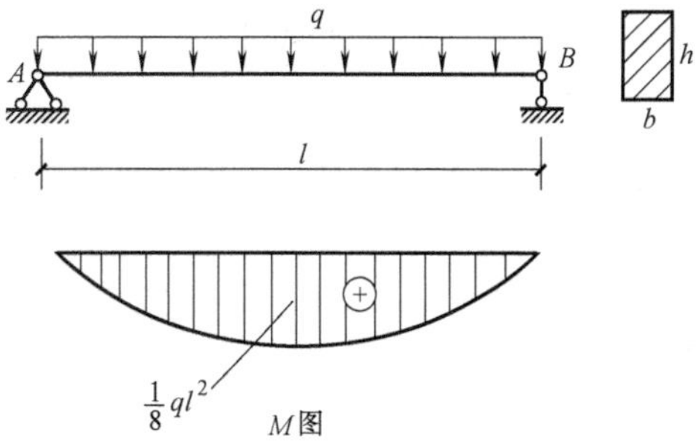

【解】

（1）计算梁的最大弯矩：

作弯矩图，由 M 图可知　$M_{\max} = \dfrac{ql^2}{8}$。

（2）计算抗弯截面系数：

图　7-31

$$W_z = \frac{bh^2}{6} = \frac{140 \times 210^2}{6}\text{mm}^3 = 1.03 \times 10^6\ \text{mm}^3$$

（3）确定许可荷载：根据强度条件，梁能承受的最大弯矩为

$$M_{\max} = \frac{ql^2}{8} \leqslant W_z[\sigma]$$

从而得

$$q \leqslant \frac{8W_z[\sigma]}{l^2} = \frac{8 \times 1.03 \times 10^6 \times 10}{(5 \times 10^3)^2}\text{N/mm} = 3.3\text{N/mm} = 3.3\text{kN/m}$$

即梁能承受的最大荷载 $[q]$ 为 3.3kN/m。

7.6.3　梁的剪应力计算及强度条件

1. 剪应力的计算公式

发生剪切弯曲时，梁的横截面上既有弯矩也有剪力，因此，梁的横截面上既有正应力 σ 也有剪应力 τ。由于剪应力在横截面上的分布规律比较复杂，在此仅介绍几种常用截面梁的剪应力计算公式，着重于应用，略去理论推导过程。

（1）矩形截面梁的剪应力

宽为 b、高为 h 的矩形截面梁，若 $h > b$，则可对剪应力的分布情况作如下假设：

1）横截面上各点处剪应力 τ 的方向都与剪力 F_V 的方向一致。

2）在横截面上距中性轴等距离各点处的剪应力大小相等，即剪应力沿截面宽度均匀分布。

根据以上假设，可导出距中性轴 z 距离为 y 的任意一点处的剪应力计算公式为

$$\tau = \frac{F_V S_z^*}{I_z b} \tag{7-7}$$

式中，F_V 为横截面上的剪力；S_z^* 为横截面上所求剪应力处水平线以上或以下部分横截面积 A^*（图 7-32a）对中性轴的静矩；I_z 为整个横截面对中性轴的惯性矩；b 为矩形截面的

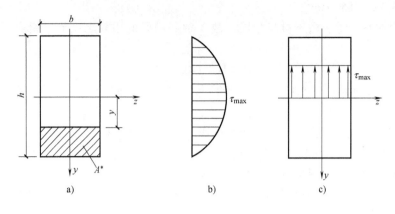

图 7-32

宽度。

由于

$$S_z^* = A^* \cdot y^* = b \cdot \left(\frac{h}{2} - y \right) \left[y + \frac{1}{2} \left(\frac{h}{2} - y \right) \right] = \frac{bh^2}{8} \left(1 - \frac{4y^2}{h^2} \right)$$

$$I_z = \frac{bh^3}{12}$$

且对于同一横截面，F_V、I_z、b 均为定值，因此可得

$$\tau = \frac{F_V S_z^*}{I_z b} = \frac{F_V \cdot \dfrac{bh^2}{8} \left(1 - \dfrac{4y^2}{h^2} \right)}{\dfrac{bh^3}{12} \cdot b} = \frac{3}{2} \cdot \frac{F_V}{bh} \cdot \left(1 - \frac{4y^2}{h^2} \right)$$

上式表明，剪应力沿截面高度是按二次抛物线规律变化的。

当 $y = \dfrac{h}{2}$ 时，$\tau = 0$；

$y = 0$ 时，$\tau = \dfrac{3}{2} \cdot \dfrac{F_V}{bh}$；

$y = -\dfrac{h}{2}$ 时，$\tau = 0$。

根据上述计算结果，可得到剪应力沿截面高度的分布规律如图 7-32b 所示。显然，在横截面的中性轴各点处，剪应力达到最大值 τ_{max}（图 7-32c），此时

$$\tau_{max} = \frac{3}{2} \cdot \frac{F_V}{bh} = \frac{3}{2} \cdot \frac{F_V}{A} \tag{7-8}$$

即最大剪应力为平均剪应力的 1.5 倍。式中，A 为矩形截面的面积。

（2）工字形截面梁的剪应力

工字形截面由上下翼缘及中间腹板组成。腹板是矩形，其高度远大于宽度，其剪应力可按矩形截面的剪应力公式计算，距中性轴为 y 的任意一点处的剪应力为

$$\tau = \frac{F_V S_z^*}{I_z d} \tag{7-9}$$

式中，d 为腹板的宽度；S_z^* 为横截面上所求剪应力处水平线以上或以下部分横截面积 A^*（图 7-33a）对中性轴的静矩；

上式表明，在腹板范围内，剪应力沿腹板高度同样按二次抛物线规律分布，如图 7-33b 所示，最大剪应力也发生在中性轴上，其值为

$$\tau_{max} = \frac{F_V S_{zmax}^*}{I_z d} = \frac{F_V}{\dfrac{I_z}{S_{zmax}^*} \cdot d} \qquad (7-10)$$

式中，S_{zmax}^* 为中性轴一侧截面面积对中性轴的静矩；对于热轧工字钢，$\dfrac{I_z}{S_{zmax}^*}$ 值可以从型钢表中查得。

腹板上的最大剪应力 τ_{max} 与最小剪应力 τ_{min} 相差不大，可近似地认为腹板上的剪应力为均匀分布，且腹板几乎承担横截面上的全部剪力，最大剪应力可用下式近似计算

$$\tau_{max} \approx \frac{F_V}{h_1 d}$$

翼缘上的剪应力分布比较复杂，且数值较小，在强度计算中一般不予考虑。

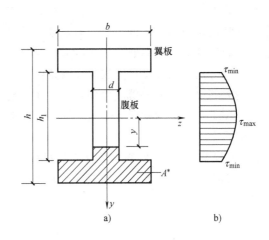

图 7-33

（3）圆形截面和圆环形截面梁的最大剪应力

圆形截面和圆环形截面梁的最大剪应力都发生在中性轴上，其方向与剪力 F_V 的方向相同，并可认为沿中性轴均匀分布，如图 7-34 所示，其值如下：

圆形截面梁：

$$\tau_{max} = \frac{4}{3} \cdot \frac{F_V}{A} \qquad (7-11)$$

圆环形截面梁：

$$\tau_{max} = 2 \cdot \frac{F_V}{A} \qquad (7-12)$$

式中，A 为横截面面积。

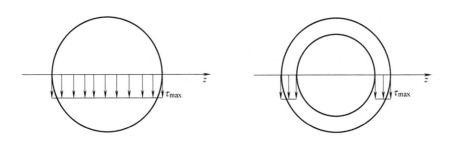

图 7-34

2. 梁的剪应力强度条件

为了保证梁能安全工作，整个梁上的最大剪应力不应该超过材料弯曲时的许用剪应力，即

$$\tau_{max} = \frac{F_{Vmax}S_{zmax}^*}{I_z d} \leqslant [\tau] \tag{7-13}$$

式（7-13）称为梁的剪应力强度条件。

在进行梁的强度计算时，必须同时满足正应力和剪应力两个强度条件。一般情况下，梁的强度计算大多是由正应力强度条件来控制。因此，在选择梁的截面时，通常先按正应力强度条件计算出截面尺寸，再用剪应力强度条件进行校核。对于细长梁（$l/h>5$），按正应力强度条件设计的梁一般都能满足剪应力强度要求，不必作剪应力强度校核。但在少数特殊情况下，剪应力强度条件有可能成为控制条件，需校核剪应力。例如，对一些长度较短，横截面高度较大的梁；或梁的横截面积虽小，但多分布在远离中性轴位置（如工字形截面）的梁；或当梁受有较大的横向力作用时等，梁的横截面上可能出现较大的剪应力，此时需校核梁的剪切强度。

【例 7-16】 一工字钢截面简支梁受荷载作用如图 7-35a 所示，工字钢的型号为 No. 20b，已知：$l = 6\text{m}$，$F_1 = 12\text{kN}$，$F_2 = 21\text{kN}$，钢材的许用应力 $[\sigma] = 160\text{MPa}$，$[\tau] = 90\text{MPa}$，试校核梁的强度。

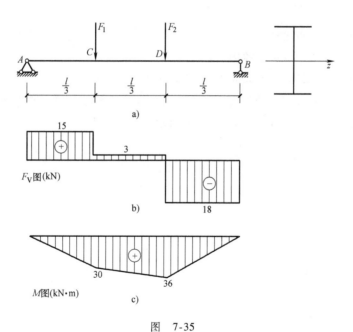

图 7-35

【解】 （1）作梁的剪力图和弯矩图如图 7-35b、c 所示。由图可知，$M_{max} = 36\text{kN·m}$，$|F_{Vmax}| = 18\text{kN}$。

（2）由型钢表查得有关数据：

$$W_z = 250 \times 10^3 \text{mm}^3$$

$$\frac{I_z}{S_{max}^*} = 169\text{mm}$$

$$d = 9\,\text{mm}$$

（3）校核正应力强度及剪应力强度：

$$\sigma_{\max} = \frac{M_{\max}}{W_z} = \frac{36 \times 10^6}{250 \times 10^3}\,\text{MPa} = 144\,\text{MPa} < [\,\sigma\,] = 160\,\text{MPa}$$

$$\tau_{\max} = \frac{F_{V\max}}{\dfrac{I_z}{S_{z\max}^*} \cdot d} = \frac{18 \times 10^3}{169 \times 9}\,\text{MPa} = 11.8\,\text{MPa} < [\,\tau\,] = 90\,\text{MPa}$$

故梁满足强度要求。

由【例7-16】可以看出，梁中的最大正应力比最大剪应力大得多，这说明，梁的正应力对梁的强度起控制作用。一般情况下，梁中的最大剪应力值都不会太大，多数能满足剪应力强度要求。

7.6.4　提高梁抗弯强度的措施

提高梁的抗弯强度，就是在材料消耗最低的前提下，提高梁的承载能力，从而使设计满足既安全又经济的要求。一般情况下，梁的弯曲强度主要是由正应力控制的，因此，提高梁抗弯强度的措施，应从梁的正应力强度条件来考虑。等截面直梁的正应力强度条件为

$$\sigma_{\max} = \frac{M_{\max}}{W_z} \leqslant [\,\sigma\,] \tag{7-14}$$

从式（7-14）可以看出，梁内的最大正应力与最大弯矩成正比，与抗弯截面系数成反比。因此，提高梁的抗弯强度（即降低梁内的最大正应力），主要从降低最大弯矩值和增大抗弯截面系数这两方面进行。

1. 降低最大弯矩值的措施

（1）合理布置梁的支座。由于梁的最大弯矩与梁的跨度有关，如果可能，应尽量减小梁的跨度或适当增加梁的支座。例如，将均布荷载作用的简支梁（图7-36a）的支座向中间适当移动变成外伸梁（图7-36b）或在梁的中间增加支座（图7-36c），均可减小最大弯矩值。

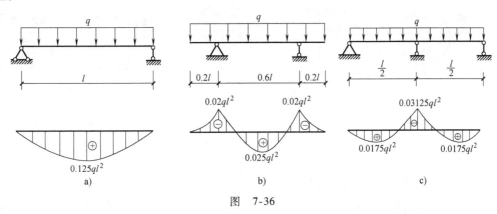

图　7-36

（2）合理布置梁上的荷载。最大弯矩值不仅与荷载的大小有关，而且与荷载的作用位置和作用方式有关。在工程条件允许的情况下，应尽量将荷载分散或使荷载靠近支座作用。如图7-37所示，同为简支梁受荷载 F 作用，最大弯矩值却明显不同。

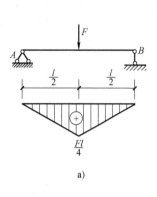

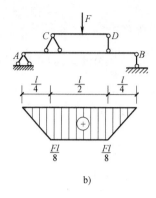

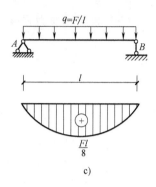

$$a) \qquad\qquad b) \qquad\qquad c)$$

图 7-37

2. 选择合理的截面形状

（1）根据 W_z/A 的比值来选择截面

由梁的正应力强度条件可知，梁横截面上的最大正应力 σ_{max} 与抗弯截面系数 W_z 成反比，W_z 越大越有利。而 W_z 的大小与截面的面积及形状有关，截面面积 A 越大，W_z 越大，但消耗的材料也多。因此合理的截面形状应该是在截面面积 A 相同的条件下，得到较大的抗弯截面系数 W_z，即比值 W_z/A 越大，截面就越合理。

表 7-2 列出几种常用截面形状 W_z/A 的比值，从表中可看出，工字形、槽形截面比矩形截面合理，矩形截面比圆形截面合理。

截面形状的合理性，可以从正应力分布来说明。弯曲正应力沿截面高度呈线性规律分布，在中性轴附近正应力很小，这部分材料没有得到充分利用。如果能将中性轴附近的材料尽可能减少，把大部分材料布置在距中性轴较远的位置处，则材料就能充分发挥作用，截面形状就显得合理。因此，工程中梁常采用工字形、圆环形、箱形等截面形式（图 7-38）。

表 7-2　几种常用截面 W_z/A 的比值

截面形状	圆形	矩形	环形 内径$d=0.8h$	槽钢	工字钢
W_z/A	$0.125h$	$0.167h$	$0.205h$	$(0.27\sim0.31)h$	$(0.27\sim0.31)h$

（2）根据材料的特性选择截面

在选择合理的截面形状时，还应考虑材料的特性，最好使上、下边缘的最大拉应力和最大压应力同时达到材料的许用应力值。对于抗拉强度和抗压强度相等的塑性材料，可采用对称于中性轴的截面，如矩形、工字形、圆环形等。对于抗拉强度远低于抗压强度的脆性材料，应采用不对称于中性轴的截面，如 T 形（图 7-39），使中性轴偏向强度较低的边，设计时宜满足下式：

$$\frac{\sigma_{max}^{+}}{\sigma_{max}^{-}} = \frac{\dfrac{My^{+}}{I_z}}{\dfrac{My^{-}}{I_z}} = \frac{y^{+}}{y_{-}} = \frac{[\sigma]^{+}}{[\sigma]^{-}} \qquad (7\text{-}15)$$

即截面受拉、受压的边缘到中性轴的距离与材料的抗拉、抗压许用应力成正比，这样才能充分发挥脆性材料的作用。

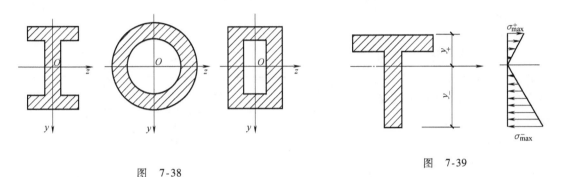

图 7-38

图 7-39

3. 采用变截面梁

等截面梁的截面尺寸是根据最大弯矩值确定的，所以只有在最大弯矩值所在的截面，最大正应力才有可能接近许用正应力。其他截面由于弯矩值都小于最大弯矩值，所以截面上的最大正应力都未达到许用正应力，材料得不到充分利用。为了充分发挥材料的作用，应该根据弯矩图的形状，在弯矩值大的部位采用大的截面，在弯矩值小的部位采用小的截面。这种横截面沿梁轴线变化的梁称为**变截面梁**。若使每一横截面上的最大正应力都恰好等于材料的许用正应力，即 $\sigma = M/W_z = [\sigma]$，这样的梁称为**等强度梁**。

从强度来看，等强度梁最合理，但因其截面变化较大，这种梁的施工较困难，因此在工程上常采用形状比较简单的变截面梁来代替理论上的等强度梁。例如，房屋中的雨篷梁或阳台挑梁等悬臂梁常采用图 7-40a 所示的形式；对于跨中弯矩大、梁端弯矩较小的简支梁，工程中有时采用图 7-40b、c 所示的形式。

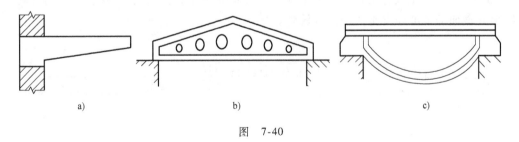

a)   b)   c)

图 7-40

7.7 梁的变形

梁在荷载的作用下，除了要满足强度要求，还应满足刚度要求，即梁在荷载作用下产生的变形需控制在有关工程规范所规定的范围之内，以保证梁的正常工作。本节讲述梁的变形计算及刚度校核。

7.7.1 弯曲变形的概念

下面以图 7-41 所示的简支梁为例，说明弯曲变形的有关概念。取梁变形前的轴线为 x 轴，与 x 轴垂直指向下的轴为 y 轴。梁在外力作用下产生弯曲变形，变形后的轴线在 xAy 平面内弯成一曲线，这条连续而光滑的曲线称为梁的挠曲线。

由图 7-41 可以看出，梁变形时横截面产生了以下两种位移。

1. 挠度

梁任一横截面的形心 C 沿 y 轴方向的线位移 CC'，称为该截面的挠度，用 y 表示，单位为 mm 或 m，并规定**挠度以向下为正，向上为负**。

2. 转角

梁的任一横截面 C 绕中性轴转动的角度，称为该截面的转角，用 θ 表示。单位为 rad（弧度），并规定**转角顺时针转向为正，逆时针转向为负**。

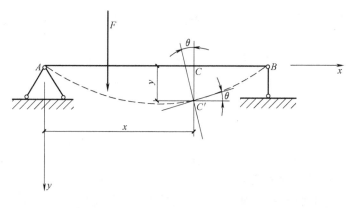

图 7-41

7.7.2 用叠加法求梁的变形

由于在小变形的前提下，梁的挠度和转角与梁上的荷载成线性关系。因此，梁的变形可以用叠加法计算，即梁在几种荷载共同作用下任一截面的挠度或转角等于梁在每一种荷载单独作用时所引起同一截面的挠度或转角的代数和，这种方法称为叠加法。

梁在简单荷载作用下的挠度和转角可从表 7-3 中查得。

【例 7-17】 一简支梁受均布荷载 q 和集中力偶 m 作用，如图 7-42 所示，EI 为常数，试求跨中 C 截面的挠度和支座 A 截面的转角。

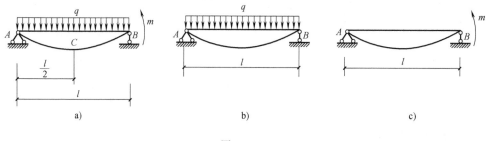

a)   b)   c)

图 7-42

【解】 先将梁上的荷载分为均布荷载 q 和集中力偶 m 单独作用的情况，如图 7-42b、c 所示。查表 7-3 简支梁在均布荷载和集中力偶单独作用下，C 截面的挠度和 A 截面的转角分别为

$$y_{Cq} = \frac{5ql^4}{384EI}$$

$$\theta_{Aq} = \frac{ql^3}{24EI}$$

$$y_{Cm} = \frac{mx}{6lEI_z}(l^2 - x^2) = \frac{m \cdot \dfrac{l}{2}}{6lEI_z}\left[l^2 - \left(\frac{l}{2}\right)^2\right] = \frac{ml^2}{16EI}$$

$$\theta_{Am} = \frac{ml}{6EI}$$

将上述结果代数相加，即得在两种荷载共同作用下的挠度和转角：

$$y_C = y_{Cq} + y_{Cm} = \frac{5ql^4}{384EI} + \frac{ml^2}{16EI}$$

$$\theta_A = \theta_{Aq} + \theta_{Am} = \frac{ql^3}{24EI} + \frac{ml}{6EI}$$

表 7-3 梁在简单荷载作用下的挠度和转角

序号	支承和荷载情况	梁端转角	最大挠度	挠曲线方程式
1		$\theta_B = \dfrac{Fl^2}{2EI_z}$	$y_{max} = \dfrac{Fl^3}{3EI_z}$	$y = \dfrac{Fx^2}{6EI_z}(3l - x)$
2		$\theta_B = \dfrac{Fa^2}{2EI_z}$	$y_{max} = \dfrac{Fa^2}{6EI_z}(3l - a)$	$y = \dfrac{Fx^2}{6EI_z}(3a - x), 0 \leqslant x \leqslant a$ $y = \dfrac{Fa^2}{6EI_z}(3x - a), a \leqslant x \leqslant l$
3		$\theta_B = \dfrac{ql^3}{6EI_z}$	$y_{max} = \dfrac{ql^4}{8EI_z}$	$y = \dfrac{qx^2}{24EI_z}(x^2 + 6l^2 - 4lx)$
4		$\theta_B = \dfrac{ml}{EI_z}$	$y_{max} = \dfrac{ml^2}{2EI_z}$	$y = \dfrac{mx^2}{2EI_z}$

（续）

序号	支承和荷载情况	梁端转角	最大挠度	挠曲线方程式
5		$\theta_A = -\theta_B = \dfrac{Fl^2}{16EI_z}$	$y_{max} = \dfrac{Fl^3}{48EI_z}$	$y = \dfrac{Fx}{48EI_z}(3l^2 - 4x^2)$, $0 \leqslant x \leqslant \dfrac{l}{2}$
6		$\theta_A = -\theta_B = \dfrac{ql^3}{24EI_z}$	$y_{max} = \dfrac{5ql^4}{384EI_z}$	$y = \dfrac{qx}{24EI_z}(l^3 - 2lx^2 + x^3)$
7		$\theta_A = \dfrac{Fab(l+b)}{6lEI_z}$ $\theta_B = \dfrac{-Fab(l+a)}{6lEI_z}$	$y_{max} = \dfrac{Fb}{9\sqrt{3}EI}$ $(l^2 - b^2)^{3/2}$ 在 $x = \sqrt{\dfrac{l^2-b^2}{3}}$ 处	$y = \dfrac{Fbx}{6lEI}(l^2 - b^2 - x^2)x, 0 \leqslant x \leqslant a$ $y = \dfrac{F}{EI}\Big[\dfrac{b}{6l}(l^2 - b^2 - x^2)x + \dfrac{1}{6}(x-a)^3\Big], a \leqslant x \leqslant l$
8		$\theta_A = \dfrac{ml}{6EI_z}$ $\theta_B = \dfrac{ml}{3EI_z}$	$y_{max} = \dfrac{ml^2}{9\sqrt{3}EI_z}$ 在 $x = \dfrac{l}{\sqrt{3}}$ 处	$y = \dfrac{mx}{6lEI_z}(l^2 - x^2)$

7.7.3 梁的刚度校核

所谓梁的刚度校核，就是检查梁的变形是否在规定的允许范围内。在土建工程中，通常只校核梁的最大挠度，其允许值常用挠度与梁的跨长比值 $\left[\dfrac{f}{l}\right]$ 作为校核的标准，即梁在荷载作用下产生的最大挠度 y_{max} 与跨长 l 的比值不能超过 $\left[\dfrac{f}{l}\right]$：

$$\frac{y_{max}}{l} \leqslant \left[\frac{f}{l}\right] \tag{7-16}$$

式（7-16）就是梁的刚度条件。

对于一般钢筋混凝土梁，$\left[\dfrac{f}{l}\right] = \dfrac{1}{300} \sim \dfrac{1}{200}$；

对于钢筋混凝土吊车梁，$\left[\dfrac{f}{l}\right] = \dfrac{1}{600} \sim \dfrac{1}{500}$。

工程设计中，一般先按强度条件设计，再用刚度条件校核。

【例7-18】 如图7-43所示，简支梁由 No.28b 工字钢制成，在跨中承受集中荷载作用。已知 $F = 20\text{kN}$，$l = 9\text{m}$，弹性模量 $E = 210\text{GPa}$，钢材的容许应力 $[\sigma] = 170\text{MPa}$，$\left[\dfrac{f}{l}\right] = \dfrac{1}{500}$。试校核梁的强度和刚度。

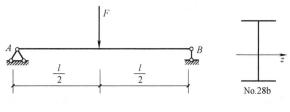

图 7-43

【解】

（1）查型钢表得 $W_z = 534.29\text{cm}^3$，$I_z = 7480\text{cm}^4$。

（2）校核强度：

$$M_{\max} = \frac{Fl}{4} = \frac{20 \times 9}{4}\text{kN} \cdot \text{m} = 45\text{kN} \cdot \text{m}$$

$$\sigma_{\max} = \frac{M_{\max}}{W_z} = \frac{45 \times 10^6}{534.29 \times 10^3}\text{MPa} = 84.2\text{MPa} < [\sigma] = 170\text{MPa}$$

因此，梁满足强度条件。

（3）校核刚度：

$$\frac{y_{\max}}{l} = \frac{\dfrac{Fl^3}{48EI_z}}{l} = \frac{Fl^2}{48EI_z} = \frac{20 \times 10^3 \times (9 \times 10^3)^2}{48 \times 210 \times 10^3 \times 7480 \times 10^4} = \frac{1}{465} > \left[\frac{f}{l}\right] = \frac{1}{500}$$

因此，梁不满足刚度条件。

7.7.4 提高梁弯曲刚度的措施

从表7-3的变形公式可以看出，梁的挠度和转角与梁的抗弯刚度 EI、跨度 l、支座条件、荷载形式及作用位置有关。因此，要提高梁的弯曲刚度，在使用要求允许的情况下，可从以下几方面考虑。

1. 增大梁的抗弯刚度 EI

梁的抗弯刚度包含弹性模量 E 和惯性矩 I 两个因素。不同材料的 E 值是不同的。对于钢材来说，采用高强度钢可以显著提高梁的强度，但对提高刚度的作用不大，因为高强度钢与普通低碳钢的 E 值是相近的。因此，增大梁的刚度，应设法增大 I 值。在截面面积不变的情况下，采用合理的截面形状，可以增大截面惯性矩 I。例如，采用工字形、箱形、圆环形、T形等截面，不仅可提高梁的刚度，还可以提高了梁的强度。

2. 减小梁的跨度

梁的挠度和转角与梁的跨长 l 的 n 次方成正比。因此，设法缩短梁的跨度，将会显著减小梁的变形。例如，将图7-44a所示简支梁的支座向中间适当移动变成图7-44b所示的外伸梁，或在梁的中间增加支座，如图7-44c所示，都是减小梁的变形的有效措施。

3. 改善加载方式

在结构允许的条件下，通过改善加载方式，可降低梁的最大弯矩，从而减小梁的变形。如图

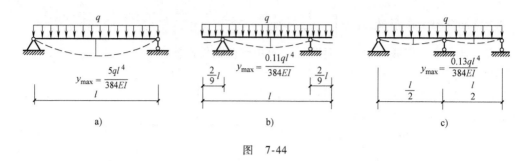

图 7-44

7-45 所示的简支梁，将集中力作用改为均布荷载作用，最大挠度仅为调整前的 62.5%。

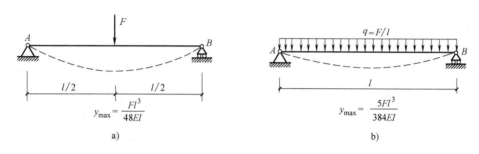

图 7-45

思 考 题

7-1 什么是梁的平面弯曲？

7-2 梁的剪力和弯矩的正、负号如何规定？

7-3 如何根据外力直接计算梁指定截面上的内力？

7-4 剪力、弯矩与荷载集度间的微分关系的几何意义是什么？

7-5 均布荷载作用梁段、无荷载梁段、集中力作用处及集中力偶作用处的剪力图和弯矩图各有什么特征？

7-6 弯矩图上的极值是否一定就是梁内的最大弯矩值？

7-7 什么是叠加原理？应用叠加原理的前提是什么？

7-8 什么是梁的中性层？中性轴？

7-9 弯曲正应力沿截面高度是如何分布的？试画出图 7-46 所示截面上沿直线 1－1 和 2－2的正应力分布图。

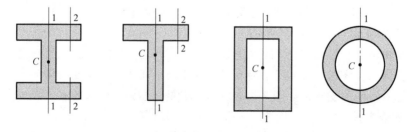

图 7-46

7-10　如图 7-47 所示，画出各梁指定截面 *n—n* 上的中性轴位置，标出该截面的受拉区和受压区，并说明各梁的最大拉应力和最大压应力分别发生在何处？

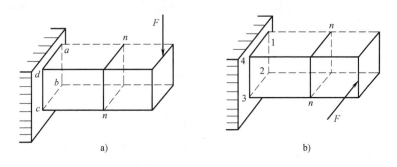

图　7-47

7-11　弯曲剪应力沿截面高度是怎样分布的？最大剪应力通常发生在何处？

7-12　为什么要研究梁的变形？梁的变形是用哪些量来度量的？

7-13　提高梁的承载力有哪些有效途径？

习　　题

7-1　试求图 7-48 所示各梁指定截面上的剪力和弯矩（截面 2、3 无限接近截面 *C*；截面 1 无限接近于左端点 *A*）。

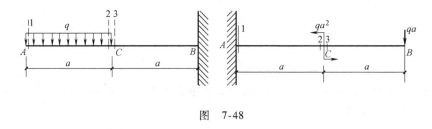

图　7-48

7-2　试列出图 7-49 所示梁的剪力方程和弯矩方程，画出剪力图和弯矩图。

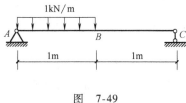

图　7-49

7-3　试用简捷法作图 7-50 所示各梁的剪力图和弯矩图。

7-4　试用叠加法作图 7-51 所示各梁的弯矩图。

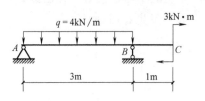

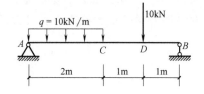

图　7-50

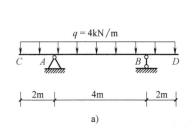
a)

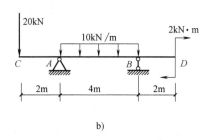
b)

图　7-51

7-5　图 7-52 所示简支梁，试求其截面 D 上 a、b、c 三点处的正应力。

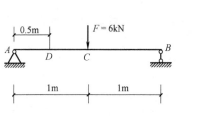

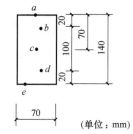

（单位：mm）

图　7-52

7-6　图 7-53 所示外伸梁，由两根 No. 16a 号槽钢组成。钢材容许应力 $[\sigma] = 170\text{MPa}$，试求梁能支承的最大荷载 F。

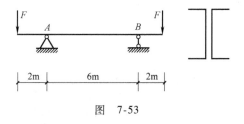

图　7-53

7-7　图 7-54 所示矩形截面悬臂梁，受均布荷载作用，材料的容许应力 $[\sigma] = 10\text{MPa}$，其高宽比为 $h:b = 3:2$，试确定此梁横截面尺寸。

7-8　图 7-55 所示外伸梁，由工字钢 No. 20b 制成，已知 $l = 6\text{m}$，$F = 30\text{kN}$，$q = 6\text{kN/m}$，材料的容许应力 $[\sigma] = 160\text{MPa}$，试校核梁的正应力强度。

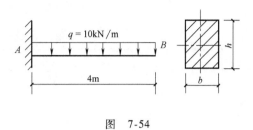

图 7-54

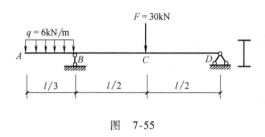

图 7-55

7-9 试用叠加法求图 7-56 所示悬臂梁自由端截面的挠度和转角。

7-10 如图 7-57 所示，一简支梁用 No.20b 工字钢制成，已知 $F = 10\text{kN}$，$q = 4\text{kN/m}$，材料的弹性模量 $E = 200\text{GPa}$，许用挠度与跨度的比值 $\left[\dfrac{f}{l}\right] = \dfrac{1}{400}$，试校核梁的刚度。

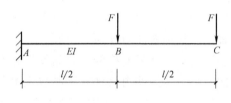

图 7-56

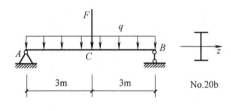

图 7-57

第8章

组合变形

学习目标
- 理解组合变形的概念及解题方法。
- 熟悉斜弯曲变形的强度计算。
- 掌握单向偏心压缩变形的强度计算。
- 理解截面核心的概念。

8.1 组合变形的概念

前面几章分别研究了构件在基本变形（轴向拉压、剪切、扭转、弯曲）时的强度和刚度。在工程实际中，构件在荷载作用下往往发生两种或两种以上的基本变形，这种情况称为组合变形。例如，图 8-1 所示的挡土墙，除自重引起的轴向压缩外，还有土层侧向压力引起的弯曲；图 8-2 所示的单层厂房中的牛腿柱，除受轴向压力 F_1 作用外，还受到偏心压力 F_2 的作用，牛腿柱将同时发生轴向压缩和弯曲两种基本变形；图 8-3 所示屋架上的檩条梁，其矩形截面具有两个对称轴为主形心轴，从屋面板传送到檩条梁上的荷载垂直向下，檩条梁将同时发生两个相互垂直的弯曲变形。像这些**由两种或两种以上的基本变形组合而成的变形，称为组合变形**。

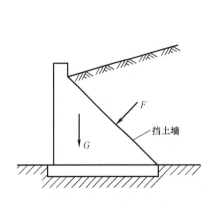

图 8-1

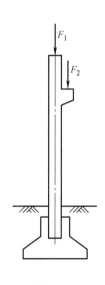

图 8-2

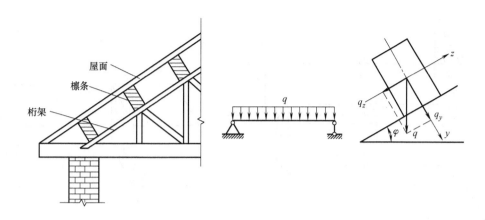

图　8-3

杆件发生组合变形时，横截面上的应力比较复杂。为了简化起见，可用叠加法解决组合变形的强度问题，即先将杆件的组合变形分解为几种基本变形；然后分别计算杆件在每一种基本变形情况下所产生的应力；最后将同一点的应力叠加起来，便可得到杆件在组合变形下的应力。实践证明，只要杆件符合小变形条件，且材料在弹性范围内工作，上述叠加法所计算的结果与实际情况基本符合。

本章只考虑在工程中应用广泛的两种变形组合——斜弯曲和偏心压缩。

8.2　斜弯曲变形的应力和强度计算

在研究梁平面弯曲时的应力和变形的过程中，梁上的外力是横向力或力偶，并且作用在梁的同一个纵向对称平面内。如果梁上的外力虽然通过截面形心，但没有作用在纵向对称平面内，则梁变形后的挠曲线就不会在外力作用平面内，即不再是平面弯曲，这种弯曲称为斜弯曲。如图 8-4a 所示的悬臂梁，在自由端作用力 F，力 F 的作用线通过截面形心并与竖向形心轴 y 的夹角为 φ，悬臂梁所产生的变形即为斜弯曲。下面以此梁为例来分析斜弯曲梁强度计算的一般过程。

1. 荷载的分解

将力 F 沿截面两个形心主轴 y 轴和 z 轴分解为两个分力 F_y 和 F_z。

$$\begin{cases} F_y = F\cos\varphi \\ F_z = F\sin\varphi \end{cases} \tag{8-1}$$

在 F_y 单独作用下，梁在 xOy 平面内发生平面弯曲，在 F_z 单独作用下，梁在 xOz 平面内发生平面弯曲。因此，**斜弯曲是两个相互垂直的平面弯曲的组合。**

2. 弯矩计算

与平面弯曲问题相同，斜弯曲梁的强度由最大正应力来控制，因此弯矩是最主要的考虑因素。

设在距自由端为 x 的任意横截面上，F 引起的截面总弯矩为

$$M = Fx$$

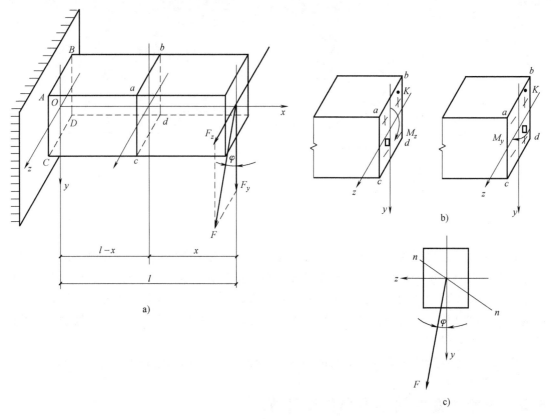

图 8-4

两个分力 F_x 和 F_y 引起的弯矩为

$$\begin{cases} M_z = F_y x = F\cos\varphi x = M\cos\varphi \\ M_y = F_z x = F\sin\varphi x = M\sin\varphi \end{cases} \tag{8-2}$$

3. 应力计算

在该横截面上任意点 K 处（相应坐标为 y、z），由 M_z 和 M_y 引起的正应力为

$$\begin{cases} \sigma_{Mz} = \dfrac{M_z y}{I_z} \\[2mm] \sigma_{My} = \dfrac{M_y z}{I_y} \end{cases} \tag{8-3}$$

由叠加原理，任意点 K 的正应力为

$$\sigma_K = \sigma_{Mz} + \sigma_{My} = \frac{M_z y}{I_z} + \frac{M_y z}{I_y} \tag{8-4a}$$

将式（8-2）代入式（8-4a）可以变为

$$\sigma_K = M\left(\frac{\cos\varphi}{I_z}y + \frac{\sin\varphi}{I_y}z\right) \tag{8-4b}$$

式中，I_z 和 I_y 为横截面形心主轴 z 和 y 的惯性矩；y 和 z 为 K 点坐标；在具体的计算中，M、y、z 均以绝对值代入，而 σ_K 的正负号，可通过 K 点所在位置直观判断，如图 8-4b 所示。

4. 强度条件

（1）中性轴位置

因中性轴上各点正应力均为零，则由式（8-4）可得

$$\frac{\cos\varphi}{I_z}y_1 + \frac{\sin\varphi}{I_y}z_1 = 0 \tag{8-5}$$

当 $y_1 = 0$，$z_1 = 0$ 时，中性轴是通过截面形心的直线。因此有

$$\tan\alpha = \frac{|y_1|}{|z_1|} = \frac{I_z}{I_y}\tan\varphi \tag{8-6}$$

对于圆形、正方形和正多边形截面，$I_y = I_z$，因此不存在斜弯曲情况。

对于一般截面，$I_y \neq I_z$，故 $\alpha \neq \varphi$，将有斜弯曲现象产生，如图 8-5 所示。

（2）危险点的确定

斜弯曲时，中性轴将截面分为受拉和受压两个区，横截面上的正应力呈线性分布，距中性轴越远，应力越大。

对于周边无棱角的截面，可作两条与中性轴平行的直线与横截面的周边相切，两切点 D_1 和 D_2 即为横截面上最大拉应力和最大压应力所在的危险点，如图 8-6 所示。

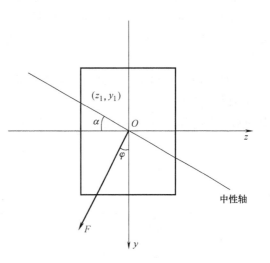

图 8-5

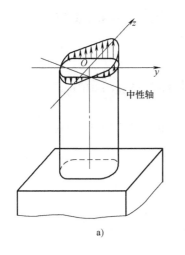

a)

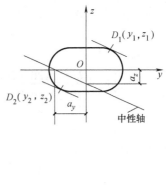

b)

图 8-6

对于周边具有棱角的截面，如工程中常用的矩形、工字形等截面的梁，其截面都有两个相互垂直的对称轴，且截面的周边具有棱角，横截面上的最大正应力一定发生在截面的棱角处。此时梁斜弯曲时的强度条件为

$$\sigma_{max} = \frac{M_z}{W_z} + \frac{M_y}{W_y} \leqslant [\sigma] \tag{8-7a}$$

或

$$\sigma_{max} = M_{max}\left(\frac{\cos\varphi}{W_z} + \frac{\sin\varphi}{W_y}\right) \leqslant [\sigma] \tag{8-7b}$$

根据这一强度条件，可以进行强度校核、截面设计和确定许用荷载。

在设计截面尺寸时，因有 W_z、W_y 两个未知量，所以需假定一个比值 W_z/W_y。对于矩形截面，$W_z/W_y = h/b \approx 1.2 \sim 2$；对于工字形截面，$W_z/W_y = 8 \sim 10$；对于槽形截面，$W_z/W_y = 6 \sim 8$。

【例 8-1】 如图 8-7 所示，受均布荷载 q 的矩形截面简支梁，其荷载作用面与梁的纵向对称面间的夹角为 $\varphi = 30°$。已知材料的弹性模量 $E = 10\text{GPa}$；梁的尺寸为 $l = 4\text{m}$，$h = 160\text{mm}$，$b = 120\text{mm}$；许用应力 $[\sigma] = 12\text{MPa}$；试校核梁的强度。

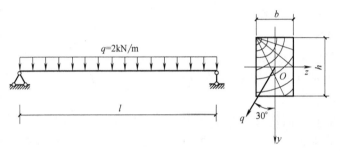

图 8-7

【解】

由 $\varphi = 30°$ 可知 $\cos\varphi = 0.87$，$\sin\varphi = 0.5$。

矩形截面简支梁在荷载 q 的作用下，最大弯矩发生在梁的跨中截面，

$$M_{max} = ql^2/8 = 4\text{kN} \cdot \text{m}$$

截面对 z 和 y 的抗弯截面系数为

$$\begin{cases} W_z = \dfrac{bh^2}{6} = \dfrac{120 \times 160^2}{6}\text{mm}^3 = 5.12 \times 10^5\text{mm}^3 \\[3mm] W_y = \dfrac{hb^2}{6} = \dfrac{160 \times 120^2}{6}\text{mm}^3 = 3.84 \times 10^5\text{mm}^3 \end{cases}$$

由强度条件式（8-7）进行校核：

$$\sigma_{max} = M_{max}\left(\frac{\cos\varphi}{W_z} + \frac{\sin\varphi}{W_y}\right)$$

$$= 4 \times 10^6 \times \left(\frac{0.87}{5.12 \times 10^5} + \frac{0.5}{3.84 \times 10^5}\right)\text{MPa} = 12\text{MPa} = [\sigma]$$

所以矩形截面简支梁满足强度要求。

8.3 偏心压缩变形的应力和强度计算

作用在直杆上的外力，当其作用线与杆的轴线平行但不重合时，这种力称为偏心力，外

力偏离横截面形心的距离称为偏心距，杆件将引起压缩（拉伸）和弯曲两种基本变形，称为偏心压缩（拉伸）。如图 8-8a 所示，当偏心力 F 通过截面的一根形心主轴，称为**单向偏心压缩**；当偏心力 F 不通过截面的任一主轴时，称为**双向偏心压缩**。

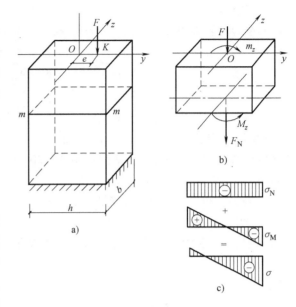

图 8-8

8.3.1 单向偏心压缩（拉伸）

1. 荷载简化

根据平面一般力系中力的平移定理，将偏心力向杆件轴线平移，可得到一个通过形心的轴向压力 F 和一个力偶矩 $M_z = Fe$ 的力偶，如图 8-8b 所示。可见，单向偏心压缩是轴向压缩和平面弯曲变形的组合。

2. 内力计算

用截面 m—m 截取杆件上部，由平衡方程可求得

$$F_N = -F$$
$$M_z = Fe$$

偏心压缩杆件各个横截面的内力均相同，所以 m—m 截面可以为任意截面。

3. 应力计算

对于横截面上任一点 K，其应力是轴向压缩应力 σ_N 和弯曲应力 σ_{Mz} 的叠加，如图 8-8c 所示。

$$\begin{cases} \sigma_N = -\dfrac{F}{A} \\[2mm] \sigma_{Mz} = \pm\dfrac{M_z y}{I_z} \end{cases} \qquad (8\text{-}8)$$

K 点的总应力为

$$\sigma = -\frac{F}{A} \pm \frac{M_z y}{I_z}$$

由上式计算正应力时，F、M、y 都用绝对值代入，式中弯曲正应力的正负可由直观判断来确定。

显然，最大（最小）正应力必将发生在横截面的外边缘：

$$\begin{cases} \sigma_{max} = \sigma_{max}^{+} = -\dfrac{F}{A} + \dfrac{M_z}{W_z} \\[2mm] \sigma_{min} = \sigma_{max}^{-} = -\dfrac{F}{A} - \dfrac{M_z}{W_z} \end{cases} \qquad (8\text{-}9)$$

4. 强度条件

杆件横截面各点均处于单向拉（压）状态，其强度条件为

$$\begin{cases} \sigma_{max} = -\dfrac{F}{A} + \dfrac{M_z}{W_z} \leqslant [\sigma_+] \\[3mm] \sigma_{min} = \left| -\dfrac{F}{A} - \dfrac{M_z}{W_z} \right| \leqslant [\sigma_-] \end{cases} \tag{8-10}$$

【例 8-2】 如图 8-9 所示的矩形截面受压柱中，吊车梁传来的力 $F = 200\text{kN}$，已知截面宽 $b = 200\text{mm}$，$h = 300\text{mm}$。

（1）若偏心距 $e = 0.2\text{m}$，求横截面中的最大拉应力和最大压应力。

（2）求使柱截面不产生拉应力时的最大偏心距 e。

【解】

（1）求最大拉应力和压应力：

先计算内力 $F_N = -F = -200\text{kN}$

$$M_z = Fe = 200 \times 0.2\text{kN} \cdot \text{m} = 40\text{kN} \cdot \text{m}$$

$$W_z = \frac{bh^2}{6} = \frac{200 \times 300^2}{6}\text{mm}^3 = 3 \times 10^6 \text{mm}^3$$

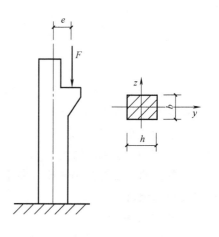

图 8-9

则根据强度条件，有

$$\sigma_{max} = -\frac{F}{A} + \frac{M_z}{W_z} = \left(-\frac{200 \times 10^3}{200 \times 300} + \frac{40 \times 10^6}{3 \times 10^6} \right)\text{MPa} = (-3.33 + 13.33)\text{MPa} = 10\text{MPa}$$

$$\sigma_{min} = -\frac{F}{A} - \frac{M_z}{W_z} = (-3.33 - 13.33)\text{MPa} = -16.66\text{MPa}$$

（2）使截面不产生拉应力，则应满足 $\sigma_{max} \leqslant 0$，即

$$\sigma_{max} = -\frac{F}{A} + \frac{M_z}{W_z} \leqslant 0$$

即

$$\frac{M_z}{W_z} \leqslant \frac{F}{A}$$

$$Fe \leqslant \frac{F}{A}W_z$$

$$e \leqslant \frac{W_z}{A} = \frac{\dfrac{bh^2}{6}}{bh} = \frac{h}{6}$$

即当 $e \leqslant \dfrac{h}{6} = 50\text{mm}$ 时，不出现拉应力。

8.3.2 双向偏心压缩（拉伸）

1. 荷载简化

如图 8-10a 所示，已知 F 至 z 轴的偏心距为 e_y，F 至 y 轴的偏心距为 e_z。

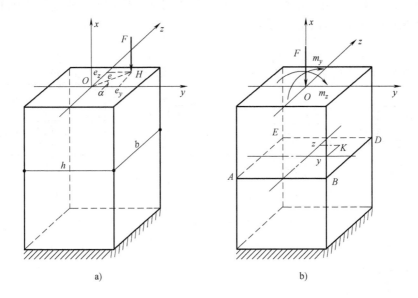

图　8-10

（1）将压力 F 平移至 z 轴，附加力偶矩 $m_z = Fe_y$。

（2）再将压力 F 从 z 轴上平移至与杆件轴线重合，附加力偶矩为 $m_y = Fe_z$。

（3）如图 8-10b 所示，力 F 经过两次平移后，得到轴向压力 F 和两个力偶矩 m_z、m_y，所以双向偏心压缩实际上就是轴向压缩和两个相互垂直的平面弯曲的组合。

2. 内力分析

截面法任取一横截面，其内力分别为

$$\begin{cases} F_N = -F \\ M_y = m_y = Fe_z \\ M_z = m_z = Fe_y \end{cases} \tag{8-11}$$

3. 应力分析

由于柱各横截面上的内力相同，它又是等直杆，所以各横截面上的应力也相同。因此，可取任一横截面 $ABDE$ 进行分析。

由轴力 F_N、弯矩 M_y 和 M_z 引起的横截面上任一点 K 处的应力分别为

$$\begin{cases} \sigma_N = -\dfrac{F}{A} \\ \sigma_{My} = \pm\dfrac{M_y}{I_y}z \\ \sigma_{Mz} = \pm\dfrac{M_z}{I_z}y \end{cases} \tag{8-12}$$

根据叠加原理，可得到柱任意横截面上任一点 K 处的正应力为

$$\sigma = \sigma_N + \sigma_{Mz} + \sigma_{My}$$

$$= -\frac{F}{A} \pm \frac{M_z y}{I_z} \pm \frac{M_y z}{I_y} \tag{8-13}$$

计算时，式（8-13）中 F、M_z、M_y、y、z 都可用绝对值代入，式中第二项和第三项前的正负号由观察弯曲变形的情况来确定，如图8-11所示。

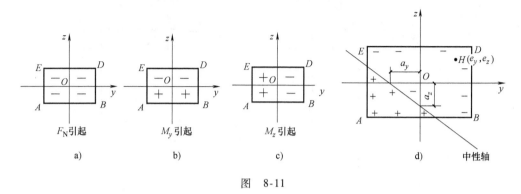

图 8-11

4. 强度条件

（1）中性轴位置

由式（8-13）可得

$$-\frac{F}{A} + \frac{M_z y}{I_z} + \frac{M_y z}{I_y} = 0 \tag{8-14}$$

设 y_0、z_0 为中性轴上点的坐标，则中性轴方程为

$$-\frac{F}{A} + \frac{F e_y y_0}{I_z} + \frac{F e_z z_0}{I_y} = 0$$

即

$$1 + \frac{e_y}{i_z^2} y_0 + \frac{e_z}{i_y^2} z_0 = 0 \tag{8-15}$$

上式称为零应力线方程，是一直线方程。

式中

$$\begin{cases} i_z^2 = \dfrac{I_z}{A} \\[2mm] i_y^2 = \dfrac{I_y}{A} \end{cases}$$

分别称为截面对 z、y 轴的惯性半径，也是截面的几何量。

中性轴的截距 a_y、a_z（图8-11d）计算如下：

当 $z_0 = 0$ 时，

$$a_y = y_0 = -\frac{i_z^2}{e_y} \tag{8-16}$$

当 $y_0 = 0$ 时，

$$a_z = z_0 = -\frac{i_y^2}{e_z} \tag{8-17}$$

从而可以确定中性轴位置。式（8-16）和式（8-17）表明，力作用点坐标 e_y、e_z 越大，截距

a_y、a_z越小；反之亦然，说明外力作用点越靠近形心，则中性轴越远离形心。

（2）强度条件

对于矩形或工字形等有棱角的截面，最大拉应力和最大压应力总是出现在截面的棱角处。

$$\begin{cases} \sigma_{\max} = -\dfrac{F}{A} + \dfrac{M_z}{W_z} + \dfrac{M_y}{W_y} \leqslant [\sigma_+] \\[3mm] \sigma_{\min} = \left| -\dfrac{F}{A} - \dfrac{M_z}{W_z} - \dfrac{M_y}{W_y} \right| \leqslant [\sigma_-] \end{cases} \tag{8-18}$$

【例 8-3】 如图 8-10 所示偏心压杆，已知 $h = 150\text{mm}$，$b = 100\text{mm}$，$F = 30\text{kN}$，偏心距 $e_y = 80\text{mm}$，$e_z = 60\text{mm}$，试求 A、B、D、E 点的应力。

【解】 （1）荷载计算

$$F_N = F = 30\text{kN}$$

$$M_y = Fe_z = (30 \times 10^3 \times 60 \times 10^{-3})\text{N} \cdot \text{m} = 1800\text{N} \cdot \text{m}$$

$$M_z = Fe_y = (30 \times 10^3 \times 80 \times 10^{-3})\text{N} \cdot \text{m} = 2400\text{N} \cdot \text{m}$$

（2）应力计算

在力 F 作用下，A、B、D、E 点均产生压应力，取负号。

在 M_y 作用下，A、B 点产生拉应力，取正号；D、E 点产生压应力，取负号。

在 M_z 作用下，A、E 点产生拉应力，取正号；B、D 点产生压应力，取负号。

A 点：

$$\sigma_A = -\frac{F}{A} + \frac{M_y}{W_y} + \frac{M_z}{W_z} = \left(-\frac{30 \times 10^3}{150 \times 100} + \frac{1800 \times 10^3}{\frac{1}{6} \times 150 \times 100^2} + \frac{2400 \times 10^3}{\frac{1}{6} \times 100 \times 150^2} \right)\text{MPa}$$

$$= (-2 + 7.2 + 6.4)\text{MPa} = 11.6\text{MPa}$$

B 点：

$$\sigma_B = -\frac{F}{A} + \frac{M_y}{W_y} - \frac{M_z}{W_z} = (-2 + 7.2 - 6.4)\ \text{MPa} = -1.2\text{MPa}$$

D 点：

$$\sigma_D = -\frac{F}{A} - \frac{M_y}{W_y} - \frac{M_z}{W_z} = (-2 - 7.2 - 6.4)\text{MPa} = -15.6\text{MPa}$$

E 点：

$$\sigma_E = -\frac{F}{A} - \frac{M_y}{W_y} + \frac{M_z}{W_z} = (-2 - 7.2 + 6.4)\text{MPa} = -2.8\text{MPa}$$

即 A 点处均为拉应力，B、D、E 点为压应力。实际上，D 点的应力为最大压应力，A 点的应力为最大拉应力。

8.4 截面核心

从前面的分析可知，构件受偏心压缩时，横截面上的应力由轴向压力引起的应力和偏心弯矩引起的应力所组成。当偏心压力的偏心距较小时，则相应产生的偏心弯矩较小，从而使

$\sigma_M \leqslant \sigma_N$，即横截面上只有压应力而无拉应力。

工程中有不少材料的抗拉性能较差，抗压性能较好，且价格便宜，如砖、石材、混凝土、铸铁等，用这些材料制造而成的构件，适于承压，在使用时要求在整个横截面上没有拉应力。这就要限制偏心受压时压力作用点的位置，把偏心压力控制在某一区域范围内，从而使截面上只有压应力而无拉应力。这一范围即称为截面核心。因此，截面核心是指某一个区域，当压力作用在该区域内时，截面上只产生压应力。

常见的矩形截面和圆形截面的截面核心如图 8-12 所示。

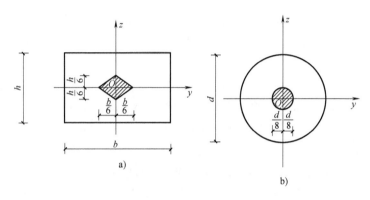

图 8-12

思 考 题

8-1 试举例说明什么是组合变形？怎样将其分解为基本变形？

8-2 组合变形的解题步骤是什么？

8-3 如何确定拉（压）弯组合杆件危险点的位置？

8-4 在进行强度计算的时候，为什么可以代入绝对值？

8-5 试判断图 8-13 所示曲杆 $ABCD$ 上杆 AB、BC、CD 将产生何种变形？

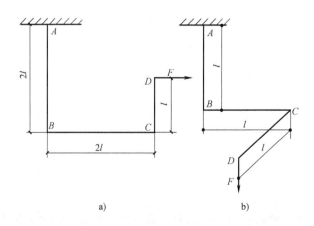

图 8-13

习 题

8-1 如图 8-14a 所示，正方形截面短柱承受轴向压力 F 的作用。若将短柱中间部分开一槽，如图 8-14b 所示，开槽所削去截面面积为原面积的二分之一，试求开槽后，柱内最大压应力比未开槽时增加多少倍？

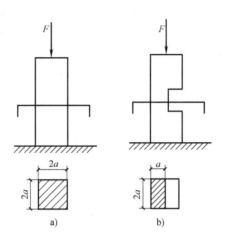

图 8-14

8-2 图 8-15 所示矩形截面的悬臂梁，承受 $F_1 = 0.8\text{kN}$、$F_2 = 1.6\text{kN}$ 的作用。已知材料的许用应力 $[\sigma] = 10\text{MPa}$，弹性模量 $E = 1 \times 10^4 \text{MPa}$。试设计截面尺寸 b、h（设 $h/b = 2$）。

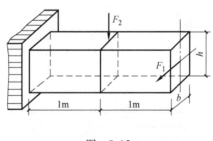

图 8-15

8-3 如图 8-16 所示简支梁，选用 20b 号工字钢，跨中作用与一集中荷载 F，其作用线与截面的形心主轴 y 的夹角为 $20°$，钢材的许用应力 $[\sigma] = 160\text{MPa}$，试校核梁的强度。

8-4 图 8-17 所示砖砌烟囱 $H = 30\text{m}$，底截面 1—1 的外径 $d_1 = 3\text{m}$，内径 $d_2 = 2\text{m}$，自重 $G_1 = 2000\text{kN}$，受 $q = 1\text{kN/m}$ 的风力作用。试求：

（1）烟囱底截面上的最大压应力。

（2）若烟囱的基础深埋 $h = 4\text{m}$，基础及其填土自重 $G_2 = 1000\text{kN}$，土壤的许用压应力 $[\sigma] = 0.3\text{MPa}$，求圆形基础的直径 D 应为多大？

8-5 如图 8-18 所示抑菌性截面厂房立柱，受压力 $F_1 = 100\text{kN}$、$F_2 = 45\text{kN}$ 的作用，F_2 与柱轴线的偏心距 $e = 200\text{mm}$，截面宽 $b = 180\text{mm}$，如要求柱截面上不出现拉应力，问截面高度 h 应为多少？此时最大压应力为多大？

8-6 图 8-19 所示折杆的横截面为边长 12mm 的长方形，试确定 A 点的应力状态。

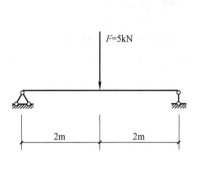

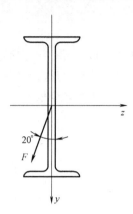

图 8-16

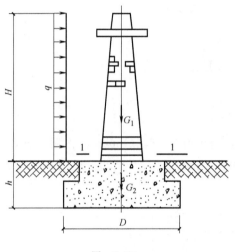

图 8-17

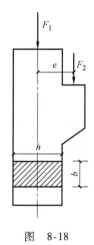

图 8-18

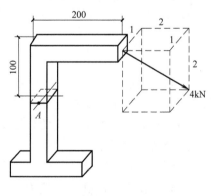

图 8-19

第9章

压杆稳定

学习目标

- 理解压杆稳定的概念。
- 掌握用欧拉公式求解压杆的临界力和临界应力。
- 掌握压杆的稳定条件及其实用计算。
- 提高压杆稳定性的措施。

9.1 压杆稳定的概念

在前面讨论受压直杆的强度问题时，认为只要满足杆受压时的强度条件，就能保证压杆的正常工作。然而，事实上，这个结论只适用于短粗压杆。而细长压杆在轴向压力作用下，其破坏的形式呈现出与强度问题截然不同的现象。例如，一根长 1000mm 的松木条，其横截面的宽度和厚度分别为 30mm 和 5mm，松木条的强度极限等于 40MPa，如果按照其抗压强度计算，其抗压承载力应为 6000N。但是实际上，在压力尚不到 30N 时，杆件就发生了明显的弯曲变形，丧失了其在直线形状下保持平衡的能力而导致破坏。显然，这不属于强度性质的问题，而属于下面即将讨论的压杆稳定的范畴。

为了说明问题，取一细长直杆在其两端施加轴向压力 F，使杆在直线状态下处于平衡，如图 9-1a 所示。考虑到实际压杆受压力作用时，将会发生不同程度的压弯现象，为此在杆端承受轴向压力 F 后，假想地在杆上施加一任意小的横向干扰力，使杆发生微弯曲变形，然后撤去横向干扰力。则当杆承受的轴向压力数值不同时，其结果也截然不同。当轴向压力 F 小于某一数值 F_{cr} 时，撤去横向干扰力后，杆的轴线将恢复其原来的直线平衡状态，如图 9-1b 所示，这种平衡被称为**稳定的平衡**；但当轴向压力 F 增大到 F_{cr} 时，撤去横向干扰力后，杆就不能再恢复到原来的直线平衡位置，而在微弯曲状态下保持新的平衡，如图 9-1c 所示；若继续增大 F 值超过 F_{cr}，杆将继续弯曲，甚至折断，如图 9-1d 所示，则原来的直线平衡状态是**不稳定的平衡**。**压杆从稳定的平衡状态转变为不稳定的平衡状态，称为丧失稳定性，简称失稳。**

由于杆件的失稳是在远低于强度极限（或屈服极限）的情况下骤然发生的，所以往往会造成严重的事故。例如，1907 年加拿大魁北克胜劳伦斯河上的一座长 548m 的钢桥，在施工中突然倒塌。19 世纪末，瑞士的一座铁路桥在一辆客车通过时，由于桥桁架中的压杆失稳，致使桥发生灾难性坍塌，大约有 200 人遇难。加拿大、俄罗斯的一些铁路桥梁也曾经由于压杆失稳而造成灾难性事故。1983 年 10 月 4 日，中国社会科学院科研楼工地的钢管脚手架距地面 5~6m 处突然外弓，刹那间，这座高达 54.2m、长 17.25m、总重 56.54t 的大型脚手架轰然坍塌，造成五人死亡，七人受伤，脚手架所用建筑材料大部分报废，工期推迟一个

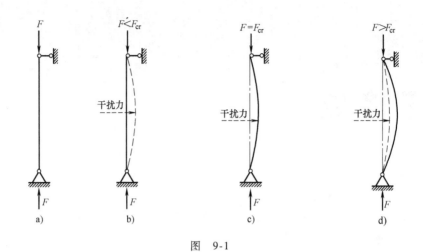

图 9-1

月。以上坍塌事故都是由于某些受压杆件的失稳造成的。因此，在设计压杆时，不仅要考虑强度，还要考虑稳定性，严防意外事故发生。

9.2 临界力和临界应力

9.2.1 临界力

压杆能否保持稳定平衡，取决于压力 F 的大小。随着压力 F 逐渐增大，压杆就会由稳定平衡状态过渡到非稳定平衡状态。**压杆从稳定平衡过渡到不稳定平衡时的压力称为临界力**，以 F_{cr} 表示。显然，当 $F < F_{cr}$ 时，压杆将保持稳定；当 $F \geq F_{cr}$ 时，压杆将失稳。因此，分析稳定性问题的关键是求压杆的临界力。

1. 两端铰支细长压杆的临界力

如图 9-2 所示，假定压杆在临界力 F_{cr} 作用下处于微弯形状的平衡状态，当材料处于弹性阶段时，经理论推导，得到临界力为

$$F_{cr} = \frac{\pi^2 EI}{l^2} \tag{9-1}$$

式（9-1）就是两端铰支压杆临界力的计算公式，又称为欧拉公式。式中，π 是圆周率，E 是材料的弹性模量，l 是杆件的长度，I 是杆件横截面对形心轴的惯性矩。当杆端在各方向的支承情况一致时，压杆总是在抗弯刚度最小的纵向平面内失稳，所以式（9-1）中的惯性矩 I 应取截面的最小形心主惯性矩 $I_{\min}$。

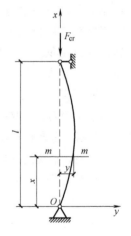

图 9-2

2. 杆端为其他支承形式的临界压力

对于杆端约束不同的压杆，均可仿照两端铰支压杆临界力公式的推导方法，得出其相应的临界力计算公式。一般而言，杆端的约束越强，压杆越不容易失稳，临界力就越大。各种细长压杆的临界力可用下面的统一公式表示：

$$F_{cr} = \frac{\pi^2 EI}{(\mu l)^2} \tag{9-2}$$

式（9-2）通常称为欧拉公式的通式。式中，μ 称为压杆的长度因素，它与杆端约束有关，杆端约束越强，μ 值越小；μl 称为压杆的计算长度。表9-1列出了四种典型的杆端约束下细长压杆的临界力，以备查用。

表 9-1　各种杆端支承压杆的长度因素 μ

杆端约束	两端铰支	一端铰支 一端固定	两端固定	一端固定 一端自由
失稳时挠曲线形状				
临界力	$F_{cr}=\dfrac{\pi^2 EI}{l^2}$	$F_{cr}=\dfrac{\pi^2 EI}{(0.7l)^2}$	$F_{cr}=\dfrac{\pi^2 EI}{(0.5l)^2}$	$F_{cr}=\dfrac{\pi^2 EI}{(2l)^2}$
长度因数	$\mu=1$	$\mu=0.7$	$\mu=0.5$	$\mu=2$

应当指出，工程实际中压杆的杆端约束情况往往比较复杂，应对杆端支承情况作具体分析，或查阅有关的设计规范，以确定合适的长度因素。

9.2.2　临界应力

压杆在临界力作用下横截面上的正应力，称为临界应力，以 σ_{cr} 表示，根据欧拉公式得到临界应力为

$$\sigma_{cr}=\frac{F_{cr}}{A}=\frac{\pi^2 EI}{A(\mu l)^2} \tag{9-3}$$

令

$$i=\sqrt{\frac{I}{A}}$$

式中，i 为截面对中性轴的惯性半径，则上式可写为

$$\sigma_{cr}=\frac{\pi^2 Ei^2}{(\mu l)^2}=\frac{\pi^2 E}{\left(\dfrac{\mu l}{i}\right)^2} \tag{9-4}$$

令

$$\lambda=\frac{\mu l}{i}$$

则

$$\sigma_{cr}=\frac{\pi^2 E}{\lambda^2} \tag{9-5}$$

式中，λ 称为柔度，也称为长细比，是一个无量纲的量。

柔度 λ 综合反映了压杆的杆端约束、杆长、截面形状和尺寸等因素对压杆临界应力的影响。柔度 λ 越大，杆越容易丧失稳定，其临界应力越小；反之，λ 越小，则压杆的稳定性越好，其临界应力就越大。所以，柔度是压杆稳定问题中的一个重要的物理量。

9.2.3 欧拉公式的适用范围

欧拉公式是在材料服从胡克定律的条件下导出的，因此必须在临界应力小于比例极限的条件下才能适用，即

$$\sigma_{cr} = \frac{\pi^2 E}{\lambda^2} \leqslant \sigma_p \tag{9-6}$$

若用柔度来表示，则欧拉公式的适用范围为

$$\lambda \geqslant \lambda_p = \sqrt{\frac{\pi^2 E}{\sigma_p}} \tag{9-7}$$

式中，λ_p 是与材料的弹性比例极限相对应的柔度数值。

对于不同的材料，由于 E、σ_p 各不相同，λ_p 的数值也不同。例如，对于 A3 钢，$E = 206\text{GPa}$，$\sigma_p = 200\text{MPa}$，由式（9-7）可算得 $\lambda_p = 100$。

工程中把满足式（9-7）的压杆称为大柔度杆或细长杆。只有大柔度杆才能应用欧拉公式。

9.2.4 中、小柔度压杆的临界应力

1. 中柔度杆（也称为中长杆）的临界应力

当压杆的柔度 λ 小于 λ_p 时，称为中长杆或中柔度杆。这类压杆的临界应力超过了比例极限，欧拉公式已不适用。对于这类压杆，工程中大多采用以试验为基础的经验公式来计算临界应力，经验公式为

$$\sigma_{cr} = a - b\lambda \tag{9-8}$$

临界力公式则为

$$F_{cr} = \sigma_{cr} A = (a - b\lambda) A \tag{9-9}$$

式中，λ 为压杆的长细比，a、b 与材料有关的常数，其值随材料的不同而不同。例如，对于 Q235 钢，$a = 304\text{MPa}$，$b = 1.12\text{MPa}$；对于松木，$a = 28.7\text{MPa}$，$b = 0.19\text{MPa}$。

实际上，式（9-8）也有其适用范围，即压杆的临界应力不能超过材料的极限应力，对塑性材料应有

$$\sigma_p < \sigma_{cr} = a - b\lambda \leqslant \sigma_s \tag{9-10}$$

若用柔度来表示，则有 $\lambda \geqslant \dfrac{a - \sigma_s}{b} = \lambda_s$，于是式（9-8）的适用范围可用柔度表示为

$$\lambda_p > \lambda \geqslant \lambda_s \tag{9-11}$$

对于 Q235 钢，其 $\sigma_s = 235\text{MPa}$，$a = 304\text{MPa}$，$b = 1.12\text{MPa}$，可求得

$$\lambda_s = \frac{304 - 235}{1.12} \approx 61$$

所以，对于 Q235 钢制压杆，当其柔度 $100 > \lambda \geqslant 61$ 时才能用式（9-8）计算临界应力。

表 9-2 列出了常用材料的 a、b、λ_p、λ_s 值。

表 9-2 常用材料 a、b、λ_p、λ_s 值

材料	a/MPa	b/MPa	λ_P	λ_S
A3 钢($\sigma = 235$MPa)	304.0	1.12	100	61.4
优质碳素钢 ($\sigma_s = 306$MPa,$\sigma_b \geqslant 510$MPa)	465.0	2.57	100	60.0
硅钢 ($\sigma_s = 353$MPa,$\sigma_b \geqslant 510$MPa)	578.0	3.74	100	60.0
铬钼钢	980.7	5.29	55	—
硬铝(铝合金)	373.0	2.15	50	—
铸铁	332.2	1.45	80	—
松木	28.7	0.19	59	—

2. 小柔度杆（也称为粗短杆）**的临界应力**

杆件柔度满足 $\lambda < \lambda_s$ 的杆称为小柔度杆或短杆。

这类压杆一般是由于强度不够而可能发生屈服（塑性材料）或破裂（脆性材料）。其临界应力为

$$\sigma_{cr} = \sigma^0 = \begin{cases} \sigma_s \\ \sigma_b \end{cases} \tag{9-12}$$

式中，σ_s 为塑性材料的极限应力，σ_b 为脆性材料的极限应力。

9.2.5 临界应力总图

根据上述三类压杆不同的临界应力表达式（9-5）、式（9-8）和式（9-12），可在 $\sigma_{cr} - \lambda$ 坐标系中画出 $\sigma_{cr} = f(\lambda)$ 曲线，称为临界应力总图，如图 9-3 所示。显然，对于柔度越大的压杆，其临界应力越小，越容易失稳。

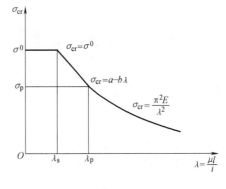

图 9-3

【例 9-1】 18 号工字钢制成的一端固定，另一端自由的受压杆，$l = 2$m，材料为 A3 钢，$\lambda_p = 100$，材料的弹性模量 $E = 200$GPa。求此杆的临界应力。

解:（1）计算柔度 λ

查表 9-1 得一端固定、一端自由的压杆的长度系数为

$$\mu = 2$$

由型钢表选择 18 号工字钢，可知

$$I_x > I_y$$

由于压杆将在刚度最小的平面内失稳，所以取

$$i_{min} = i_y = 2\text{cm}$$

$$\lambda = \frac{\mu l}{i} = \frac{2 \times 2}{2 \times 10^{-2}} = 200 > \lambda_p = 100$$

λ_p 可以从表 9-2 中查得。此杆属于大柔度杆，因此可采用欧拉公式。

（2）计算临界应力

$$\sigma_{cr} = \frac{\pi^2 E}{\lambda^2} = \frac{\pi^2 \times 200 \times 10^3}{200^2} \text{MPa} = 49.3 \text{MPa}$$

【例 9-2】 已知一两端固定的 Q235 钢压杆，横截面为圆形，直径 $D = 6 \text{cm}$，弹性模量 $E = 200 \text{GPa}$，$\lambda_p = 100$，杆长 $L = 2 \text{m}$，求此杆的临界应力。

解：（1）计算柔度 λ

查表 9-1 得两端固定的压杆的长度系数为

$$\mu = 0.5$$

$$i = \sqrt{\frac{I}{A}} = \sqrt{\frac{\frac{\pi D^4}{64}}{\frac{\pi D^2}{4}}} = \frac{D}{4} = 1.5 \text{cm}$$

$$\lambda = \frac{\mu l}{i} = \frac{0.5 \times 2 \times 10^2}{1.5} = 66.7$$

（2）计算临界应力

$$\lambda_s = 61.4 < \lambda < \lambda_p = 100$$

此杆属于中柔度杆，因此可采用经验公式，查表 9-2 得

$$a = 304 \text{MPa}, b = 1.12 \text{MPa}$$

$$\sigma_{cr} = a - b\lambda = (304 - 1.12 \times 66.7) \text{MPa} = 229.3 (\text{MPa})$$

9.3 压杆的稳定条件及计算

9.3.1 压杆的稳定条件

为保证压杆具有足够的稳定性，压杆所受的轴向压力 F 必须小于临界荷载 F_{cr}，或压杆的压应力 σ 必须小于临界应力 σ_{cr}。对于工程上的压杆，还需具有一定的安全储备，要求压杆承受的压力 F 应满足下面的条件：

$$F \leqslant \frac{F_{cr}}{n_{st}} = [F]_{st} \tag{9-13}$$

或者将上式两边同时除以横截面面积 A，得到压杆横截面上的应力 σ 应满足的条件：

$$\sigma = \frac{F}{A} \leqslant \frac{\sigma_{cr}}{n_{st}} = [\sigma]_{st} \tag{9-14}$$

式中，F 为实际作用在压杆上的压力；F_{cr} 为压杆的临界力；n_{st} 为稳定安全系数，随 λ 的改变而变化，一般稳定安全系数比强度安全系数大；$[F]_{st}$ 为稳定容许压力；σ_{cr} 为实际作用在压杆上的临界应力；$[\sigma]_{st}$ 为稳定许用应力。

式（9-13）和式（9-14）称为为压杆的稳定条件。

稳定安全因数 n_{st} 的取值除考虑在确定强度安全因数时的因素外，还应考虑实际压杆不可避免地存在杆轴线的初曲率、压力的偏心和材料的不均匀等因素。这些因素将使压杆的临界力显著降低，对压杆稳定的影响较大，并且压杆的柔度越大，影响也越大。但是，这些因

素对压杆强度的影响就不那么显著。因此，稳定安全因素 n_{st} 的取值一般大于强度安全因素 n，并且随柔度 λ 而变化。例如，钢压杆的强度安全因素 $n = 1.4 \sim 1.7$，而稳定安全因素 $n_{st} = 1.8 \sim 3.0$，甚至更大。常用材料制成的压杆，在不同工作条件下的稳定安全因素 n_{st} 的值可在相关的设计手册或设计规范中查到。

需要注意的是，工程中的压杆由于构造或其他原因，有时截面会受到局部削弱（如杆中有小孔或槽等）。因为压杆的临界力是由压杆整体的弯曲变形决定的，当这种削弱不严重时，对压杆整体稳定性的影响很小，在稳定计算中可不予考虑。但应对这种削弱的局部截面进行强度校核。

根据式（9-13）和式（9-14）就可以进行压杆的稳定计算。压杆稳定计算的内容与强度计算类似，包括校核稳定性、设计截面和求容许荷载三方面内容。

9.3.2 压杆稳定计算

压杆稳定计算通常有安全系数法和折减系数法两种方法。

1. 安全系数法

临界压力 F_{cr} 是压杆的极限荷载，F_{cr} 与实际压力 F 之比即为压杆的工作安全系数 n，它应大于规定的稳定安全系数 n_{st}，因此有

$$n = \frac{F_{cr}}{F} \geq n_{st} \tag{9-15}$$

用这种方法进行压杆稳定计算时，必须计算压杆的临界荷载，而为了计算 F_{cr}，应首先计算压杆的柔度，再按不同的范围选用合适的公式进行计算。其中，稳定安全系数 n_{st} 可在设计手册或规范中查到。

【例 9-3】 一端铰支、一端固定的矩形截面松木压杆，已知 $F = 50kN$，$l = 5m$，$b = 120mm$，$h = 160mm$，$\lambda_p = 59$，材料的弹性模量 $E = 10 \times 10^3 MPa$，稳定安全系数 $n_{st} = 3.2$。试校核此结构的稳定性。

【解】

（1）计算临界应力：

$$i = \sqrt{\frac{I}{A}} = \sqrt{\frac{hb^3}{12hb}} = b\sqrt{\frac{1}{12}} = 120mm \times \sqrt{\frac{1}{12}} \approx 34.64mm$$

$$\lambda = \frac{\mu l}{i} = \frac{0.7 \times 5 \times 10^3}{34.64} \approx 101.04 > \lambda_p = 59$$

因此，此杆属于细长杆，可采用欧拉公式计算临界应力：

$$\sigma_{cr} = \frac{\pi^2 E}{\lambda^2} = \frac{\pi^2 \times 10 \times 10^3}{101.04^2}MPa = 9.67MPa$$

则 $F_{cr} = \sigma_{cr}A = 9.67 \times 120 \times 160N = 185664N$

（2）校核压杆的稳定性。压杆的工作安全系数：

$$n = \frac{F_{cr}}{F} = \frac{185664}{50000} = 3.71 > n_{st} = 3.2$$

所以该压杆稳定。

2. 折减系数法

在土建工程的压杆稳定计算中，常将变化的稳定许用应力 $[\sigma]_{st}$ 改为用强度许用应力

[σ] 表示:

$$[\sigma]_{st} = \frac{\sigma_{cr}}{n_{st}} \qquad [\sigma] = \frac{\sigma^0}{n}$$

$$[\sigma]_{st} = \frac{\sigma_{cr}}{n_{st}} \cdot \frac{n}{\sigma^0}[\sigma] = \varphi[\sigma]$$

从上式可知,φ 值为

$$\varphi = \frac{[\sigma]_{st}}{[\sigma]} = \frac{\sigma_{cr}}{n_{st}} \cdot \frac{n}{\sigma^0}$$

式中,φ 为折减系数,$[\sigma]$ 为强度计算时的许用应力,σ^0 为强度极限应力,n 为强度安全系数。由于 $\sigma_{cr} < \sigma^0$,$n_{st} > n$,因此 φ 值总是小于 1,且随柔度而变化,表 9-3 给出了几种常用材料的 λ-φ 变化关系。

表 9-3 压杆折减系数

λ	φ			λ	φ		
	Q235 钢	16 锰钢	木材		Q235 钢	16 锰钢	木材
0	1.000	1.000	1.000	110	0.536	0.384	0.248
10	0.995	0.993	0.971	120	0.466	0.325	0.208
20	0.981	0.973	0.932	130	0.401	0.279	0.178
30	0.958	0.940	0.883	140	0.349	0.242	0.153
40	0.927	0.895	0.822	150	0.306	0.213	0.133
50	0.888	0.840	0.751	160	0.272	0.188	0.117
60	0.842	0.776	0.668	170	0.243	0.168	0.104
70	0.789	0.705	0.575	180	0.218	0.151	0.093
80	0.731	0.627	0.470	190	0.197	0.136	0.083
90	0.669	0.546	0.370	200	0.180	0.124	0.075
100	0.604	0.462	0.300				

压杆稳定条件可用折减系数 φ 与强度许用应力 $[\sigma]$ 来表达:

$$\sigma = \frac{F}{A} \leq \varphi[\sigma] \tag{9-16}$$

式 (9-16) 类似于压杆强度条件,可以理解为压杆因在强度破坏之前便丧失稳定,故由降低强度许用应力 $[\sigma]$ 来保证杆的安全。

运用折减系数法校核压杆稳定的方法如下:已知压杆的长度、支承条件、材料、截面和作用力,先计算压杆的柔度 λ,再按其材料由表 9-3 查出 φ 值,然后按式 (9-16) 进行计算。当计算出的 λ 值不是表中的整数时,可用直线插入法得出相应的 φ 值。

【例 9-4】 图 9-4 所示木屋架中 AB 杆的截面为边长 $a = 110mm$ 的正方形,杆长 3.4m,承受的轴向压力 $F = 30kN$。材料是松木,许用应力 $[\sigma] = 10MPa$。试校核 AB 杆的稳定性。(只考虑在桁架平面内的失稳)

【解】

正方形截面的惯性半径为

$$i = \frac{a}{\sqrt{12}} = \frac{110}{\sqrt{12}}mm = 31.75mm$$

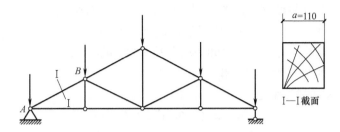

图 9-4

由于在桁架平面内 AB 杆两端为铰支，故 $\mu = 1$。AB 杆的柔度为

$$\lambda = \frac{\mu l}{i} = \frac{1 \times 3.4 \times 10^3}{31.75} = 107$$

由表9-3查出：

$$当 \lambda = 100时, \varphi = 0.300;;$$

$$当 \lambda = 110时, \varphi = 0.248。$$

用直线插入法确定当 $\lambda = 107$ 时的 φ 值，如图9-5所示。

$$\varphi = 0.248 + \frac{(110 - 107) \times (0.300 - 0.248)}{110 - 100} = 0.268$$

校核稳定性：

$$\sigma = \frac{F}{A} = \frac{30 \times 10^3}{110 \times 110} \mathrm{MPa} = 2.48 \mathrm{MPa}$$

而

$$\varphi[\sigma] = 0.268 \times 10 \mathrm{MPa} = 2.68 \mathrm{MPa}$$

所以 $\sigma < \varphi[\sigma]$，满足稳定条件。

【例 9-5】 钢柱由两根 10 号槽钢组成，长 $l = 4\mathrm{m}$，两端固定。材料为 Q235 钢，许用应力 $[\sigma] = 160 \mathrm{MPa}$。现用两种方式组合：一种是将两根槽钢结合成为一个工字形，如图 9-6a 所示；一种是使用缀板将两根槽钢结合成图 9-6b 所示形式，图中间距 $s = 44\mathrm{mm}$。试计算两种情况下钢柱的许用荷载。

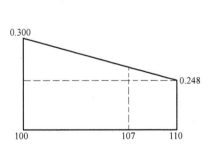

图 9-5

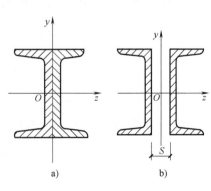

图 9-6

【解】

通过型钢表查得 10 号槽钢截面的面积、形心位置和惯性矩分别为

$$A = 12.74\text{cm}^2, z_0 = 1.52\text{cm}$$

$$I_{z0} = 198.3\text{cm}^4, I_{y0} = 25.6\text{cm}^4$$

（1）求图 9-6a 中钢柱的许用荷载。

组合截面对 z 轴的惯性矩为

$$I_z = 2 \times 198.3\text{cm}^4 = 396.6\text{cm}^4$$

利用惯性矩的平行移轴公式，可求得 10 号槽钢对其侧边的惯性矩为

$$I_{y1} = I_{y0} + z_0^2 A$$

$$= (25.6 + 1.52^2 \times 12.74)\text{cm}^4$$

$$= 54.9\text{cm}^4$$

故组合截面对 y 轴的惯性矩为

$$I_y = 2 \times 54.9\text{cm}^4 = 109.8\text{cm}^4$$

杆端约束为两端固定，所以失稳将发生在弯曲刚度 EI 最小的形心主惯性平面 xz 内。
该平面内钢柱的柔度为

$$\lambda_y = \frac{\mu l}{i_y} = \mu l \sqrt{\frac{A}{I_y}} = 0.5 \times 4 \times 10^2 \times \sqrt{\frac{2 \times 12.74}{109.8}} = 96.3$$

由表 9-3 并利用直线插值法得到折减系数 φ 为

$$\varphi = 0.604 + \frac{100 - 96.3}{100 - 90} \times (0.669 - 0.604) = 0.628$$

根据稳定条件式（9-16），钢柱的许用荷载为

$$[F]_{st} = A\varphi[\sigma]$$

$$= (2 \times 12.74 \times 10^2 \times 0.628 \times 160)\text{N}$$

$$= 256430\text{N} = 256.43\text{kN}$$

（2）求图 9-6b 中钢柱的许用荷载。

组合截面对 z 轴的惯性矩为

$$I_z = 2 \times 198.3\text{cm}^4 = 396.6\text{cm}^4$$

利用惯性矩的平行移轴公式，求得组合截面对 y 轴的惯性矩为

$$I_y = 2\left[I_{y0} + \left(z_0 + \frac{s}{2} \right)^2 A \right]$$

$$= 2 \times \left[25.6 + \left(1.52 + \frac{4.4}{2} \right)^2 \times 12.74 \right]\text{cm}^4$$

$$= 403.8\text{cm}^4$$

因此，失稳平面为 xy 平面，该平面内钢柱的柔度为

$$\lambda_z = \frac{\mu l}{i_z} = \mu l \sqrt{\frac{A}{I_z}} = 0.5 \times 4 \times 10^2 \times \sqrt{\frac{2 \times 12.74}{396.6}} = 50.7$$

由表 9-3 查得折减系数为

$$\varphi = 0.842 + \frac{60 - 50.7}{60 - 50} \times (0.888 - 0.842) = 0.885$$

因此，钢柱的许用荷载为

$$[F]_{st} = A\varphi[\sigma] = 2 \times 12.74 \times 10^2 \times 0.885 \times 160 \text{N} =$$
$$36797 \text{N} = 368.0 \text{kN}$$

【例9-6】 钢柱由两根20b号槽钢组成，截面如图9-7所示，柱高 $l = 5.72 \text{m}$，两端铰支，材料为Q235钢，许用应力 $[\sigma] = 160 \text{MPa}$，求钢柱所能承受的轴向压力 $[F]$。

【解】

查型钢表得20b号槽钢的有关数据如下：

$$b = 75 \text{mm}, z_0 = 19.5 \text{mm},$$
$$A = 32.8 \times 10^2 \text{mm}^2, I_{z_0} = 1913.7 \times 10^4 \text{mm}^4,$$
$$I_{y0} = 144 \times 10^4 \text{mm}^4$$

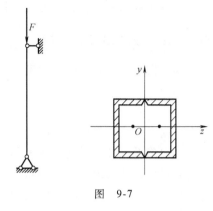

图 9-7

钢柱截面由两根槽钢组成：

$$I_z = 2I_{z_0} = 2 \times 1913.7 \times 10^4 \text{mm}^4 = 3827.4 \times 10^4 \text{mm}^4$$

$$I_y = 2[I_{y0} + A(b - z_0)^2]$$
$$= 2 \times [143.6 \times 10^4 + 32.83 \times 10^2 \times (75 - 19.5)^2]\text{mm}^4 = 2309.7 \times 10^4 \text{mm}^4$$

$$i_{min} = i_y = \sqrt{\frac{I_y}{A}} = \sqrt{\frac{2310 \times 10^4}{2 \times 32.8 \times 10^2}} \text{mm} = 59.2 \text{mm}$$

钢柱两端铰支，$\mu = 1$，钢柱柔度为

$$\lambda = \frac{\mu l}{i_{min}} = \frac{1 \times 5720}{59.2} = 96.5$$

查表9-3，由内插法，得

$$\varphi = 0.627$$

所以，许可荷载为

$$[F] = A[\sigma]\varphi = 2 \times 32.8 \times 10^2 \times 160 \times 0.627 \text{N} = 658 \times 10^3 \text{N} = 658 \text{kN}$$

9.4 提高压杆稳定性的措施

通过前面章节的学习可知，要提高压杆的稳定性，就必须设法增大其临界力或临界应力。由临界应力的计算公式可知，压杆的临界应力与材料的弹性模量和压杆的柔度有关，而柔度又与压杆的长度、压杆两端的支承情况和截面的几何性质等因素有关。下面从四个方面讨论提高压杆稳定性的措施。

9.4.1 合理选用材料

对于大柔度杆，根据欧拉公式可知，压杆的临界应力与材料的弹性模量成正比。因此，在其他条件均相同的情形下，选用弹性模量 E 较大的材料可以提高大柔度压杆的承载能力。由于各种钢材的弹性模量相差不大，选用优质钢对临界力影响甚微。因此，对于大柔度杆，不必选择优质钢，以免造成材料的浪费。

对于中、小柔度杆，根据公式可知其临界应力与材料的比例极限 σ_p 和屈服极限 σ_s 有关，这时选用高强钢会使临界力有所提高。

9.4.2 选择合理的截面形状

截面的惯性半径和压杆的柔度计算公式分别为

$$i = \sqrt{\frac{I}{A}}, \lambda = \frac{\mu l}{i}$$

在截面面积条件不变的条件下，选择合理的截面形状，可增大截面的惯性矩，增大惯性半径，从而降低压杆的柔度，增大其临界应力。为此，在截面一定的情况下，可采用空心截面或组合截面，适当地使截面分布远离形心主轴，如图9-8所示。

当压杆在各个弯曲平面内的支承情况相同时，为了避免在最小刚度平面内先发生失稳，应尽量使各个方向的惯性矩相同。如由两根槽钢组成的压杆截面（图9-9），对于图9-9a所示截面，由于 $I_z > I_y$（$i_z > i_y$），$I_{min} = I_y$，压杆将绕 y 轴失稳；如果采用图9-9b所示截面配置方案，调整距离 s，使 $I_z = I_y$（$i_z > i_y$），从而使压杆在 y、z 两个方向具有相同的稳定性。

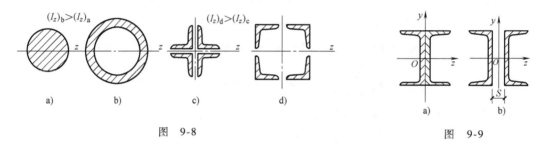

图 9-8   图 9-9

9.4.3 改善支承条件

从表9-1可以看出，压杆两端的约束越稳固，长度系数 μ 就越小，则柔度 λ 越小，其临界应力越大，压杆的稳定性越好。但杆端支承形式还需根据使用要求来确定。

9.4.4 减小压杆长度

杆长越小，则柔度越小，其临界应力越大。因此，减小杆长可以显著提高杆的承载能力。在工程中，通常通过超静定结构或增加支点来达到减小杆长的目的。例如，对于图9-10a、图9-10b所示的压杆，图9-10b中的压杆承载能力远远高于图9-10a。

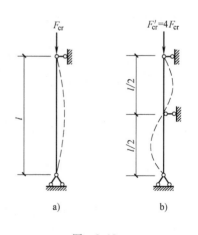

图 9-10

思 考 题

9-1 以压杆为例，说明什么是稳定平衡和不稳定平衡？什么是失稳？

9-2 什么是压杆的临界力和临界应力？

9-3 支承情况相同，材料、长度相同的两杆，横截面如图 9-11 所示，已知这两个图形的面积相等。试判断哪根杆件更容易失稳？

9-4 如何判断压杆的失稳平面？有一根一端自由、一端固定的压杆，其截面形状如图 9-12 所示，当压杆稳定时，各杆将沿哪个方向弯曲？

图 9-11

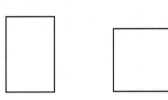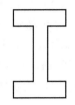

图 9-12

9-5 什么是柔度？如何理解柔度在压杆稳定计算中的作用？

习　题

9-1 图 9-13d 中矩形截面压杆的截面宽和高分别为 $b = 12\text{mm}$，$h = 20\text{mm}$，杆长为 $l = 300\text{mm}$。材料为 Q235 钢，弹性模量 $E = 206\text{GPa}$。试求此杆在以下三种情况下的临界力和临界应力。

（1）一端固定、一端自由（图 9-13a）；

（2）两端铰支（图 9-13b）；

（3）两端固定（图 9-13c）。

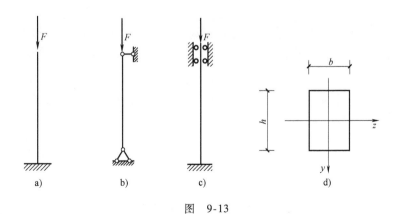

图 9-13

9-2 一端固定、一端铰支的木柱高 4m，横截面为正方形，承受的压力 $F = 80\text{kN}$，若材料的许用应力 $[\sigma] = 10\text{MPa}$。请选择合理的边长。

9-3 一根 20a 工字钢立柱，两端为铰支，长 $l = 4\text{m}$，材料为 A3 钢，许用应力 $[\sigma] =$

160MPa，承受的轴向压力 $F=50$kN。试问此立柱是否安全？

9-4 一两端铰支的钢管柱，长 $L=3$m，截面外径 $d_1=100$mm，内径 $d_2=70$mm，材料为 A3 钢，许用应力 $[\sigma]=160$MPa，试求结构的许可荷载 $[F]$。

9-5 一根两端铰支的工字钢立柱，材料为 A3 钢，许用应力 $[\sigma]=160$MPa，当承受的轴向压力 $F=80$kN 时，试确定此工字钢的型号。

9-6 一根柱由 4 根 80mm $\times 80$mm $\times 60$mm 的角钢组成（图 9-14），并符合规范中实腹式截面中心受压杆的要求。支柱的两端为铰支，柱长 $l=6$m，压力为 450kN。若材料为 Q235 钢，强度许用应力 $[\sigma]=170$MPa，试求支柱横截面边长 a 的尺寸。

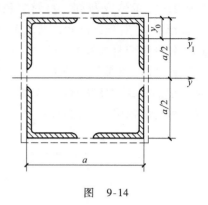

图　9-14

第三篇

结构力学

第 10 章
结构力学基础

学习目标

· 掌握将结构抽象并简化为计算简图的基本方法。

· 了解平面杆系结构的类别和特点。

10.1　结构的计算简图

实际结构是很复杂的，完全按照实际情况进行力学分析是不可能的，也是不必要的。因此，在对实际结构进行力学计算之前，必须对原实际结构作某些简化和假定。略去一些次要因素的影响，抓住主要结构的工作特性，用一个简化了的图形来代替实际结构，这种图形称为结构的计算简图或计算模型。结构的受力分析都是在计算简图中进行的。

10.1.1　确定计算简图的原则

计算简图是力学计算的基础。确定计算简图的原则如下：

（1）计算简图应能反映实际结构的主要受力和变形性能，保证设计需要的足够精度。

（2）考虑主要因素，忽略次要因素，使计算尽可能地简单。

10.1.2　结构的简化

1. 结构体系的简化

一般的工程结构实际上都是空间结构，但在大多数情况下，根据受力状况的特点，常忽略一些次要结构的空间约束而将实际结构分解为几个平面结构，以简化计算。

2. 杆件的简化

杆件结构中的杆件，由于其截面尺寸通常远比杆件的长度小得多。所以计算简图中杆件可用其轴线来表示，杆件的长度则按轴线间的距离计取。轴线为直线的梁、柱等构件可用直线表示；曲杆、拱等构件的轴线为曲线的，则可用相应的曲线表示。

3. 结点的简化

结构中杆件相互连接的地方称为结点。结点的实际构造方式很多，在选取计算简图时，常将其归纳为铰结点、刚结点和组合结点三种。

（1）铰结点。其特征是被连接的杆件在连接处不能相对移动，但可绕铰结点中心相对转动，如图 10-1a 所示木屋架结点。

（2）刚结点。其特征是被连接的杆件在连接处不能相对移动，也不能相对转动，如图 10-1b 所示钢筋混凝土现浇结点。

（3）组合结点。当一个结点同时具有以上两种结点的特征时称为组合结点，即某些杆件的连接视为刚结点，而另一些视为铰结点，如图 10-1c 所示（图中 C、D 结点）。

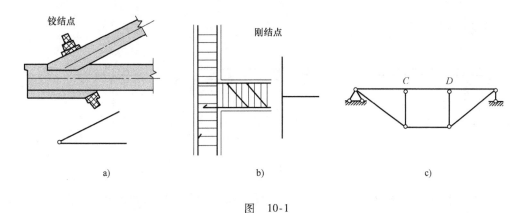

图　10-1

4. 支座的简化

将结构与基础或其他支承物连接起来的装置称为支座，根据支座的实际构造和约束特点，其计算简图中常简化为以下四种。

（1）可动铰支座。这种支座常用图 10-2a 所示方式表示。此类支座的支座反力在计算简图上简化为图 10-2b 所示形式。

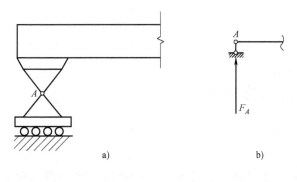

图　10-2

（2）固定铰支座。如图 10-3a 所示，其支座反力在计算图上简化为图 10-3b 或 c 的形式。

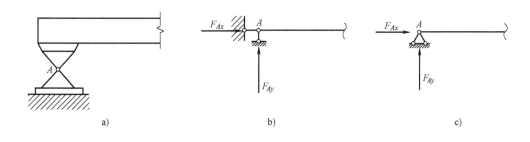

图　10-3

（3）固定端支座。如图 10-4a 所示，其支座反力在计算简图上简化为图 10-4b 或 c 所示形式。

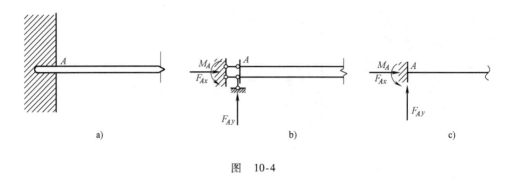

图 10-4

（4）滑动支座。如图 10-5a 所示，其支座反力在计算图上简化为图 10-6b 所示的形式。

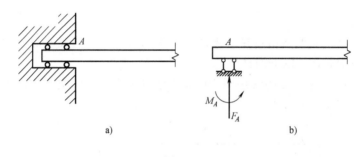

图 10-5

10.2 平面杆件结构的分类

平面杆件结构按其受力特征可分为以下几种类型。

1. 梁

梁由水平（或斜向）放置的杆件构成（图 10-6），主要承受弯曲变形，是受弯构件，内力有弯矩 M 和剪力 F_V。

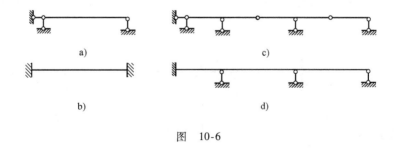

图 10-6

2. 刚架

刚架由不同方向的杆件全部或部分用刚结点连接构成（图 10-7）。刚架杆件以受弯为主，所以又叫梁式构件，内力有弯矩 M、剪力 F_V 和轴力 F_N。

3. 桁架

桁架由若干直杆在两端用铰结点连接构成（图10-8）。桁架杆件主要承受轴向变形，是拉压构件，内力有轴力 F_N。

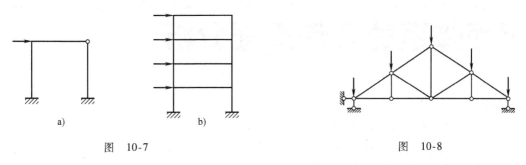

图 10-7　　　　　　　　　　　图 10-8

4. 拱

拱一般由曲杆构成（图10-9）。在竖向荷载作用下，拱上作用有水平支座反力，内力有弯矩 M、剪力 F_V 和轴力 F_N。

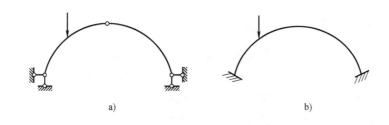

图 10-9

5. 组合结构

组合结构是由拉（压）构件和梁式构件组合而成的结构（图10-10），其中拉（压）构件只产生轴力，梁式构件主要产生弯矩和剪力。

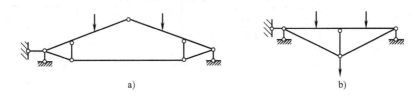

图 10-10

第11章

平面体系的几何组成分析

学习目标
- 理解几何组成分析自由度和约束的概念。
- 学会运用几何组成分析规则判断平面体系的几何组成性质。
- 理解静定结构和超静定结构的概念及结构的几何组成与静定性的关系。

11.1 几何组成分析的概念

11.1.1 几何不变体系和几何可变体系

杆件结构是由杆件相互连接并与地基连接成一整体,用来承受荷载作用的体系。在荷载作用下,材料会产生应变,因而结构会变形,这种变形与结构的尺寸相比是很微小的,在几何组成分析中,可不考虑这种变形的影响。保持体系的几何形状和位置不变是结构的必要条件,而由杆件组成的体系并不是都能作为工程结构使用。例如,图 11-1a 是一个由两根链杆与基础组成的铰接三角形,在荷载作用下,可以保持其几何形状和位置不变,可以作为工程结构使用;图 11-1b 是一个铰接四边形,受荷载作用后几何形状会改变,不能在工程结构中使用。但如果在铰接四边形中加一根斜杆,形成如图 11-1c 所示的铰接三角形体系,就可以保持其几何形状和位置,从而可以在工程结构中使用。

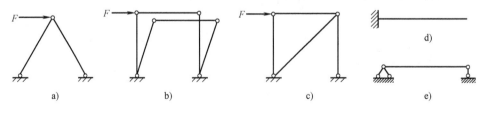

图　11-1

杆件体系按其几何稳定性可分为以下两类。

1. 几何不变体系

在不考虑材料的应变条件下,体系受力后,几何形状和位置保持不变的体系称为几何不变体系,如图 11-1a、c、d、e 所示。

2. 几何可变体系

在不考虑材料的应变条件下,体系受力后,几何形状和位置可以改变的体系称为几何可变体系,如图 11-1b 所示。

11.1.2　几何组成分析的目的

工程结构必须是几何不变体系，在设计结构和选取其计算简图时，首先必须判断它是否是几何不变的。这种判断方法称为体系的几何组成分析。

判断体系的几何组成分析可以达到以下目的：

（1）结构必须是几何不变体系，以使结构能承担荷载并保持平衡。

（2）根据几何组成情况，可确定结构是静定的还是超静定的，并针对超静定结构的构成特点，选择相应的反力与内力计算方法。

（3）通过几何组成分析，了解结构的构成和层次，从而选择结构受力分析的顺序。

11.1.3　刚片

对体系进行几何组成分析时，由于不考虑材料的应变，故可将每一根杆件视为刚体，在平面体系中又把刚体称为刚片。同理，体系中已被判明为几何不变的部分（图11-2），也可看作刚体。平面的刚体又称为刚片。

同样，在几何组成分析中，可把地基（大地）看作几何不变体系，因此地基也是一个大刚片。

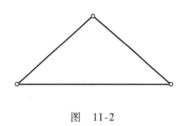

图　11-2

11.2　自由度和约束的概念

11.2.1　自由度

对平面体系进行几何组成分析时，判断一个体系是否几何不变涉及体系运动的自由度。**自由度是指该体系在运动时，确定其位置所需的独立坐标的数目。**

1. 点的自由度

如图11-3a所示，平面内一个动点 A，其位置需用两个独立坐标 x 和 y 来确定。所以，一个点在平面内有两个自由度。

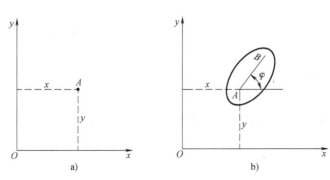

a)　　　　　　　　　　b)

图　11-3

2. 刚片的自由度

如图 11-3b 所示，一个刚片在平面内自由运动时，其位置可由其上任一点 A 的坐标 x、y 和过点 A 的任一直线 AB 的倾角 φ 来确定。所以，一个刚片在平面内有三个自由度。

由上述分析可知，如果一个体系的自由度大于零，则该体系可发生运动，位置可改变，即几何可变体系。

11.2.2 约束

能限制构件之间的相对运动，使体系自由度减少的装置称为约束。一个约束可以减少一个自由度，n 个约束就可以减少 n 个自由度。工程中常见的约束有以下几种类型。

1. 链杆

凡是刚性杆件，不论直杆或曲杆、折杆，只要杆件两端用铰链与其他杆件相连，且杆上无荷载与其他约束，都可称为链杆，如图 11-4 所示。

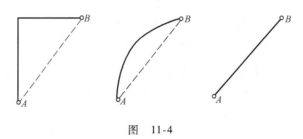

图　11-4

在图 11-5a 中，刚片 AC 上增加一根链杆 AB 约束后，刚片只能绕 A 转动，铰 A 可绕 B 点转动，原来刚片有三个自由度，现在只有两个。因此，一根链杆可使刚片减少一个自由度，相当于一个约束。

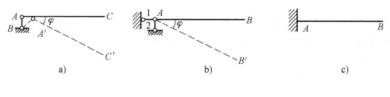

图　11-5

2. 固定铰支座

如图 11-5b 所示，固定铰支座 A 使刚片 AB 只能绕 A 转动，刚片减少了两个自由度，相当于两个约束。亦可认为 A 铰支座是由两根链杆组成的约束，所以一个固定铰支座相当于两根链杆，相当于两个约束。

3. 固定端支座

如图 11-5c 所示，固定端支座 A 约束了 AB 杆任何可能的运动，所以刚片减少了三个自由度，相当于三个约束。

4. 单铰

如图 11-6a 所示，仅连接两个刚片的铰链是单铰。原刚片 AB、AC 共有六个自由度，连接以后，减少了两个自由度（减少了沿两个独立方向移动的可能性），所以，单铰相当于两个约束。

5. 复铰

如图 11-6b 所示，同时连接两个以上刚片的铰是复铰。复铰的约束数可用折算成单铰的方法来分析。其连接过程如下：先有刚片 AB，然后以单铰将刚片 AD 连于刚片 AB，再以单铰将刚片 AC 连于刚片 AB。这样，连接 3 个刚片的复铰相当于两个单铰。推广后，可得出以下结论：连接 n 个刚片的复铰相当于 $(n-1)$ 个单铰，即相当于 $2(n-1)$ 个约束。

6. 刚性连接

如图 11-6c 所示，刚性连接的作用是使两个刚片不能有相对的移动和转动。未连接前，刚片 AB 和刚片 AC 在平面内共有六个自由度。刚性连接后，刚片 AB 仍有三个自由度，而刚片 AC 相对于刚片 AB 既无移动也不能转动。因此，刚性连接能减少三个自由度，相当于三个约束。

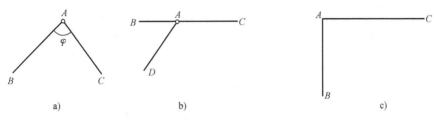

图　11-6

如果在体系中增加或减少一个约束，体系的自由度并不减少，则这种约束称为多余约束。或者说多余约束对体系的自由度没有影响。

11.2.3　实铰和虚铰

如图 11-7 所示，a 图中刚片Ⅰ、Ⅱ用铰 C 相连与 b 图中用 AC、BC 两链杆相连的效果完全相同，两链杆的交点 C 称为实铰。

对于图 11-8a 中所示刚片Ⅰ和Ⅱ用两根链杆 AD、BE 相连。以 C 表示两链杆延长线的交点，刚片Ⅰ、Ⅱ可以看作在点 C 处铰相连接。也就是说，两根链杆所起的约束作用，相当于在链杆延长线交点处的一个铰所起的约束作用，这个铰称为虚铰。应当注意的是，当刚体作微小运动后，相应的虚铰位置将随之改变，例如，图 11-8a 中由 C 改变到 C′。图 11-8b 两刚片Ⅰ、Ⅱ用两根平行链杆 AC 和 BD 相连，其虚铰 C 将在无穷远处。

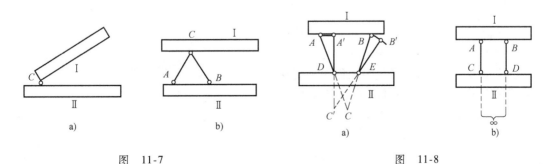

图　11-7　　　　　　　　　　　　　图　11-8

11.3　几何不变体系的基本组成规则

一个几何不变体系，如果去掉其中任何一个约束，该体系就变成几何可变体系，则该体系为无多余约束的几何不变体系。

对于无多余约束的几何不变体系的基本组成规则如下：

三刚片规则：如图 11-9a 所示，三刚片用不在同一直线上的三个铰两两相连，组成无多余约束的几何不变体系。

两刚片规则：两刚片用一个铰和一根不通过该铰的链杆相连（图 11-9b），或两刚片用既不全平行、也不全交于一点的三根链杆相连（图 11-9c），组成无多余约束的几何不变体系。

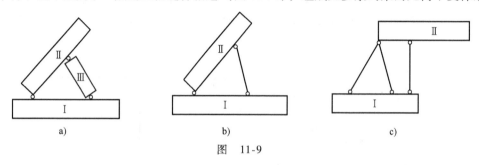

图　11-9

二元体规则：用两根不共线的链杆连接一个新结点的装置称为二元体。如图 11-10 中的 BAC 是二元体，图中刚片原有三个自由度，增加一个点 A 将增加两个自由度，而这两个自由度恰好被新增加的两根不共线的链杆约束所减去。因此，**在一个平面体系上增加（或拆除）若干个二元体，不会改变原体系的几何组成性质**，这一规则称为二元体规则。

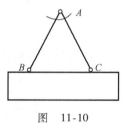

图　11-10

11.4　瞬变体系

在某一瞬间可以发生微小位移的体系称为瞬变体系。 瞬变体系是几何可变体系的一种特殊情况。如图 11-11a 所示体系与几何不变体系的构成方式相同，但三个铰在同一直线上，对限制 A 点的水平位移来说具有多余约束，而在竖向没有约束，A 点可沿竖向移动，体系是可变的。但当铰 A 发生微小移动至 A' 时，两杆不再共线，运动就将中止。

虽然瞬变体系在发生一微小相对运动后成为几何不变体系，但它不能作为工程结构使用。这是由于瞬变体系受力时会产生很大的内力而导致结构破坏。例如，在图 11-11a 所示体系中，在荷载 F 作用下，铰 A 向下发生一微小位移而到达 A' 位置。由图 11-11b 列出平衡方程：

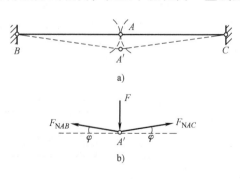

图　11-11

$$\sum F_x = 0, \quad F_{NAC}\cos\varphi - F_{NAB}\cos\varphi = 0 \tag{11-1}$$

得
$$F_{NAB} = F_{NAC} = F_N$$
$$\sum F_y = 0, 2F_N \sin\varphi - F = 0 \qquad (11\text{-}2)$$

得
$$F_N = \frac{F}{2\sin\varphi}$$

当 $\varphi \to 0$ 时，不论 F 有多小，$F_N \to \infty$，这将造成杆件破坏。

综上所述，瞬变体系不能作为建筑结构使用。

瞬变体系的基本组成规则如下：

规则一：三刚片用三个铰两两相连，且三个铰在同一直线上，体系为瞬变体系，如图 11-11a 所示。

规则二：两刚片用三根链杆相连，且三根链杆交于同一个虚铰，体系为瞬变体系，如图 11-12a 所示。

规则三：两刚片用三根平行的链杆相连，且三根链杆不等长，体系为瞬变体系，如图 11-12b 所示，若三根链杆等长，体系为几何可变体系。

规则四：三刚片各用一对平行但不等长的链杆相连，这三对平行链杆组成的铰均为无穷远虚铰，体系为瞬变体系，如图 11-12c 所示。若三对平行链杆各自等长，则体系是几何常变体系。

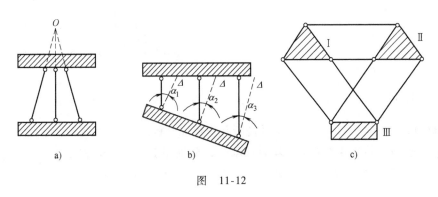

图 11-12

11.5 几何组成分析的示例

应用基本组成规则进行分析的关键是恰当地选取基础、体系中的杆件或可判别为几何不变的部分作为刚片，应用规则扩大其范围，如能扩大至整个体系，则体系为几何不变的；如不能，则应把体系简化成 2～3 个刚片，再应用规则进行分析。体系中如有二元体，则先将其逐一撤除，以使分析简化。若体系与基础是按两刚片规则连接时，则可先撤去这些支座链杆，只分析体系内部杆件的几何组成性质。下面举例加以说明。

【例 11-1】 试对图 11-13 所示多跨梁进行几何组成分析。

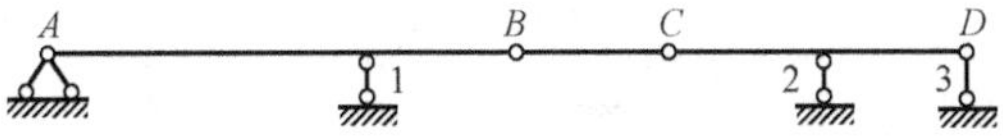

【解】 将 AB 梁段看作刚片，它用铰 A 和链杆 1 与基础相连，组成几何不变体系，

图 11-13

看作扩大基础。将 BC 梁段看作链杆，则 CD 梁段用不交于同一点的链杆 BC、2、3 和扩大基础相连组成几何不变体系，且无多余约束。

【例11-2】 试对图11-14所示体系进行几何组成分析。

【解】 节点1是二杆节点，拆去后，节点2即成为二杆节点。去掉节点2后，再去掉节点3，就得到三角形AB4。它是几何不变的，因而原体系为无多余约束的几何不变体系。也可以把节点4拆去，这样一来就剩下大地了。这说明原体系对应于大地是不动的，即几何不变体系。

【例11-3】 试对图11-15所示体系进行几何组成分析。

【解】 体系与基础用不全交于一点也不全平行的三根链杆相连，符合两刚片连接规则，先撤去这些支座链杆，只分析体系内部的几何组成。任选铰结三角形，例如*ABC*作为刚片，依次增加二元体*BDC*、*BED*、*DFE*和*EGF*，根据加减二元体规则，可见体系是几何不变的，且无多余约束。

当然，也可用依次拆除二元体的方式进行，最后剩下刚片*ABC*，同样得出该体系是无多余约束的几何不变体系。

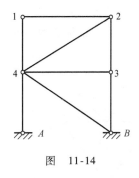

图 11-14

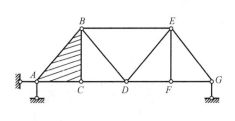

图 11-15

【例11-4】 试对图11-16所示体系进行几何组成分析。

【解】 视*EFC*、杆件*DB*和地基为三刚片，分别用链杆*DE*和*BF*、*AD*和支座链杆*B*、*AE*和支座链杆*C*两两构成的三虚铰相连，三铰不共线，故体系为几何不变，且无多余约束。

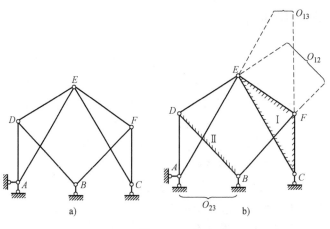

图 11-16

11.6 静定结构与超静定结构

11.6.1 静定结构

只需利用静力平衡条件就能计算结构的全部支座反力和杆件内力的结构称为静定结构，如图 11-17 所示。

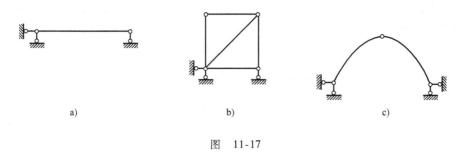

a)　　　　　　　　　　b)　　　　　　　　　　c)

图　11-17

11.6.2 超静定结构

结构的全部支座反力和杆件内力无法仅用静力平衡条件来确定，这种结构称为超静定结构，如图 11-18 所示。

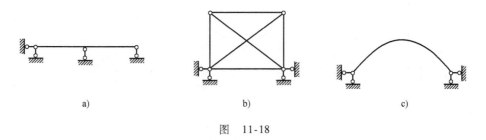

a)　　　　　　　　　　b)　　　　　　　　　　c)

图　11-18

平面杆系结构可分为静定结构和超静定结构两类，还可从分析结构的几何组成来判断结构是否静定及超静定结构的超静定次数。

11.6.3 几何组成与静定性的关系

通过几何组成规律可分析结构体系的几何特征。对于几何不变体系，同时可分析出结构是否存在多余约束。

（1）静定结构——几何不变体系，且无多余约束。

（2）超静定结构——体系几何不变，且有多余约束；多余约束的个数即为结构的超静定次数。

思　考　题

11-1　什么是几何可变体系？它包括哪几种类型？

11-2 试用二元体规则推出两刚片规则和三刚片规则。几何不变体系的三条规律遵循了什么基本原理?

11-3 什么是静定结构?什么是超静定结构?它们有什么共同点?其根本区别是什么?

11-4 为什么要对结构进行几何组成分析?

习　题

试对以下各图所示平面体系作几何组成分析,如果体系是几何不变的,确定有无多余约束,以及有多少个多余约束。

11-1

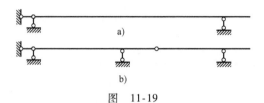

a)

b)

图　11-19

11-2

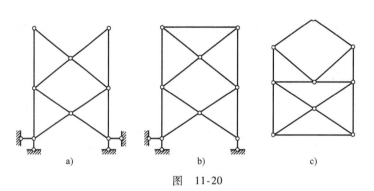

a)　　　　　　b)　　　　　　c)

图　11-20

11-3

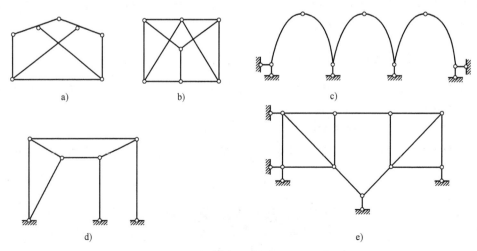

a)　　　　b)　　　　c)

d)　　　　　　e)

图　11-21

11-4

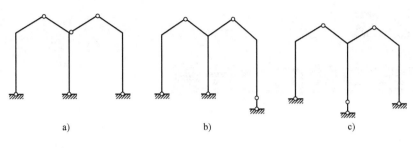

a)   b)   c)

图 11-22

11-5

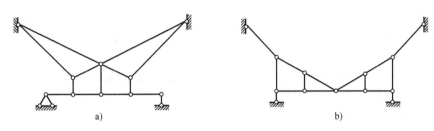

a)   b)

图 11-23

11-6

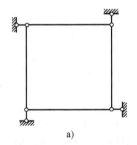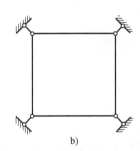

a)   b)

图 11-24

11-7

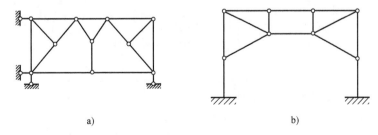

a)   b)

图 11-25

第12章
静定结构的内力计算

学习目标

- 熟练掌握多跨静定梁内力计算，及结构层叠图和内力图的绘制方法。
- 熟练掌握平面静定刚架的内力计算及内力图的绘制方法。
- 熟练掌握平面静定桁架的构造特点和内力计算方法。
- 了解静定拱结构的构造和内力特点。

在实际工程中，许多结构都可以简化为静定结构，掌握静定结构内力计算的原理和方法，对于了解各种静定结构的受力性能是很重要的。静定结构的内力计算是静定结构位移计算和超静定结构内力计算的基础。

静定结构内力分析的基本方法是截面法，利用截面法求出控制截面上的内力值，根据内力变化的规律，绘制出结构的内力图。本章结合几种典型结构如静定梁、静定刚架、静定平面桁架、静定拱和组合结构，讨论静定结构内力计算的原理、方法和内力图的绘制。

12.1 多跨静定梁

12.1.1 概述

多跨静定梁是由相互在端部铰接、水平放置的若干直杆件与大地一起构成的结构。多跨静定梁一般要跨越几个相连的跨度，它是工程中广泛使用的一种形式，最常见的有公路桥梁等（图 12-1）。

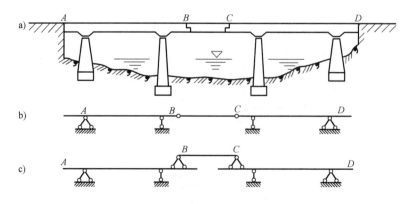

图 12-1

为了更好地分析多跨静定梁的受力特性，这里引入两个几何组成方面的概念。

（1）**基本部分**：指结构中不依赖于其他部分而独立与大地形成几何不变的部分。基本部分的受力特点是可以独立承受荷载。

（2）**附属部分**：指结构中依赖基本部分的支承才能保持几何不变的部分。附属部分的受力特点是不可以独立承受荷载。

结构中各部分之间的这种依赖、支承关系可形象地绘制成图，称为**层叠图（或层次图）**，如图 12-2 所示。从图中可以清楚地看出，多跨静定梁具有以下特征：

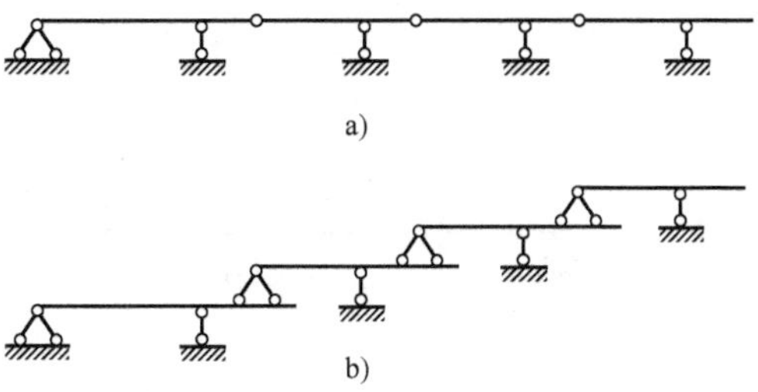

（1）组成顺序：先基本部分，后附属部分；

（2）传力顺序：先附属部分，后基本部分。

由于这种多跨静定梁的层叠图外形很像阶梯，所以一般也可称为阶梯形多跨静定梁。

图 12-2

12.1.2 多跨静定梁的内力计算与内力图的绘制

通过绘制多跨静定梁的层叠图，可以看出力在结构之间的传递路径。因为基本部分直接与基础相连，所以当荷载作用于基本部分时，仅基本部分受力，附属部分不受力；当荷载作用于附属部分时，由于附属部分与基本部分相连接，故基本部分也受力。因此，多跨静定梁的约束反力计算顺序是先计算附属部分，再计算基本部分，即从附属程度最高的部分算起，求出附属部分的约束反力后，将其反向加于基本部分即为基本部分的荷载，再计算基本部分的约束反力，如图 12-3 示。

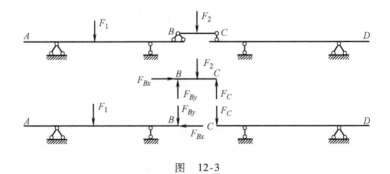

图 12-3

【例 12-1】 试绘制图 12-4 所示多跨静定梁的弯矩图和剪力图。

【解】

（1）作层次图。画出梁的层次图如图 12-4b 所示。层次图把多跨静定梁拆成 EF、CE、AC 三个单跨梁（图 12-4c）。

（2）计算支座反力。从层次图中最高的部分开始，按照从高到低的顺序计算，即先计算梁 EF，然后计算梁 CE，最后计算梁 AC。

EF 梁：利用对称性，得出 $F_{Ey} = F_{Fy} = 20\text{kN}$

CE 梁：$\sum M_D = 0$，$-4F_{Cy} - F_{Ey} \times 1 + 20 \times 20 = 0$，$F_{Cy} = 5\text{kN}$（↑）

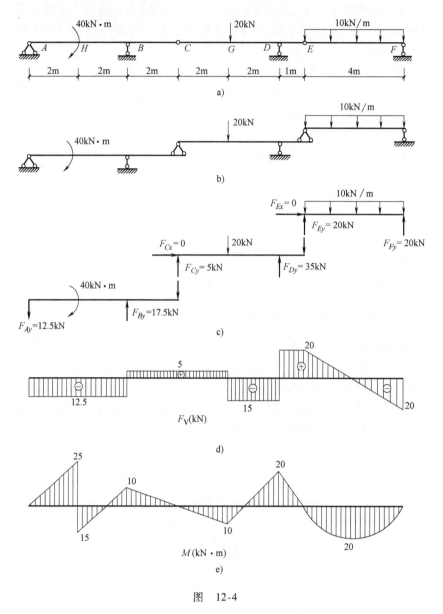

图　12-4

$\sum F_y = 0,\quad F_{Cy} + F_{Dy} - F_{Ey} - 20 = 0,\quad F_{Dy} = 35\text{kN}\ (\uparrow)$

AC 梁：$\sum M_B = 0,\quad 4F_{Ay} - 2F_{Cy} - 40 = 0,\quad F_{Ay} = 12.5\text{kN}\ (\downarrow)$

$\sum F_y = 0,\quad -F_{Ay} + F_{By} - F_{Cy} = 0,\quad F_{By} = 17.5\text{kN}\ (\uparrow)$

（3）分别计算每根梁的内力，并根据微分关系绘制内力图。方法如下：每段梁的计算与材料力学中单跨梁的计算方法相同，所以首先分别绘出各段梁的剪力图和弯矩图，然后把它们画在同一水平线上，并连接起来，便得多跨静定梁的内力图，如图 12-4d、e 所示。

EF 梁：$F_{VEF} = 20\text{kN},\quad F_{VFE} = -20\text{kN}$

$M_{EF} = 0\qquad M_{FE} = 0$

$M_{\max} = \dfrac{1}{8}ql^2 = \dfrac{1}{8} \times 10 \times 4^2\,\text{kN} \cdot \text{m} = 20\text{kN} \cdot \text{m}$

由于受到均布荷载，此段剪力图呈斜线变化，弯矩图呈曲线变化。

CE 梁：分为 DE、DG、CG 三段。

DE 段：$F_{VED} = 20kN$

$M_{ED} = 0$ $M_{DE} = -20 \times 1 = kN \cdot m = -20kN \cdot m$

CG 段：$F_{VCG} = 5kN$

$M_{CG} = 0$ $M_{GC} = 5 \times 2kN \cdot m = 10kN \cdot m$

DG 段：$F_{VGD} = (5 - 20) kN = -15kN$

由于 G、D 两点只是弯矩图的折点，所以不需要再计算 M_{GD} 和 M_{DG}。DE、DG、CG 三段剪力图呈平行于基线变化，弯矩图呈斜线变化。

AC 梁：分为 AH、HB、BC 三段。

BC 段：$F_{VCD} = 5kN$

$M_{CB} = 0$ $M_{BC} = -5 \times 2kN \cdot m = -10kN \cdot m$

AH 段：$F_{VAH} = -12.5kN$

$M_{AH} = 0$ $M_{HA} = -12.5 \times 2kN \cdot m = -25kN \cdot m$

HB 段：由于只有外力偶作用，外力偶的作用点对剪力图无任何影响，此段剪力图与 AH 段相同。

$M_{HB} = (40 - 25)kN \cdot m = 15kN \cdot m$

由于 B 点只是弯矩图的折点，所以不需要再计算 M_{BH}。

AH、HB、BC 三段剪力图呈平行于基线变化，弯矩图呈斜线变化。

【例 12-2】 图 12-5 为多跨静定梁，试计算其反力和内力，并绘制弯矩图和剪力图。

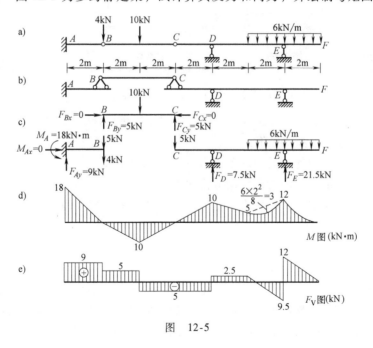

图 12-5

【解】

（1）绘层叠图。梁 AB 固定在基础上，是基本部分，梁 CF 也是基本部分。梁 BC 为附属部分。绘出多跨静定梁的层叠图如图 12-5b 所示。

（2）求反力。从层叠图可以看出，整个多跨静定梁由三个层次构成。先计算梁 *BC* 段，求出反力后反加于梁 *AB*、*CF* 段。如图 12-5c 所示。

（3）绘制内力图。求出各段梁的约束反力后，可以分别绘出各段梁的内力图。此处将其计算和绘图过程略去。再将各段梁的内力图连接在一起就是所求多跨静定梁的内力图，如图 12-5d、e 所示。

12.2　静定平面刚架

12.2.1　概述

刚架一般指由若干横杆、竖杆或斜杆构成的具有刚接点的结构形式。刚架的杆件多是以弯曲变形为主的梁式杆。刚架按支座形式和几何构造特点可分为悬臂刚架、简支刚架、三铰刚架和复合刚架等（图 12-6）。

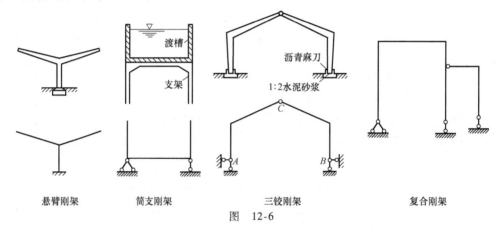

渡槽

支架

沥青麻刀

1:2水泥砂浆

C

A　　　　　*B*

悬臂刚架　　　　**简支刚架**　　　　　**三铰刚架**　　　　　**复合刚架**

图　12-6

前三类刚架体系的组成规则简单，因此可统称为简单刚架；而最后一类复合刚架，其体系的组成规则就显得复杂一些，所以，简单刚架的分析是复合刚架分析的基础。

静定刚架的计算分析步骤如下：

（1）计算支座反力或连接处的约束反力（悬臂刚架除外）。

（2）计算各杆杆端截面内力和控制截面内力。

（3）利用内力变化规律，画内力图（轴力图、剪力图、弯矩图）。

（4）校核。

12.2.2　内力计算

在平面刚架中，每根杆件的杆端一般都作为内力的控制截面。刚架的内力正负号规定与梁相同。但为了区分，一般将汇交于同一结点的不同杆端的内力，用内力符号加两个下标（杆件两端结点编号）表示，如用 M_{BA} 表示刚架中 *AB* 杆在 *B* 端的弯矩。求得各杆的端部内力，就可以分别围绕各杆件作内力图。

在刚架的内力计算中，剪力和轴力正负号的规定与梁相同，剪力图和轴力图可绘在杆件的任一侧，但必须注明正负号。弯矩通常规定使刚架内侧受拉者为正（若不便于分内外侧时，可假设任一侧受拉为正），弯矩图绘在杆件受拉边而不标注正负号，区段叠加法在绘制弯矩图时依然适用。

【例 12-3】 试作图 12-7a 所示刚架的内力图。

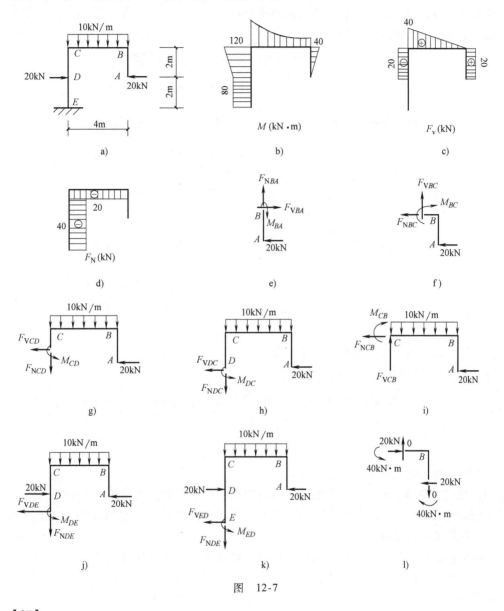

图 12-7

【解】

（1）计算支座反力。对于悬臂刚架，可以不计算支座反力，直接从刚架的自由端开始计算各控制截面的内力，并绘出内力图。

（2）分段。分为 *AB*、*BC*、*CD*、*DE* 四段。

（3）计算各杆控制截面的内力值，并绘制内力图。

AB 杆：取隔离体如图 12-7e 所示。

$$M_{AB} = 0$$

$$M_{BA} = -20 \times 2 \text{kN} \cdot \text{m} = -40 \text{kN} \cdot \text{m} (右侧受拉)$$

$$F_{VAB} = F_{VBA} = 20 \text{kN}$$

$$F_{NAB} = F_{NBA} = 0$$

剪力图、轴力图平行于基线，弯矩图是条斜线。

BC 杆：取隔离体如图 12-7f、i 所示。

$$M_{BC} = -20 \times 2 \text{kN} \cdot \text{m} = -40 \text{kN} \cdot \text{m} (上侧受拉)$$

$$M_{CB} = \left(-20 \times 2 - \frac{1}{2} \times 10 \times 4^2 \right) \text{kN} \cdot \text{m} = -120 \text{kN} \cdot \text{m} (上侧受拉)$$

$$M_{BC}^{中} = \left(\frac{-40-120}{2} + \frac{1}{8} \times 10 \times 4^2 \right) \text{kN} \cdot \text{m} = -60 \text{kN} \cdot \text{m} (上侧受拉)$$

$$F_{VBC} = 0 \quad F_{VCB} = 10 \times 4 \text{kN} = 40 \text{kN}$$

$$F_{NBC} = -20 \text{kN}$$

轴力图平行于基线，剪力图是条斜线，弯矩图是条曲线。

CD 杆：取隔离体如图 12-7g、h 所示。

$$M_{CD} = \left(20 \times 2 + \frac{1}{2} \times 10 \times 4^2 \right) \text{kN} \cdot \text{m} = 120 \text{kN} \cdot \text{m} (左侧受拉)$$

$$M_{DC} = \left(20 \times 0 + \frac{1}{2} \times 10 \times 4^2 \right) \text{kN} \cdot \text{m} = 80 \text{kN} \cdot \text{m} (左侧受拉)$$

$$F_{VCD} = F_{VDC} = -20 \text{kN}$$

$$F_{NCD} = -40 \text{kN}$$

剪力图、轴力图平行于基线，弯矩图是条斜线。

DE 杆：取隔离体如图 12-7j、k 所示。

$$M_{ED} = \left(-20 \times 2 + 20 \times 2 + \frac{1}{2} \times 10 \times 4^2 \right) \text{kN} \cdot \text{m} = 80 \text{kN} \cdot \text{m} (左侧受拉)$$

$$F_{VED} = 0$$

$$F_{NED} = -40 \text{kN}$$

剪力图、轴力图及弯矩图平行于基线。

（4）校核。取 B、C 两结点为隔离体进行弯矩、剪力及轴力的校核。B 结点的受力图如图 12-7l 所示，可见弯矩、剪力及轴力均满足平衡条件。C 结点的受力图请读者自行绘出，并校核是否满足平衡条件。

值得注意的是，从图 12-7b 所示弯矩图中，可以找到刚结点具有如下特点：即两根杆件汇交的刚结点，若结点上无外力偶作用，则交于该刚结点的两杆端弯矩大小相等，并且使结点的内侧或外侧受拉，所以弯矩图总是画在结点同一侧（内侧或外侧）。事实上，由于刚结点总是处于平衡状态，可根据结点上力矩和等于零证明这是一个普遍规律。因此，在汇交于刚结点的两根杆件中，若有一根杆件在该端的杆端弯矩已经计算出结果，常常可以利用上述刚结点的特点，直接画出另一杆件在该端的弯矩图，而不需另作计算。

【例 12-4】 试作图 12-8a 所示刚架的内力图。

【解】

由刚架整体平衡，计算支座反力。

$$\sum F_x = 0, F_{Bx} = 30 \text{kN} (\leftarrow)$$

$$\sum M_A = 0, F_{By} = 80\text{kN}(\uparrow)$$
$$\sum F_y = 0, F_{Ay} = 40\text{kN}(\uparrow)$$

求出支座反力后，即可方便地作出体系的弯矩图（图12-8b）、剪力图（图12-8c）、轴力图（图12-8d）。

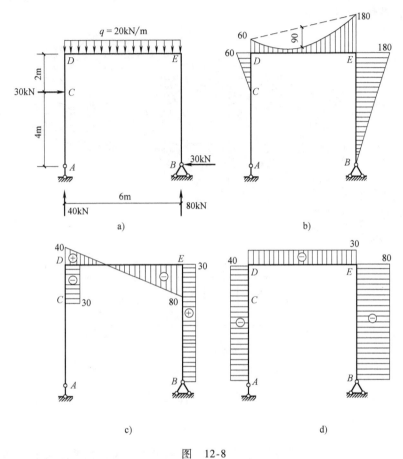

图 12-8

a）受力图 b）弯矩图（kN·m） c）剪力图（kN） d）轴力图（kN）

注意：弯矩图应画在受拉的一侧，剪力图和轴力图要标上正负号。

12.3 静定平面桁架

12.3.1 桁架的特点及分类

梁和刚架都是以承受弯矩为主的结构，横截面上的应力分布不均匀，杆件材料不能得到充分的利用，而且会增加结构的自重。而桁架则弥补了上述结构的不足。**桁架是由直杆组成，全部由铰结点连接而成的结构**。各杆主要承受轴力，截面上应力分布均匀，故材料可充分发挥作用。因此桁架比梁能节省材料，减轻自重，在大跨度的屋架、桥梁等结构中得到广泛应用。

为了便于计算，通常对实际平面桁架的计算简图作如下假设：

（1）桁架的结点都是光滑的理想铰结点。

（2）各杆的轴线都是直线，在同一平面内，且通过铰的中心。

（3）荷载和支座的反力都作用在结点上，并且位于桁架的平面内。

符合上述假设的桁架称为**理想桁架**，理想桁架中各杆的内力只有轴力。而工程实际中的桁架与理想桁架有一定的差别。

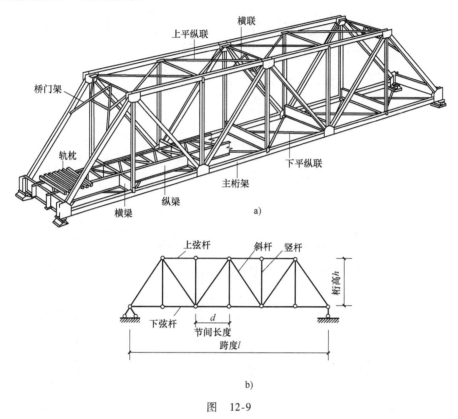

图　12-9

例如图 12-9a 所示的钢桁架桥是由两片主桁架和连接系及桥面系组成的空间结构，在考虑竖向荷载作用下计算主桁架的受力特性时，为简化起见，可不考虑整个体系的空间作用，而认为纵梁是支承在横梁上的简支梁，横梁又是支承在主桁架结点上的简支梁，于是可按杠杆原理将荷载分配于两片主桁架，同时认为在竖向荷载作用下连接系只起连接作用而不承受力。这样，每片主桁架便可作为彼此独立的平面桁架来计算，进而得到了图 12-9b 所示的平面计算简图。显然，图 12-9a 所示的钢桁架中，各杆是通过焊接、铆接而连接在一起的，结点具有很大的刚性，不完全符合理想铰的情况。此外，各杆的轴线不可能绝对平直并且准确地交于一点，荷载也不可能绝对地作用在结点上。因此，实际桁架中的各杆不可能只承受轴力。通常把按理想桁架算得的内力称为**主内力（轴力）**，而把上述原因产生的附加内力称为**次内力（弯矩、剪力）**。理论分析和试验及实际量测的结果表明，一般情况下次内力的影响很小，可以忽略不计，本书仅讨论主内力的计算。

桁架的杆件，根据其所在位置不同，可分为弦杆和腹杆两类。弦杆又分为上弦杆和下弦杆，腹杆又分为斜杆和竖杆，如图 12-9b 所示。

根据桁架的外形，可将其分为平行弦桁架、三角形桁架、抛物线桁架和梯形桁架，如图

12-10a、b、c、d 所示。

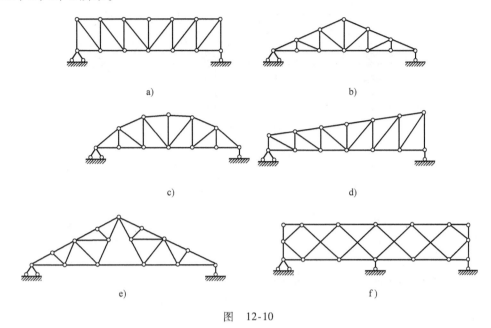

图　12-10

按几何组成规律可将桁架分为以下类型：

（1）**简单桁架**：由基础或基本铰结三角形开始，依次增加二元体而形成的桁架，如图12-10a、b、c、d 所示。

（2）**联合桁架**：若干个简单桁架按几何不变体系组成规则铰结而成的桁架，如图12-10e所示。

（3）**复杂桁架**：不属于以上两类的静定桁架，如图 12-10f 所示。

12.3.2　结点法计算内力

为了求得桁架中各杆的内力，可以截取桁架的一部分为隔离体，由隔离体的平衡条件来计算所求内力。若所取隔离体只包含一个结点，就称为**结点法**；若所取隔离体不止包含一个结点，则称为**截面法**。本节先讨论结点法的运用。

一般来讲，大多数桁架的内力和反力都可以由结点法求出。原因是作用于任一结点的各种力（包括荷载、反力及杆件内力）会形成一个平面汇交力系，故每一结点都可以列出两个平衡方程，则从未知力不多于两个的节点开始求解，就可以利用结点法依次求得桁架的全部内力和反力。

很多简单桁架是从一个基本铰结三角形开始，依次增加二元体所组成的，其最后一个结点只包含两根杆件，对于这类桁架，在利用整体的受力分析图求出支座反力后，可按与几何组成相反的顺序，从最后的结点开始，依次倒算回去，便能顺利地用结点法求出所有杆件的内力。

【**例 12-5**】　求图 12-11 所示桁架中杆的内力。

【**解**】

（1）计算支座反力。$\sum M_5 = 0$，

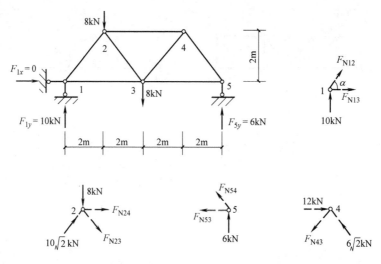

图 12-11

$-8F_{1y} + 8 \times 6\text{kN} \cdot \text{m} + 8 \times 4\text{kN} \cdot \text{m} = 0, \ F_{1y} = 10\text{kN}$

$\sum F_y = 0, \ F_{1y} + F_{5y} - 8\text{kN} - 8\text{kN} = 0, \ F_{5y} = 6\text{kN}$

$\sum F_x = 0, \ F_{1x} = 0$

（2）计算各杆内力。先从两个不共线的杆件组成的结点开始计算，接下来依次所取的结点上的未知数不得超过两个。在受力图中，已知的力标明实际方向及大小，未知的力假设受拉。根据图可知 $\alpha = 45°$。

结点 1： $\sum F_y = 0, \ \dfrac{1}{\sqrt{2}}F_{N12} + 10 = 0$

$$F_{N12} = -10\sqrt{2}\text{kN （压力）}$$

$\sum F_x = 0, \ F_{N13} + \dfrac{1}{\sqrt{2}}F_{N12} = 0$

$$F_{N13} = -\dfrac{1}{\sqrt{2}} \times (-10\sqrt{2})\text{kN} = 10\text{kN （拉力）}$$

结点 2： $\sum F_y = 0, \ -\dfrac{1}{\sqrt{2}}F_{N23} + 10\sqrt{2} \times \dfrac{1}{\sqrt{2}} - 8 = 0$

$$F_{N23} = 2\sqrt{2}\text{kN （拉力）}$$

$\sum F_x = 0, \ \dfrac{1}{\sqrt{2}}F_{N23} + 10\sqrt{2} \times \dfrac{1}{\sqrt{2}} + F_{N24} = 0$

$$F_{N24} = -12\text{kN （压力）}$$

结点 3： $\sum F_y = 0, \ \dfrac{1}{\sqrt{2}}F_{N54} + 6 = 0$

$$F_{N54} = -6\sqrt{2}\text{kN （压力）}$$

$\sum F_x = 0, \ -F_{N53} - \dfrac{1}{\sqrt{2}}F_{N54} = 0$

$$F_{N54} = 6\text{kN （拉力）}$$

结点 4：$\sum F_x = 0$，$-\dfrac{1}{\sqrt{2}}F_{N43} - 6\sqrt{2} \times \dfrac{1}{\sqrt{2}} + 12 = 0$

$$F_{N43} = 6\sqrt{2}\text{kN （拉力）}$$

注意：在桁架内力计算中，一般先假定各杆的轴力为拉力，若计算的结果为负值，则该杆的轴力为压力。此外，为避免求解联立方程，应恰当地选取矩心和投影轴，尽可能使一个平衡方程中只包含一个未知力。

桁架中有时会出现轴力为零的杆件，称为**零杆**。在计算内力之前，如果能找出零杆，将会使计算得到简化。通常在下列几种情况时会出现零杆：

（1）在不共线的两杆结点上，若无外荷载作用，则两杆均为零杆（图 12-12a）。

（2）在不共线的两杆结点上，若荷载沿其中一杆作用，则另一杆为零杆（图 12-12b）。

（3）三杆结点无外荷载作用时，如其中两杆在一条直线上，则共线的两杆互为等力杆，而第三杆为零杆（图 12-12c）。

（4）四杆结点无外荷载作用时，如其中两杆在一条直线上，另外两杆在另一条直线上，则同一直线上的两杆互为等力杆（图 12-12d）。

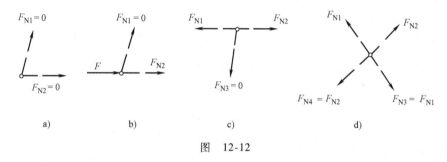

图 12-12

应用以上结论，不难判断图 12-13 及图 12-14 桁架中虚线所示各杆皆为零杆。于是，剩下的计算工作便大为简化。

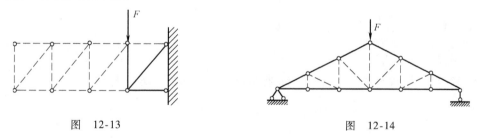

图 12-13　　　　　　　　　　　　　　　　图 12-14

12.3.3 截面法计算内力

有些情况下，不方便用结点法求解，需要引入另一种常用的求解桁架内力的方法——**截面法**。

截面法是用一个截面将桁架分为两部分，然后任取一部分为隔离体（隔离体一般包含一个以上的结点），根据平衡条件来计算所截杆件的内力。通常作用在隔离体上的各种力会形成平面一般力系，故可建立三个平衡方程。因此，若隔离体上的未知力不超过三个，则一般可将它们全部求出。为了避免联立求解，应注意选择适宜的平衡方程。

【例 12-6】 用截面法计算图 12-15a 所示桁架的 DE、DF、CF 三杆的内力。

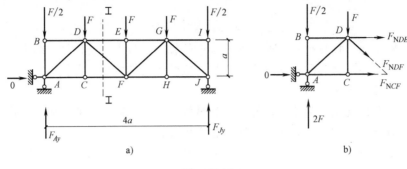

图　12-15

【解】

（1）计算支座反力。由于桁架和荷载都是对称的，相应的支座反力也是对的。$F_{Ay} = F_{Jy} = 2F$。

（2）计算杆的内力。用截面 Ⅰ—Ⅰ 将 DE、DF、CF 三杆截断，取左半部分桁架为隔离体，如图 12-15b 所示。

首先取 DF 和 CF 二杆的交点 F 为矩心，建立力矩平衡方程，计算 DE 杆内力 F_{NDE}。

$$\sum M_F = 0, \quad -aF_{NDE} - 2F \cdot 2a + \frac{F}{2} \cdot 2a + Fa = 0$$

得 $F_{NDE} = -2F$（压力）

其次，取 DF 和 DE 二杆的交点 D 为矩心，计算 CF 杆的内力 F_{NCF}。

$$\sum M_D = 0, \quad aF_{NCF} - 2Fa + \frac{F}{2} \cdot a = 0$$

得 $F_{NCF} = 1.5F$（拉力）

最后，取 y 轴为投影轴，计算 DF 杆内力 F_{NDF}。

$$\sum F_y = 0, \quad -F_{NDF} \frac{1}{\sqrt{2}} - F - \frac{F}{2} + 2F = 0$$

得 $F_{NDF} = 0.71F$（拉力）

【例 12-7】 用截面法计算图 12-16a 所示桁架 CE、CF、DF 三杆的内力。

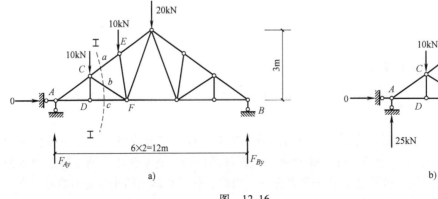

图　12-16

【解】

（1）计算支座反力。$\sum M_B = 0$，

$-12F_{Ay} + 10 \times 10 + 8 \times 10 + 6 \times 20 = 0$，得 $F_{Ay} = 25\text{kN}$

（2）计算杆件的内力。用 Ⅰ—Ⅰ 截面将 a、b、c 三杆截断，取左半部分桁架为隔离体，如图 12-16b 所示。

首先取 C 为矩心，计算 c 杆内力。

$\sum M_C = 0$，$1 \times F_{Nc} - 25 \times 2 = 0$

得 $F_{Nc} = 50\text{kN}$（拉力）

其次，取 F 为矩心，计算 a 杆内力。

由 $\sum M_F = 0$，$-F_{Na} \times \dfrac{1}{\sqrt{5}} \times 2 - F_{Na} \times \dfrac{2}{\sqrt{5}} \times 1 - 25 \times 4 + 10 \times 2 = 0$

得 $F_{Na} = -44.72\text{kN}$（压力）

最后，取 CE 与 DF 两杆延长线的交点 A 为矩心，计算 b 杆内力。

$\sum M_A = 0$，$-F_{Nb} \times \dfrac{1}{\sqrt{5}} \times 2 - F_{Nb} \times \dfrac{2}{\sqrt{5}} \times 1 - 10 \times 2 = 0$

得 $F_{Nb} = -11.18\text{kN}$（压力）

如前所述，用截面法计算桁架内力时，每次截断的杆件数目（或未知数数目）不得超过三个，这时由一个隔离体可算出全部内力。

由上述计算可知，应用截面法计算桁架内力时，为了避免解联立方程，应该考虑使用以下方法：

（1）适当选择矩心，使计算简化。一般以两个未知力的交点或未知力延长线的交点为矩心建立力矩平衡方程，使一个方程解一个未知数。

（2）适当选择投影轴，使计算简化。若大多数未知力与某轴平行，可选择与该轴垂直的另一轴为投影轴，建立力的投影平衡方程，使一个方程解一个未知数。

12.4　静定拱

12.4.1　基本概念

1. 拱的概念

拱的轴线一般是曲线形状，实体拱指由充满密实材料的杆构成的拱。拱的受力特征是在竖向荷载作用下可产生水平支座反力（水平推力）。具有这类受力特征的结构称为有推力结构。在竖向荷载作用下是否会产生水平推力是区别拱式结构与梁式结构的一个重要特征。

如图 12-17 所示的结构，轴线为曲线，其水平推力不为零，是一个拱式结构。

拱式结构与梁式结构的区别，不仅在于外形的不同，根本区别在于在竖向荷载作用下有无水平推力的存在。而图 12-18 所示结构，虽然杆轴线仍是曲线，但在竖向荷载作用下不产生水平推力，故属于**曲梁**，而非拱式结构。

2. 拱的分类

按具有的铰的数量分类：三铰拱、两铰拱、无铰拱，如图 12-19a、b、c 所示。

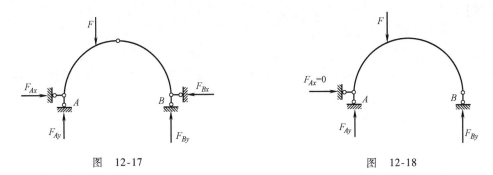

图　12-17　　　　　　　　　　　图　12-18

按几何组成（或计算方法）分类：（1）静定拱：三铰拱、带拉杆三铰拱；（2）超静定拱：两铰拱、无铰拱。

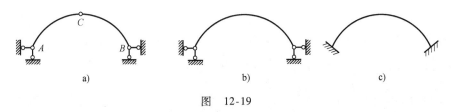

a)　　　　　　　　　　b)　　　　　　　　　c)

图　12-19

如图 12-20 所示，拱身各截面形心的连线称为**拱轴线**。拱的两端支座处称为拱趾。两拱趾间的水平距离称为拱的**跨度**。两拱趾的连线称为起拱线。拱轴上距起拱线最远的一点称为**拱顶**，三铰拱通常在拱顶处设置铰。拱顶至起拱线之间的竖直距离称为**拱高**。拱高与跨度之比 f/l 称为**高跨比**。两拱趾在同一水平线上的拱称为**平拱**，不在同一水平线上的拱称为**斜拱**。

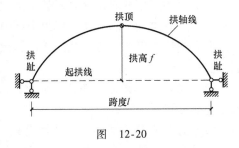

图　12-20

12.4.2　在竖向荷载作用下的支座反力和内力的计算

现以图 12-21a 所示三铰拱为例来说明拱的支座反力和内力计算过程。该拱的两支座在用一水平线上，且只承受竖向荷载。

1. 三铰拱的支座反力

三铰拱的支座反力和三铰刚架支座反力的计算方法完全相同，即以其中两个铰分别建立力矩平衡方程，集中计算剩下一个铰的两个约束力。

以图 12-21 所示结构为例，首先取拱整体为隔离体。

由平衡方程 $\sum M_B = 0$，得

$$F_{AV} = \frac{1}{l}(F_1 b_1 + F_2 b_2)$$

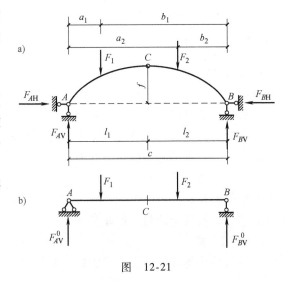

图　12-21

由平衡方程 $\sum M_A = 0$，得

$$F_{BV} = \frac{1}{l}(F_1 a_1 + F_2 a_2)$$

由平衡方程 $\sum F_x = 0$，得

$$F_{AH} = F_{BH} = F_H$$

再取左半个拱为隔离体，由平衡方程 $\sum M_C = 0$，得

$$F_{AV} l_1 - F_1 (l_1 - a_1) - F_H f = 0$$

解得

$$F_H = \frac{F_{AV} l_1 - F_1(l_1 - a_1)}{f}$$

比较以上各式，可得三铰拱的支座反力与相应简支梁的支座反力之间的关系为

$$F_{AV} = F_{AV}^0 \left.\vphantom{\frac{M_C^0}{f}}\right\}$$
$$F_{BV} = F_{BV}^0$$
$$F_H = \frac{M_C^0}{f}$$

上式中，M_C^0 为相应的简支梁对应的截面弯矩。

由上述关系式的第三式分析，在拱上作用的荷载和拱的跨度不变的条件下，M_C^0 是一个常数，F_H 与 f 得出，拱的推力 F_H 与它的高跨比 f/l 有关，即高跨比 f/l 越小（越大），则水平推力 F_H 越大（越小）。

2. 内力计算

拱的任一截面上一般有三个内力（M，F_V，F_N），内力计算的基本方法仍是截面法。与直杆件不同的是，拱轴为曲线时，不同截面的法线角度是不断改变的，因此，截面上内力（F_V，F_N）的方向也相应改变。

求出反力后，用截面法即可求出拱上任一横截面的内力。任一横截面 K 的位置可由其形心的坐标（x，y）和该处拱轴切线的倾角 φ 确定（图12-12a）。在拱中，通常规定弯矩以使拱内侧受拉者为正。由图 12-12b 所示的隔离体可求得截面 K 的弯矩为

$$M = [F_{AV} x - F_1 (x - a_1)] - F_H$$

由于 $F_{AV} = F_{AV}^0$，可见式中方括号内之值即为相应简支梁（图12-22c）截面 K 的弯矩 M^0，故上式可写为

$$M = M_0 - F_H y$$

即拱内任一截面的弯矩 M 等于相应简支梁对应截面的弯矩 M_0 减去推力所引起的弯矩 $F_H y$。可见，由于推力的存在，拱的弯矩比梁的小。

剪力以绕隔离体顺时针转动为正，反之为负。任一截面 K 的剪力 F_V 等于该截面一侧所有外力在该截面方向上的投影代数和，由图12-22b 可得

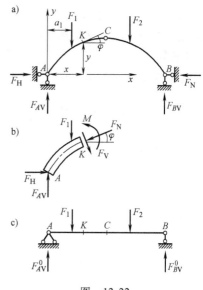

图　12-22

$$\begin{aligned} F_{\mathrm{V}} &= F_{A\mathrm{V}}\cos\varphi - F_1\cos\varphi - F_{\mathrm{H}}\sin\varphi \\ &= (F_{A\mathrm{V}} - F_1)\cos\varphi_1 - F_{\mathrm{H}}\sin\varphi \\ &= F_{\mathrm{V}}^0\cos\varphi - F_{\mathrm{H}}\sin\varphi \end{aligned}$$

式中，$F_{\mathrm{V}}^0 = F_{AB} - F_1$，为相应简支梁截面 K 的剪力，φ 的符号在图示坐标系中左半拱取正，右半拱取负。

因拱常受压，故规定轴力以压力为正。任一截面 K 的轴力等于该截面一侧所有外力在该截面法线方向上的投影代数和，由图 12-22b 有

$$\begin{aligned} F_{\mathrm{N}} &= (F_{A\mathrm{V}} - F_1)\sin\varphi + F_{\mathrm{H}}\cos\varphi \\ &= F_{\mathrm{N}}^0\sin\varphi - F_{\mathrm{H}}\cos\varphi \end{aligned}$$

综上所述，三铰拱的内力值不但与荷载及三个铰的位置有关，而且与各铰间拱轴线的形状有关。

12.4.3 三铰拱的合理拱轴线

由前可知，当给定荷载及三个铰的位置时，就可确定三铰拱的反力，而与各铰间拱轴线形状无关；三铰拱的内力则与拱轴线形状有关。当拱上所有截面的弯矩都等于零（可以证明，从而剪力也为零）而只有轴力时，截面上的正应力是均匀分布的，能最充分地利用材料。单从力学观点看，这是最经济的，故称这时的拱轴线为**合理拱轴线**。

合理拱轴线可根据弯矩为零的条件来确定。在竖向荷载（含力偶）作用下，合理拱轴方程为

$$y(x) = \frac{M^0(x)}{F_{\mathrm{H}}} \tag{12-1}$$

式中，M^0（x）为简支梁的弯矩方程。

【例 12-8】 试求图 12-23a 所示对称三铰拱在均布荷载 q 作用下的合理拱轴线。

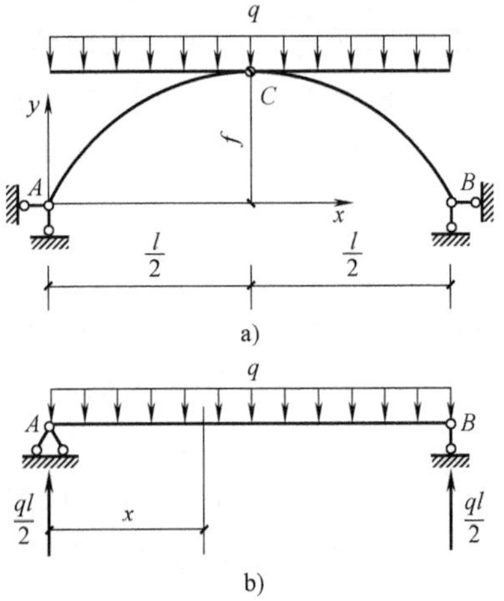

图 12-23

【解】

相应简支梁的弯矩方程为

$$M^0(x) = \frac{qlx}{2} - \frac{qx^2}{2} = \frac{1}{2}qx(q - x)$$

求得推力为

$$F_{\mathrm{H}} = \frac{M_C^0}{f} = \frac{ql^2}{8f}$$

于是可得

$$y(x) = \frac{M^0(x)}{F_{\mathrm{H}}} = \frac{4f}{l^2}x(l - x)$$

可见，在竖向荷载作用下三铰拱的合理拱轴线是抛物线。

12.5　静定组合结构

12.5.1　组合结构的组成

组合结构是指由链杆和受弯杆件混合而成的结构，其中链杆（两铰直杆且杆身上无荷载作用者）只受轴力（又称二力杆），受弯杆件则同时还受有弯矩和剪力。用截面法分析组合结构的内力时，为了使隔离体上的未知力不致过多，宜尽量避免截断受弯杆件，如图 12-24 所示。

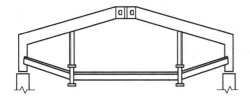

图　12-24

12.5.2　组合结构的计算方法

组合结构的计算方法如下：

（1）先求出二力杆的内力。

（2）将二力杆的内力作用于梁式杆上，再求梁式杆的内力。

【**例 12-9**】　计算图 12-25 所示组合结构的内力。

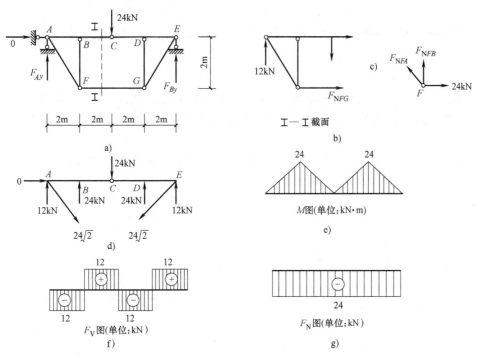

图　12-25

【解】

此组合结构中，AF、BF、FG、GD、GE 杆件为二力杆，AC、CE 为梁式杆。因为此结构是对称结构，支座反力和内力也是对称的，故只需计算出一半结构上的内力即可。

（1）计算支座反力。

由于是对称结构，所以 $F_{Ay} = F_{By} = 12\text{kN}$，$F_{Ax} = 0$。

（2）计算二力杆的轴力。

以 Ⅰ—Ⅰ 截面从 C 处截断结构，取左半部分为隔离体（图 12-25b）：

$\sum M_C = 0$，$2F_{NFG} - 12 \times 4 = 0$，$F_{NFG} = 24\text{kN}$

取结点 F 为隔离体（图 12-25c）

$\sum F_x = 0$，$F_{NFA}\sin45° - 24 = 0$，$F_{NFA} = 24\sqrt{2}\text{kN}$

$\sum F_y = 0$，$F_{NFA}\cos45° + F_{NFB} = 0$，$F_{NFB} = -24\text{kN}$

（3）计算梁式杆的内力，并绘制内力图。隔离体如图 12-25d 所示。

控制截面的内力如下：$M_{AB} = 0$，$M_{BA} = M_{BC} = -24\text{kN} \cdot \text{m}$，$M_{CB} = 0$。

弯矩图全为斜线。

$F_{VAB} = 12 - 24\sqrt{2}\sin45° = -12\text{kN}$，$F_{VCB} = 12\text{kN}$

剪力图均平行于基线变化。

$F_{NAB} = -24\sqrt{2}\cos45° = -24\text{kN}$

各二力杆的轴力是一个常数。

绘制弯矩图、剪力图、轴力图如图 12-25e、f、g 所示。

12.6　静定结构的特性

静定结构包括静定梁、静定刚架、静定桁架、静定组合结构和三铰拱等，虽然这些结构形式各异，但具有共同的特性。主要有以下几点。

（1）**静力解答的唯一性**。前已述及，超静定结构的内力，仅满足平衡条件，可以有无限多组解答。静定结构的全部反力和内力可由平衡条件确定，在任何给定荷载下，满足平衡条件的反力和内力的解答只有一种，而且是有限的数值。这就是静定结构静力解答的唯一性。

（2）静定结构只在荷载作用下产生内力，其他因素作用时（如支座位移、温度变化、制造误差等），只引起位移和变形，不产生内力。

如图 12-26 所示悬臂梁，若其上、下侧温度分别升高 t_1 和 t_2（设 $t_1 > t_2$），则变形即产生伸长和弯曲（如图中虚线所示）。但因没有荷载作用，由平衡条件可知，梁的反力和内力均为零。又如图 12-27 所示简支梁，其支座 B 发生了沉陷，因而梁随之产生位移（如图中虚线所示）。同样，由于荷载为零，其反力及也均为零。

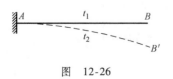

图　12-26

图　12-27

（3）在荷载作用下，如果仅靠静定结构的某一局部就可以与荷载维持平衡，则只有这部分受力，其余部分不受力。

（4）当静定结构的一个内部几何不变部分上的荷载进行等效变换时，其余部分的内力不变。

（5）当静定结构的一个内部几何不变部分构造变换时，其余部分的内力不变。

思 考 题

12-1　刚架的刚结点处内力图有什么特点？

12-2　为什么计算桁架前要判断零杆？

12-3　比较拱和梁的受力特点。

习 题

12-1　作图 12-28 所示多跨静定梁的内力图。

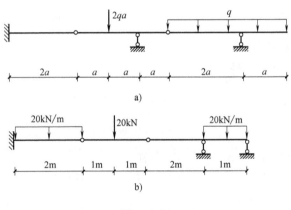

图　12-28

12-2　绘制图 12-29 所示刚架的内力图。

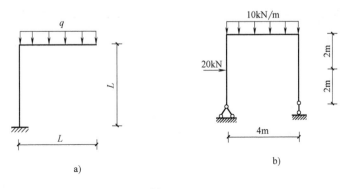

图　12-29

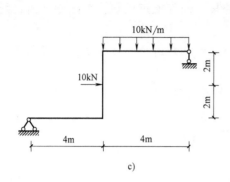

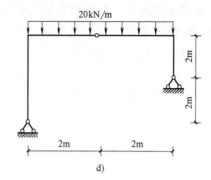

图 12-29（续）

12-3 指出图 12-30 所示静定平面桁架中的零杆。

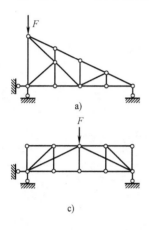

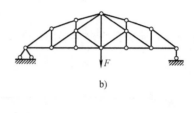

图 12-30

12-4 用结点法计算图 12-31 所示桁架各杆的内力。

12-5 用截面法计算图 12-32 所示桁架中 *DG*、*CE*、*BE* 杆的内力。

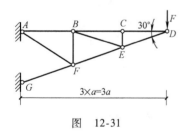

图 12-31

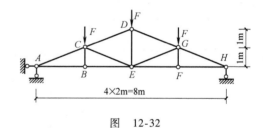

图 12-32

第13章
静定结构的位移计算

学习目标

- 了解位移计算的概念和虚功原理。
- 掌握静定结构的位移计算基本公式和求解步骤。
- 熟悉并掌握图乘法求解积分的步骤和逻辑。
- 掌握支座引发的结构位移计算公式。
- 了解功、位移、反力互等定律的内容。

本章在虚功原理的基础上建立了结构位移计算的一般公式，着重介绍静定结构在荷载作用和支座移动时所引起的位移计算。静定结构的位移计算是超静定结构的内力、位移计算以及结构刚度计算的基础。

13.1 位移计算的目的和概念

现实中，任何结构在荷载作用下都会产生变形和位移。在这里，变形是指结构（或其一部分）形状的改变，而位移则是指结构各处位置的移动。例如，图13-1a所示刚架在荷载作用下发生变形，使截面 A 的形心从 A 点移到了 A' 点，线段 AA' 称为 A 点的**线位移**，记为 Δ，它也可以用水平线位移 Δ_x 和竖向线位移 Δ_y 两个分量来表示。同时，截面 A 还转动了一个角度，称为截面 A 的**角位移**，用 φ_A 表示。又如图13-1b所示结构在

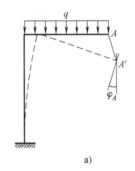
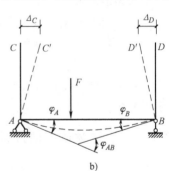

图 13-1

荷载作用下发生变形，C、D 两点的水平线位移 Δ_C（向右）和 Δ_D（向左），这两个指向相反的水平位移之和就称为 C、D 两点的水平**相对线位移**。同理，某两截面相对转动的角度称为相对角位移，如 $\varphi_{AB} = \varphi_A + \varphi_B$。

除了荷载，还有其他一些因素如温度改变、支座移动、材料收缩、施工误差等，也会使结构产生位移。

计算结构位移的**目的**之一就是为了校核结构的刚度。如果结构在荷载作用下变形太大，也就是没有足够的刚度，则即使不破坏也不能正常使用。因此，工程中吊车梁允许的挠度小

于跨度的 1/600；高层建筑的最大位移小于高度的 1/1000。

计算结构位移的**另一个重要目的**，就是为分析超静定结构打下基础。因为超静定结构的内力单凭静力平衡条件还不能全部确定，还必须考虑变形条件，而建立变形条件时就必须计算结构的位移。

此外，在结构的动力学计算和稳定计算中，也需要计算结构的位移。可见，结构的位移计算在工程上具有重要意义。

13.2 虚功原理

计算位移前的假定如下：

（1）结构所使用的材料应力、应变呈线性关系，服从"胡克定律"。

（2）结构的变形满足小变形条件。

（3）不计结构各部分之间的连接摩擦力。

（4）当杆件同时承受轴力与横向力作用时，不考虑由于杆弯曲所引起的杆端轴力对弯矩及弯曲变形的影响。

13.2.1 实功与虚功

功是指力对物体作用的累计效果的度量，功等于力与力作用点沿力方向上的位移的乘积。

根据力与位移的关系可将功分为以下两种情况：

（1）位移是由做功的力引起的。对该力而言，由力本身引起的位移为**实位移**，力在实位移上所做的功称为**实功**。

（2）力作用点有位移，但位移不是由做功的力引起的，而是由其他因素引起的，对该力而言，这种位移是**虚位移**，该力在虚位移上所做的功称为**虚功**。

虚位移是为体系的约束所容许的任何微小位移，它可以是其他荷载引起的位移，也可以是支座移动、温度变化等其他因素引起的位移，还可以是虚拟的位移。虚位移可能发生，也可能不发生。

13.2.2 变形体体系的虚功原理

变形体虚功原理内容如下：设变形体在力系作用下处于平衡状态，又设变形体由于其他原因产生符合约束条件的微小连续变形，则外力在位移上所做外虚功恒等于各个微段的内力在变形上所做的虚功，即 $W_外 = W_内$。

应用虚功原理时应当注意以下问题：

（1）力和位移都是广义的。广义力包括力和力偶；广义位移包括线位移、角位移、相对线位移和相对角位移。

（2）线荷载对应的位移是线位移，力偶对应的位移是角位移。

（3）无论实位移还是虚位移都十分微小。

（4）虚功原理所说的外力既包括外荷载，也包括支座反力。

13.3 荷载作用下的位移计算公式

13.3.1 位移计算的一般公式

设图 13-2a 所示平面杆系结构由于荷载、支座移动等因素引起了图中虚线所示的变形，现在要求任一指定点 K 沿任一指定方向 $k—k$ 上的位移 Δ_K。

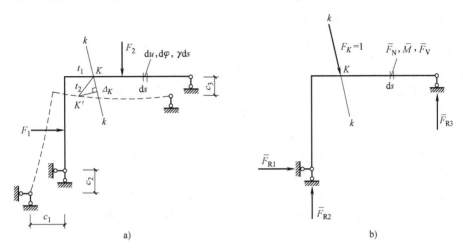

图 13-2

现在利用虚功原理来求解这一问题。首先，需要明确两个状态：力状态和位移状态。这个问题中，位移是由给定的荷载、支座移动因素引起的，故应以此作为结构的位移状态，并称之为**实际状态**。此外，还需要建立一个力状态。由于力状态与位移状态彼此独立无关，因此力状态完全可以根据计算的需要来假设。为了使力状态中的外力能在位移状态中的所求位移 Δ_K 上做虚功，可在 K 点沿 $k—k$ 方向加一个集中荷载 F_K，其箭头指向则可任意假设，并且为了计算方便，令 $F_K = 1$，称为单位荷载，或单位力，如图 13-2b 所示，以此作为结构的力状态。这个力状态并不是实际原有的，而是虚设的，故称为**虚拟状态**。

下面计算虚拟状态的外力和内力在实际状态相应的位移和变形上所做的虚功。外力虚功包括荷载和支座反力所做的虚功。设在虚拟状态中由单位荷载 $F_K = 1$ 引起的支座反力为 $\overline{F}_{R1}$、$\overline{F}_{R2}$、$\overline{F}_{R3}$，而在实际状态中相应的支座位移为 c_1、c_2、c_3，则外力虚功为

$$W_{外} = F_K \Delta_K + \overline{F}_{R1} c_1 + \overline{F}_{R2} c_2 + \overline{F}_{R3} c_3$$

这样，单位荷载 $F_K = 1$ 所做的虚功数值恰好等于所要求的位移 Δ_K。

计算变形虚功时，设虚拟状态中由单位荷载 $F_K = 1$ 作用而引起的某个微段上的内力为 $\overline{F}_N$、$\overline{M}$、$\overline{F}_V$，而实际状态中微段发生的变形为 du、$d\varphi$、γds，则变形虚功为

$$W_{内} = \sum \int \overline{F}_N du + \sum \int \overline{M} d\varphi + \sum \int \overline{F}_V \gamma ds$$

由虚功原理 $W_{外} = W_{内}$ 有

$$1 \cdot \Delta_K + \sum \overline{F}_R \cdot c = \sum \int \overline{F}_N du + \sum \int \overline{M} d\varphi + \sum \int \overline{F}_V \gamma ds$$

可得

$$\Delta_K = -\sum \overline{F}_R \cdot c + \sum \int \overline{F}_N \mathrm{d}u + \sum \int \overline{M} \mathrm{d}\varphi + \sum \int \overline{F}_V \gamma \mathrm{d}s \qquad (13\text{-}1)$$

式（13-1）就是平面杆件结构位移计算的一般公式。

可以看出，利用虚功原理来求结构的位移，关键就在于虚设恰当的力状态，而方法的巧妙之处在于虚拟状态中只在所求位移地点沿所求位移方向加一个单位荷载，以使荷载虚功恰好等于所求位移。这种计算位移的方法称为**单位荷载法**。

13.3.2 （虚）单位荷载的设置

在实际问题中，除了计算线位移，很多时候还需要计算角位移、相对位移等。下面介绍如何按照所求位移类型的不同，设置相应的虚拟荷载状态。

（1）当要求某点沿某方向的线位移时，应在该点沿所求位移方向加一个单位集中力。如图 13-3a 所示，即为求 A 点水平位移时的虚拟状态。

（2）当要求某截面的角位移时，则应在该截面处加一个单位力偶，如图 13-3b 所示。这样，荷载所做的虚功为 $1 \cdot \varphi_A = \varphi_A$，即恰好等于所要求的角位移。

（3）若要求两点间距离的变化，也就是求两点沿其连线方向上的相对线位移，此时应在两点沿其连线方向上加一对指向相反的单位力，如图 13-3c 所示。设在实际状态中 A 点沿 AB 方向的位移为 Δ_A，B 点沿 BA 方向的位移为 Δ_B，则两点在其连线方向上的相对线位移为 $\Delta_{AB} = \Delta_A + \Delta_B$，对于图 13-3c 所示虚拟状态，荷载所做的虚功为

$$1 \cdot \Delta_A + 1 \cdot \Delta_B = 1 \cdot (\Delta_A + \Delta_B) = \Delta_{AB}$$

可见荷载虚功恰好等于所求相对位移。

（4）若要求两截面的相对角位移，应在两截面处加一对方向相反的单位力偶，如图 13-3d 所示。

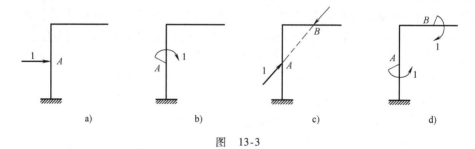

图　13-3

这里引入广义位移和广义力的概念。线位移、角位移、相对线位移、相对角位移以及某一组位移等，可统称为**广义位移**；而集中力、力偶、一对集中力、一对力偶以及某一力系等，则统称为**广义力**。

13.3.3 荷载作用下的位移计算

现在讨论线弹性结构在荷载作用下位移的计算。所谓线弹性结构，即结构的位移与荷载成正比变化，因而计算位移时荷载的影响可以叠加，而且当荷载全部撤除后，位移也能完全消失。这样的结构，位移应是微小的，应力与应变的关系须符合胡克定律。

由于只考虑荷载作用，没有支座位移的影响，故 $c = 0$。

在荷载作用下，微段 ds 上产生的变形如下：

$$d\varphi = \frac{M_F}{EI}ds, \quad du = \frac{F_{NF}}{EA}ds, \quad \gamma ds = \frac{kF_{VF}}{GA}ds$$

代入式（13-1），得

$$\Delta = \sum \int \frac{\overline{M}M_F}{EI}ds + \sum \int \frac{\overline{F}_N F_{NF}}{EA}ds + \sum \int \frac{k\overline{F}_V F_{VF}}{GA}ds \tag{13-2}$$

式中，$\overline{M}$、$\overline{F}_N$、$\overline{F}_V$ 分别为虚设单位力下结构的内力；M_F、F_{NF}、F_{VF} 分别为实际结构在荷载作用下的内力；k 为截面上剪应力不均匀系数。

式（13-2）中正负号规定如下：轴力以拉力为正；剪力使微段顺时针转动为正；弯矩只规定乘积 $\overline{M}M_F$ 的正负号，当 $\overline{M}$ 和 M_F 使杆件同侧纤维受拉时，其乘积取正值，反之取负值。

使用式（13-2）进行计算时，需注意以下几点：

（1）该式可用来求弹性体系由荷载产生的位移。

（2）该式既可用于静定结构，也可用于超静定结构。

（3）第一、二、三项分别表示弯曲变形、轴向变形、剪切变形产生的位移。

13.3.4　几种典型结构的位移计算公式

各类特殊结构形式位移的计算公式如下。

1. 梁和刚架

一般情况下，对梁和刚架而言，弯曲变形是主要的变形，而轴向变形和剪切变形的影响量很小，可以忽略不计。于是式（13-2）可以简化为

$$\Delta = \sum \int \frac{\overline{M}M_F}{EI}ds \tag{13-3}$$

2. 桁架

桁架中各杆只发生轴向变形，且每一杆件的轴力和截面面积沿杆长不变，于是式（13-2）可以简化为

$$\Delta = \sum \int \frac{\overline{F}_N F_{NF}}{EA}l \tag{13-4}$$

3. 组合结构

在组合结构中，梁式杆件主要承受弯矩，其变形主要是弯曲变形，梁式杆件可只考虑弯曲变形对位移的影响；链杆只承受轴力，发生轴向变形。于是其位移计算公式简化为

$$\Delta = \sum \int \frac{\overline{M}M_F}{EI}ds + \sum \int \frac{\overline{F}_N F_{NF}}{EA}l \tag{13-5}$$

13.4　静定结构在荷载作用下位移计算举例

【例 13-1】　试求图 13-4a 所示刚架 A 点的竖向位移 Δ_{AV}。假设各杆的材料相同，截面抗弯模量为 EI。

【解】

（1）在 A 点加一单位力，建立坐标系如图13-4b所示，写出弯矩表达式。

AB 段：$\overline{M} = -x$

BC 段：$\overline{M} = -l$

（2）写出荷载作用下图13-4a的弯矩表达式。

AB 段：$M_F = -\dfrac{qx^2}{2}$

BC 段：$M_F = -\dfrac{ql^2}{2}$

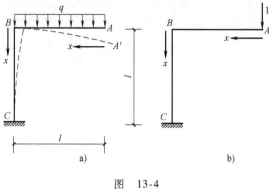

图 13-4

（3）将以上弯矩表达式代入求位移公式，有

$$\Delta_{AV} = \sum \int \frac{\overline{M}_K M_F}{EI} ds = \int_0^l \frac{1}{EI}(-x)\left(-\frac{qx^2}{2}\right)dx + \int_0^l \frac{1}{EI}(-l)\left(-\frac{ql^2}{2}\right)dx = \frac{5}{8}\frac{ql^4}{EI}(\downarrow)$$

【例13-2】 求对称桁架 D 点的竖向位移 Δ_{Dy}。图13-5中右半部各括号内数值为杆件的截面积 A，设 $E = 210\text{GPa}$。

【解】

构造虚拟状态，并求出实际和虚拟状态中各杆的内力，分别如图13-5a、b所示。由于结构对称，故只需计算半个刚架即可。

代入公式得

$$\Delta = \sum \int \frac{\overline{F}_N F_{NF}}{EA}l = 8\text{mm} \ (\downarrow)$$

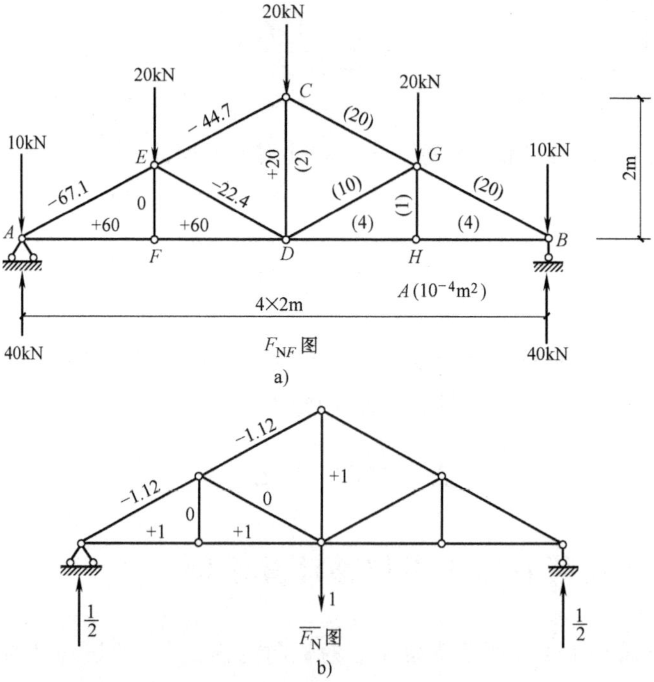

20kN

20kN

20kN

-44.7 C (20)

10kN E $+20$ (2) G 10kN

-67.1 0 -22.4 (10) (1) (20)

A $+60$ F $+60$ D (4) H (4) B

$4\times2\text{m}$

$A(10^{-4}\text{m}^2)$

2m

F_{NF} 图

40kN 40kN

a)

-1.12

-1.12 0 $+1$

$+1$ 0 $+1$

1

$\overline{F}_N$ 图

$\frac{1}{2}$ $\frac{1}{2}$

b)

图 13-5

13.5 图乘法

13.5.1 图乘法的适用条件及图乘公式

在计算梁和刚架的位移时，可将积分式转化成单位弯矩图和荷载弯矩图相乘，即

$$\Delta = \sum \int \frac{\overline{M}M_F}{EI}\mathrm{d}s = \sum \frac{1}{EI}\omega y_C$$

推导过程如下：

如图 13-6 所示，设等截面直杆 AB 段上的两个弯矩图中，$\overline{M}$ 图为一段直线，而 M_F 图为任意形状。以杆轴为 x 轴，以 $\overline{M}$ 图的延长线与 x 轴交点 O 为原点，并设置 y 轴，则有

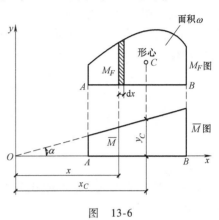

图 13-6

$$\sum \int \frac{\overline{M}M_F}{EI}\mathrm{d}s = \frac{1}{EI}\sum \int \overline{M}M_F\mathrm{d}s = \frac{1}{EI}\int x\tan\alpha \cdot M_F\mathrm{d}x$$

$$= \frac{\tan\alpha}{EI}\int xM_F\mathrm{d}x = \frac{\tan\alpha}{EI}\cdot \omega \cdot x_C = \frac{1}{EI}\omega y_C$$

式中，ω 为 $\overline{M}$ 或 M_F 图的面积；y_C 为另一弯矩图中对应面积 ω 形心处的竖标。

（1）图乘法的应用条件：

1）杆段的 EI 为常数。

2）杆段的轴线为直线。

3）单位弯矩图和 M_F 至少有一个是直线形。

（2）竖标 y_C 必须取在直线图形中，对应计算面积的图形的形心处。

（3）当单位弯矩图和荷载弯矩图在基线同侧时，$\omega y_C > 0$；否则，取 $\omega y_C < 0$。

（4）当不满足图乘法的适用条件时，处理方法如下：

1）对于曲杆或当 $EI = EI(x)$ 时，只能用积分法求位移。

2）当 EI 分段为常数，或单位弯矩图、荷载弯矩图均非直线时，应分段图乘再叠加。

（5）几种常见图形的面积及形心位置公式如图 13-7 所示。

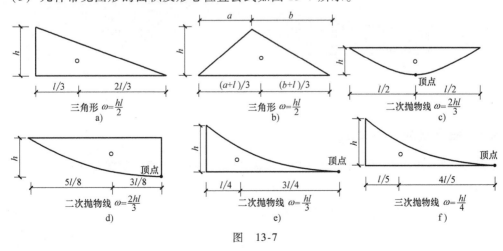

图 13-7

必须注意，抛物线的顶点（$F_V = 0$ 处）在 M 图曲线的中点或端点。

当不便于确定弯矩图的形心位置或面积时，常将该图形分解为几个易于确定形心位置和面积的部分，并将它们分别与另一图形相乘，然后将所得结果相加。下面分两种情况进行讨论。

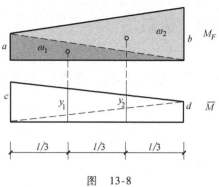

图　13-8

1）直线图形乘直线图形：如图 13-8 所示，先将第一个图形分成两个三角形，分别与第二个图形相乘再叠加。

$$\int M_F \overline{M} \mathrm{d}x = \omega_1 y_1 + \omega_2 y_2$$

$$= \frac{1}{2}al\left(\frac{1}{3}d + \frac{2}{3}c\right) + \frac{1}{2}bl\left(\frac{2}{3}d + \frac{1}{3}c\right)$$

$$= \frac{l}{6}(2ac + 2bd + ad + bc)$$

式中，竖标在基线同侧时乘积为正值，在基线异侧时乘积为负。各种直线形与直线形相乘，都可用该式处理。

2）复杂抛物线乘直线形：当抛物线的顶点（$F_V = 0$ 处）不在抛物线的中点或端点时，可将其分成直线形和简单抛物线形（图 13-9），然后两者分别与另一图形相乘，再把乘得的结果相加。

$$\int M_F \overline{M} \mathrm{d}x = \frac{l}{6}(2ac + 2bd + ad + bc) + \frac{2hl}{3}\frac{c+d}{2}$$

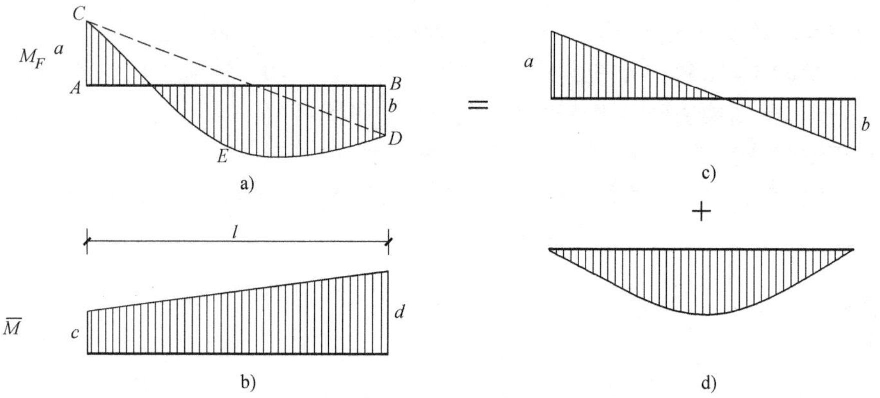

图　13-9

13.5.2　图乘法的应用举例

【例 13-3】　求图 13-10 所示梁（EI = 常数，跨长为 l）截面 B 的转角 φ_B。

【解】

分别作出 M_F 图和 $\overline{M}$ 图，如图 13-10a、b 所示。

直接由图乘法得

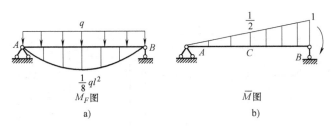

图　13-10

$$\varphi_B = -\frac{1}{EI}\Big[\Big(\frac{2}{3}\times l\times\frac{1}{8}ql^2\Big)\times\frac{1}{2}\Big]$$

$$= -\frac{1}{24}\frac{ql^3}{EI}\ (\curvearrowleft)$$

【例 13-4】　已知 EI 为常数，求刚架图 13-11a 中 C、D 两点距离的改变量 Δ_{CD}。

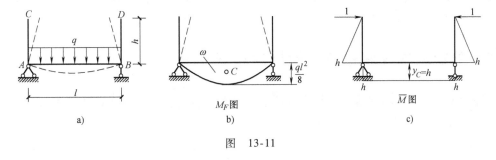

图　13-11

【解】

虚设单位荷载，分别作出 M_F 图和 $\overline{M}$ 图，如图 13-11b、c 所示。

直接由图乘法得

$$\Delta_{CD} = \sum\frac{\omega y_C}{EI} = \frac{1}{EI}\times\frac{2}{3}\times\frac{ql^2}{8}\times l\times h$$

$$= \frac{qhl^3}{12EI}\ (\rightarrow\leftarrow)$$

【例 13-5】　已知 EI 为常数，求图 13-12a 刚架 A 点的竖向位移 Δ_{Ay}，并绘出刚架的变形曲线。

【解】

虚设单位荷载，分别作出 M_F 图和 $\overline{M}$ 图，如图 13-12b、c 所示。

直接由图乘法得

$$\Delta_{Ay} = \sum\frac{\omega y_C}{EI} = \frac{1}{EI}\times\frac{l}{2}\times l\times\frac{Fl}{2} - \frac{1}{2EI}\times l\times\frac{3l}{2}\times\frac{Fl}{4}$$

$$= \frac{Fl^3}{16EI}\ (\downarrow)$$

勾勒变形曲线时，可根据实际状态的弯矩 M_F 图，判定杆件弯曲后的方向。例如，DK 段应向右凸，KC 段则向左凸，而在弯矩为零的 K 点处有一反弯点；CB 和 AB 段则分别向上凸和向右凸。然后，根据支座处的位移边界条件和结点处的位移连续条件，便可确定变形曲

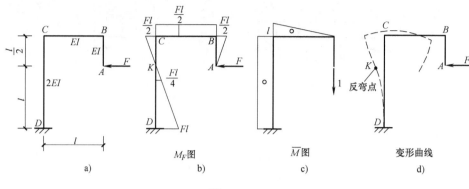

图　13-12

线的位置。D 为固定端，其线位移与转角均为零。C、B 为刚结点，该处各杆端的夹角应保持直角。然后，根据已求出的 Δ_{Ay} 方向向下，忽略各杆的轴向变形，便可绘出变形曲线的大致轮廓，如图 13-12d 所示。

13.6　静定结构支座移动时的位移计算

设图 13-13a 所示静定结构，其支座发生了水平位移 c_1、竖向沉陷 c_2 和转角 c_3，现要求由此引起的任一点沿任一方向的位移，如 K 点的竖向位移 Δ_{Kc}。

静定结构的支座发生移动时，并不引起内力，因而材料不发生变形，故支座移动引起的位移计算公式可简化为

$$\Delta = -\sum \overline{F}_{Rk} c_k \qquad (13-6)$$

式中符号的正、负号规定如下：$\overline{F}_{Rk}$ 与 c_k 方向一致时，乘积为正；反之为负。若结构是超静定的，则当支座移动时，将会产生内力和变形，故 $W_{内} \neq 0$，因此应该用变形体的虚功原理求位移。

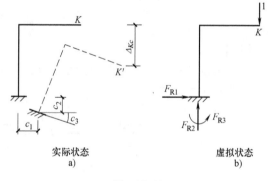

实际状态　　　　　　虚拟状态
a)　　　　　　　　　b)

图　13-13

【例 13-6】 图 13-14 所示三铰刚架，已知 $l = 12\mathrm{m}$，$h = 8\mathrm{m}$，$\Delta_{Bx} = 0.04\mathrm{m}$，$\Delta_{By} = 0.06\mathrm{m}$，试求由此引起的 A 端转角 φ_A。

【解】

虚拟状态如图 13-14b 所示。

考虑刚架的整体平衡，由 $\sum M_A = 0$ 可求得 $\overline{F}_{BV} = \dfrac{1}{l}$（↑）；

再考虑右半刚架的平衡，由 $\sum M_C = 0$ 可求得 $\overline{F}_{BH} = \dfrac{1}{2h}$（←）。

所以

$$\varphi_A = -\sum \overline{F}_{Rk} c_k = -\left(-\frac{1}{l}\Delta_{By} - \frac{1}{2h}\Delta_{Bx}\right) = 0.0075\mathrm{rad}$$

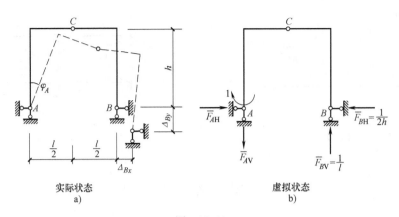

实际状态
a)

虚拟状态
b)

图 13-14

13.7 互等定理

本节介绍关于线弹性结构的三个互等定理，其中最常用的是功的互等定理，其他两个定理都可由此推导出来。以后的章节中将经常引用这些定理。

1. 功的互等定理（图13-15）

在任一线性变形体系中，第一状态外力在第二状态位移上所做的功 W_{12} 等于第二状态外力在第一状态位移上所做的功 W_{21}。

$$F_1\Delta_{12} = F_2\Delta_{21} \tag{13-7}$$

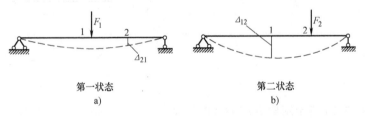

第一状态
a)

第二状态
b)

图 13-15

2. 位移互等定理（图13-16）

在任一线性变形体系中，由荷载 $F=1$ 引起的与荷载 m 相应的位移影响系数 δ_{21} 等于由荷载 $m=1$ 引起的与荷载 F 相应的位移影响系数 δ_{12}，即

$$\delta_{12} = \delta_{21} \tag{13-8}$$

这里的荷载可以是广义荷载，而位移则是相应的广义位移。一般情况下，定理中的两个广义位移的量纲可能不相等，但它们的影响系数在数值和量纲上仍然相等。

3. 反力互等定理（图13-17）

在任一线性变形体系中，由位移 c_1 所引起的与位移 c_2 相应的反力影响系数 r_{21} 等于由位移 c_2 所引起的与位移 c_1 相应的反力影响系数 r_{12}。

$$r_{12} = r_{21} \tag{13-9}$$

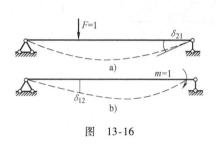

a)

b)

图 13-16

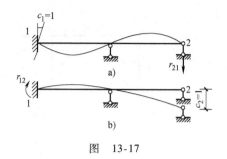

a)

b)

图 13-17

思 考 题

13-1 什么是线位移？什么是角位移？

13-2 图乘法的应用条件是什么？如何确定计算结果的正负号？

13-3 位移互等定理和功互等定理有哪些用途？

习 题

13-1 求图 13-18 所示结构铰 A 两侧截面的相对转角 φ_A，$EI =$ 常数。

13-2 求图 13-19 所示结构 E 点的竖向位移，$EI =$ 常数。

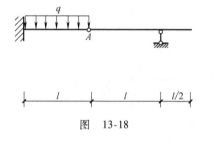

图 13-18

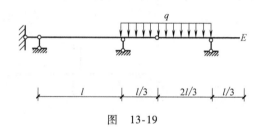

图 13-19

13-3 求图 13-20 所示刚架 B 端的竖向位移。

13-4 求图 13-21 所示刚架结点 C 的转角和水平位移，$EI =$ 常数。

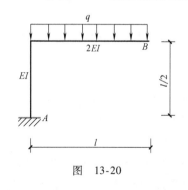

图 13-20

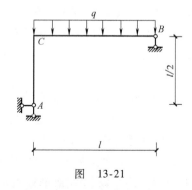

图 13-21

13-5 求图 13-22 所示刚架中 D 点的竖向位移，$EI =$ 常数。

13-6 求图 13-23 所示结构 A、B 两截面的相对转角，$EI =$ 常数。

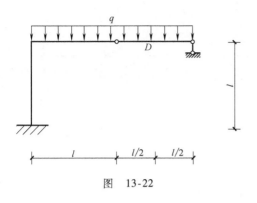

图 13-22

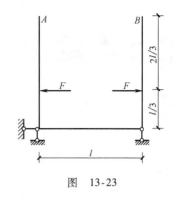

图 13-23

13-7 求图 13-24 所示刚架 C 点的水平位移 Δ_{CH}，各杆 $EI =$ 常数。

13-8 求图 13-25 所示结构 C 截面转角。已知：$q = 10\text{kN/m}$，$F = 10\text{kN}$，$EI =$ 常数。

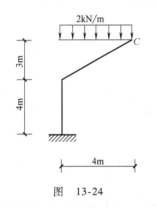

图 13-24

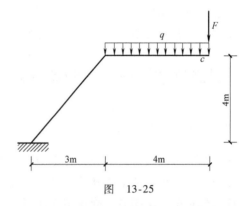

图 13-25

13-9 求图 13-26 所示结构 D 点的竖向位移，杆 AD 的截面抗弯刚度为 EI，杆 BC 的截面抗拉（压）刚度为 EA。

13-10 图 13-27 所示结构 B 支座沉陷量 $\Delta = 0.01\text{m}$，求 C 点的水平位移。

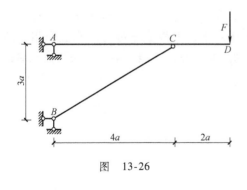

图 13-26

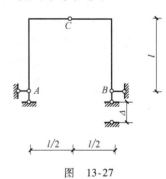

图 13-27

第14章

力　法

学习目标

- 了解超静定结构的概念，能正确判断超静定结构的次数。
- 理解并懂得力法的基本原理和解题思路，能用力法方程计算常用的简单超静定梁、刚架、桁架、铰接排架等的内力，并会对最后内力图进行校核。
- 了解利用对称性简化计算的方法。
- 了解支座移动时单跨超静定梁的计算。

14.1　超静定结构的概念和超静定次数的确定

14.1.1　超静定结构的概念

前面的章节里已经讨论了各种静定结构的内力和位移计算。但是工程实际中，采用的结构更多是超静定结构。从本章开始，将讨论超静定结构的计算问题。

所谓超静定结构是相对于静定结构而言的。从几何组成分析的角度来看，静定结构是无多余约束的几何不变体系；而超静定结构是有多余约束的几何不变体系。从计算的角度看，静定结构的支座反力和各截面的内力仅利用平衡条件就能全部确定；而超静定结构的支座反力和各截面内力却不能完全仅由平衡条件来确定。

如图 14-1 所示的连续梁，共有五根支座链杆，从几何组成来看，这条连续梁有两个多余约束。从计算支座反力的角度来看，在荷载 F 作用下，五根支座链杆应有五个相应的支座反力。而静定结构的平衡条件只提供三个独立的平衡方程，只能求解三个未知数，尚缺少两个方程，所以该连续梁是超静定结构。

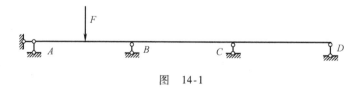

图　14-1

总之，凡存在多余约束，反力、内力不能完全由静力平衡条件确定的结构，称为超静定结构。

14.1.2　超静定次数的确定

从几何组成上来说，**结构的超静定次数就是多余约束的数目**；从静力分析上来看，超静定次数就是根据平衡方程计算未知力时所缺少的方程数目，即多余未知力的数目。由于多余约束和多余未知力是一一对应的，所以要确定超静定次数，可以把超静定结构中的多余约束去掉，使之变成一个静定结构，而去掉的多余约束的数目就是原超静定结构的超静定次数。

超静定结构去掉多余约束的方式通常有以下几种：

（1）去掉一个可动铰支座，或者切断一根链杆，相当于去掉一个约束，如图 14-2a、b 所示。

（2）去掉一个固定铰支座，或者去掉一个单铰，相当于去掉两个约束，如图 14-2c、d 所示。

（3）去掉一个固定端支座，或者切断一根梁式杆，相当于去掉三个约束，如图 14-2e、f 所示。

（4）将固定端支座改换成一个固定铰支座，或者将一刚性连接改为单铰连接，相当于去掉一个约束，如图 14-2g 所示。

需要指出的是，图 14-2e 所示刚架相当于一个无铰封闭框。由此可知，一个无铰闭合框有三个多余约束，其超静定次数等于三。

对于同一个超静定结构来说，由于可以采用不同的方式去掉多余约束，所以可以得到不同的静定结构，但不论采用哪种形式，所去掉的多余约束的数目必然是相同的，得到的超静定次数也是相同的。

在去掉超静定结构的多余约束时，应当特别注意以下几点：

（1）去掉的约束必须是多余约束，即去掉约束后，结构仍然是几何不变体系，结构中的必要约束是绝对不能去掉的，不能把原结构拆成一个几何可变体系。如图 14-3b 为一静定结构，图 14-3c 则为一几何可变体系。

（2）必须去掉全部多余约束。例如，图 14-4a 中的结构，如果只去掉一个可动铰支座，如图 14-4b 所示，则其中的闭合框仍然具有三个多余约束。必须把闭合框切开，如图 14-4c 所示，这时才成为静定结构。因此，原结构为四次超静定结构。应用上述方法，可以确定任何超静定结构的超静定次数。

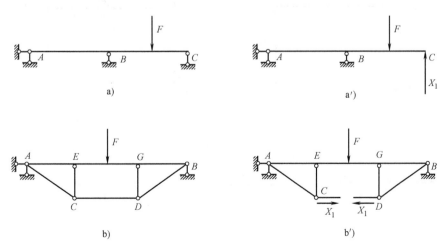

图 14-2

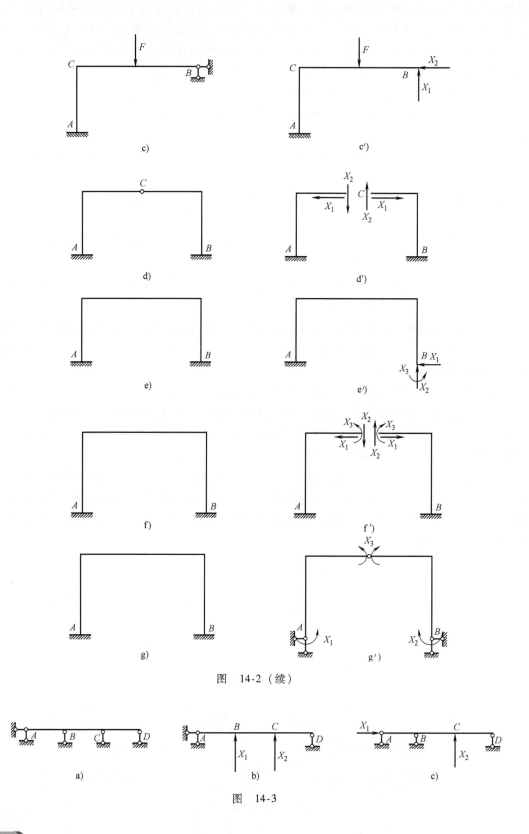

图 14-2（续）

图 14-3

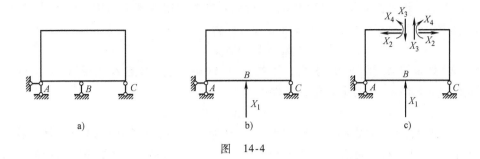

图　14-4

14.2　力法的基本原理

由前述可知，超静定结构与静定结构的根本区别是有多余约束，从而有多余未知力，如果能设法求出多余未知力，则超静定结构的计算就可转化为在多余未知力和荷载共同作用下的静定结构的计算问题，所以力法求解超静定结构问题的关键就是计算多余未知力。下面以一次超静定梁为例来说明力法的基本原理。

图 14-5a 所示为一次超静定梁，有一个多余约束，为了求出多余未知力，现把 B 处支座链杆当作多余约束去掉，代之以多余未知力 X_1，则原结构就变成了一个在荷载 q 和多余未知力 X_1 共同作用下的静定结构，如图 14-5b 所示。把这种去掉多余约束而代之以相应的多余未知力得到的静定结构，称为原结构的**基本结构**，多余未知力则称为力法的**基本未知量**。

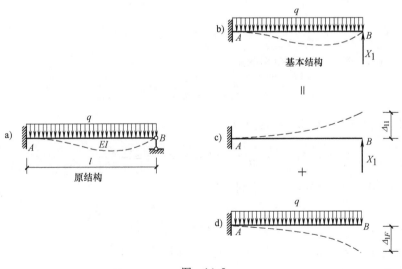

图　14-5

显然，只要能求出多余未知力 X_1，则原结构的计算问题就可由静定的基本结构来解决。怎样求出 X_1 呢？由于基本结构的受力和变形情况与原结构完全一致，在原结构中，支座 B 处的竖向位移等于零，则基本结构在荷载 q 和多余未知力 X_1 共同作用下，其 B 点的竖向位移（即沿力 X_1 方向上的位移）Δ_1 也应等于零，即

$$\Delta_1 = 0$$

上式即为用以确定力 X_1 的**变形条件**或**位移条件**。

令 Δ_{11} 和 Δ_{1F} 分别表示多余未知力 X_1 和荷载 q 单独作用在基本结构上时 B 点沿 X_1 方向的位移，如图 14-5c、d 所示，根据叠加原理，可得

$$\Delta_1 = \Delta_{11} + \Delta_{1F} = 0$$

由于 X_1 是未知力，为了求得 X_1，不妨先令 $X_1 = 1$ 时，引起 B 点沿 X_1 方向的位移为 δ_{11}，则有 $\Delta_{11} = \delta_{11}X_1$，于是上述位移条件可写成

$$\delta_{11}X_1 + \Delta_{1F} = 0 \tag{14-1}$$

由于 δ_{11} 和 Δ_{1F} 都是静定结构在已知力作用下的位移，完全可用第 13 章计算位移的方法求得，因而解上述方程即可求得多余未知力 X_1。此方程便称为一次超静定结构的**力法基本方程**。

为了计算 δ_{11} 和 Δ_{1F}，可分别绘出基本结构在 $X_1 = 1$ 和 q 单独作用下的 $\overline{M}$ 图和 M_F 图，如图 14-6a、b 所示，然后用图乘法计算这些位移。

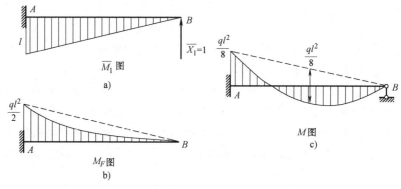

图　14-6

求 δ_{11} 时，应为 $\overline{M}_1$ 图和 $\overline{M}_1$ 图相图乘：

$$\delta_{11} = \frac{1}{EI}\left(\frac{l^2}{2} \times \frac{2l}{3}\right) = \frac{l^3}{3EI}$$

求 Δ_{1F} 时，应为 $\overline{M}_1$ 图和 M_F 图相图乘：

$$\Delta_{1F} = -\frac{1}{EI}\left(\frac{1}{3} \times l \times \frac{ql^2}{2} \times \frac{3l}{4}\right) = -\frac{ql^4}{8EI}$$

将 δ_{11} 和 Δ_{1F} 代入式（14-1），可求得

$$X_1 = -\frac{\Delta_{1F}}{\delta_{11}} = -\left(-\frac{ql^4}{8EI}\right) \cdot \frac{3EI}{l^2} = \frac{3ql}{8} \quad (\uparrow)$$

所得结果为正，表明 X_1 的实际方向与假定相同，即向上。

求出多余未知力 X_1 后，就可以利用静力平衡条件计算原结构的支座反力和任一截面上的内力了。在绘制最后弯矩图 M 时，可以利用已经绘出的 $\overline{M}_1$ 图和 M_F 图按下式进行叠加绘制，即

$$M = \overline{M}_1 X_1 + M_F \tag{14-2}$$

于是可绘出 M 图如图 14-6c 所示。

综上所述，**力法的基本原理是以多余未知力作为基本未知量，取去掉多余约束后的静定结构为基本结构，根据在解除多余约束处基本结构变形要与原超静定结构变形协调一致的原**

则建立力法基本方程，解出基本未知量，最后利用静定基本结构求得原超静定结构的内力，并绘制出原超静定结构内力图。

14.3 力法的典型方程

在 14.2 节讨论了一次超静定结构的力法原理，下面以一个三次超静定的刚架为例来进一步说明用力法求解多次超静定结构的原理及力法典型方程的建立。

图 14-7a 所示结构为三次超静定刚架，在荷载作用下，结构的变形如图中虚线所示。设去掉固定支座 B，代之以相应的多余未知力 X_1、X_2、X_3，得到如图 14-7b 所示的基本结构。由于在原结构中 B 为固定端，其线位移和转角位移都为零，所以基本结构在多余未知力 X_1、X_2、X_3 和荷载 F 的共同作用下，B 点产生的水平位移总和 Δ_1、竖向位移总和 Δ_2 和角位移总和 Δ_3 都等于零，即

$$\begin{cases} \Delta_1 = \Delta_{11} + \Delta_{12} + \Delta_{13} + \Delta_{1F} = 0 \\ \Delta_2 = \Delta_{21} + \Delta_{22} + \Delta_{23} + \Delta_{2F} = 0 \\ \Delta_3 = \Delta_{31} + \Delta_{32} + \Delta_{33} + \Delta_{3F} = 0 \end{cases} \tag{14-3}$$

式中，每项位移两个下角标的含义如下：第一个角标表示位移发生的地点和方向，第二个角标表示产生位移的原因。例如，Δ_{1F} 表示 B 点由荷载 F 产生的沿 X_1 方向的位移。

为了利用叠加原理进行计算，现设各多余未知力 $X_1 = 1$、$X_2 = 1$、$X_3 = 1$ 以及荷载 F 分别单独作用在基本结构上，所引起的 B 点沿 X_1 方向上的位移分别为 δ_{11}、δ_{12}、δ_{13} 和 Δ_{1F}，B 点沿 X_2 方向上的位移分别为 δ_{21}、δ_{22}、δ_{23} 和 Δ_{2F}，B 点沿 X_3 方向上的位移分别为 δ_{31}、δ_{32}、δ_{33} 和 Δ_{3F}，如图 14-7c、d、e、f 所示。

根据叠加原理，式（14-3）可以写为

$$\begin{cases} \Delta_1 = \delta_{11} X_1 + \delta_{12} X_2 + \delta_{13} X_3 + \Delta_{1F} = 0 \\ \Delta_2 = \delta_{21} X_1 + \delta_{22} X_2 + \delta_{23} X_3 + \Delta_{2F} = 0 \\ \Delta_3 = \delta_{31} X_1 + \delta_{32} X_2 + \delta_{33} X_3 + \Delta_{3F} = 0 \end{cases} \tag{14-4}$$

式（14-4）即为三次超静定结构的力法方程。

对于 n 次超静定结构，共有 n 个多余未知力，用上面同样的分析方法，可以得到相应的 n 个力法方程，具体形式如下

$$\Delta_1 = \delta_{11} X_1 + \delta_{12} X_2 + \delta_{13} X_3 + \cdots + \delta_{1n} X_n + \Delta_{1F} = 0$$
$$\Delta_2 = \delta_{21} X_1 + \delta_{22} X_2 + \delta_{23} X_3 + \cdots + \delta_{2n} X_n + \Delta_{2F} = 0$$
$$\cdots$$
$$\Delta_n = \delta_{n1} X_1 + \delta_{n2} X_2 + \delta_{n3} X_3 + \cdots \delta_{nn} X_n + \Delta_{nF} = 0 \tag{14-5}$$

上式为 n 次超静定结构在荷载作用下力法典型方程的一般形式。方程中 Δ_{iF} 项不包含未知量，称为自由项，是由荷载单独作用在基本结构上沿 X_i 的方向产生的位移。从左上方的 δ_{11} 到右下方 δ_{nn} 主对角线上的系数 δ_{ii}，称为主系数，是基本结构在 $X_i = 1$ 作用下沿 X_i 方向产生的位移，其值恒为正。其余系数 δ_{ij} 称为副系数，是基本结构在 $X_j = 1$ 作用下沿 X_i 方向产生的位移，根据位移互等定理，处于对称位置的副系数是互等的，即 $\delta_{ij} = \delta_{ji}$，其值可为正、负或零。

将求得的系数与自由项代入力法典型方程即可解出多余未知力 X_1，X_2，$\cdots$，X_n。然后

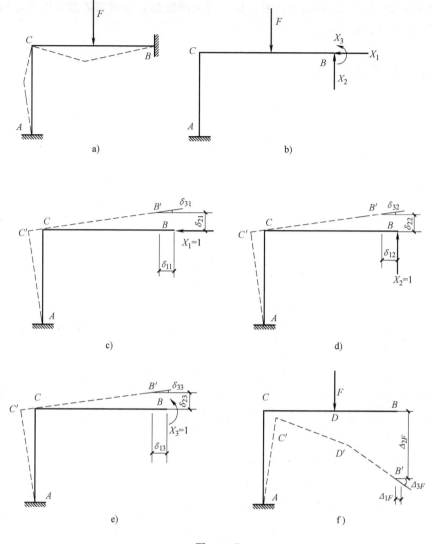

图 14-7

将已求得的多余未知力和荷载一起施加在基本结构上，利用平衡条件即可求出其余反力和内力。也可以利用叠加公式 $M = \overline{M}_1 X_1 + \overline{M}_2 X_2 + \cdots + \overline{M}_n X_n + M_F$ 求出弯矩，再用平衡条件求得剪力和轴力，作出内力图。

14.4 力法计算荷载作用下的超静定结构

14.4.1 力法计算的一般步骤

根据力法原理，用力法计算超静定结构的一般步骤可归纳如下：

（1）选取力法基本结构。确定超静定次数，去掉多余约束而代之以相应的多余未知力，从而得到基本结构。

（2）建立力法方程。根据基本结构在荷载和多余未知力共同作用下，在解除多余约束处的位移情况与原结构相等的变形协调条件，建立力法典型方程。

（3）分别作出基本结构在荷载和各单位未知力单独作用下的内力图。原结构的荷载单独作用在基本结构上所得到的内力图即为荷载内力图；令各多余未知力等于单位1，分别单独作用在基本结构上，画出相应内力图，即为单位内力图。

（4）计算各系数和自由项。按照第13章求位移的方法计算各系数和自由项。

（5）解力法方程，求出所有多余未知力。

（6）用叠加法画出弯矩图，再由平衡条件作出剪力图和轴力图。

14.4.2 超静定梁的计算

计算超静定梁的位移时，通常忽略轴力和剪力的影响，只考虑弯矩的影响。因而系数及自由项可按下列公式计算

$$
\begin{cases}
\delta_{ii} = \sum \int \dfrac{\overline{M_i}\,\overline{M_i}}{EI}\mathrm{d}x \\[2mm]
\delta_{ij} = \sum \int \dfrac{\overline{M_i}\,\overline{M_j}}{EI}\mathrm{d}x \\[2mm]
\Delta_{iF} = \sum \int \dfrac{\overline{M_i}M_F}{EI}\mathrm{d}x
\end{cases}
\tag{14-6}
$$

【例 14-1】 用力法计算图 14-8a 所示梁的内力图，EI 为常数。

【解】

（1）确定超静定次数，选取基本结构。

此梁为一次超静定结构，去掉 B 支座，代以相应的多余未知力 X_1，得到图 14-8b 所示的静定结构。

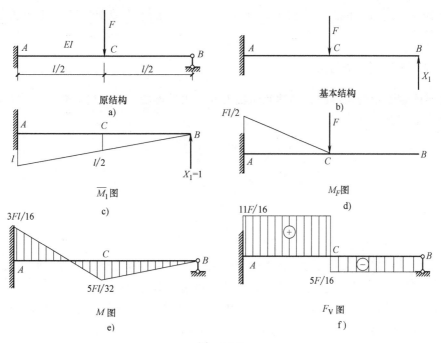

图 14-8

（2）建立力法方程。

根据原结构 B 处竖向位移等于零，列力法方程如下：

$$\delta_{11}X_1 + \Delta_{1F} = 0$$

（3）作 $\overline{M}_1$ 和 M_F 图。

在基本结构上分别作出 $X_1 = 1$ 及荷载单独作用时的弯矩图，如图 14-8c、d 所示。

（4）求系数和自由项。

求 δ_{11} 时，用 $\overline{M}_1$ 图自乘：

$$\delta_{11} = \frac{1}{EI}\left(\frac{l^2}{2} \times \frac{2l}{3}\right) = \frac{l^3}{3EI}$$

求 Δ_{1F} 时，用 M_F 图和 $\overline{M}_1$ 图相乘：

$$\Delta_{1F} = -\frac{1}{EI}\left(\frac{1}{2} \times \frac{1}{2}l \times \frac{Fl}{2}\right) \times \frac{5}{6}l = -\frac{Fl^3}{48EI}$$

（5）解方程求多余未知力 X_1。

将 δ_{11} 和 Δ_{1F} 代入力法方程中，得

$$X_1 = -\frac{\Delta_{1F}}{\delta_{11}} = -\frac{-5Fl^3}{48EI}\frac{3EI}{l^3} = \frac{5}{16}F(\uparrow)$$

得到的 X_1 为正值，表示 X_1 的实际方向与原假定的方向相同，即竖直向上。

（6）用叠加法作弯矩图。

根据叠加公式 $M = \overline{M}_1 X_1 + M_F$，将 $\overline{M}_1$ 弯矩图乘以 $\frac{5}{16}F$ 后与 M_F 相加，得原结构的弯矩图，如图 14-8e 所示。

（7）作剪力图。

将荷载与 X_1 作用在基本结构上，利用平衡条件求出杆端剪力，可作出剪力图，如图 14-8 f 所示。

14.4.3 超静定刚架的计算

计算超静定刚架的位移时，通常忽略轴力和剪力的影响，只考虑弯矩的影响。因而系数及自由项按下列公式计算：

$$\begin{cases} \delta_{ii} = \sum \int \dfrac{\overline{M}_i \, \overline{M}_i}{EI}dx \\[2mm] \delta_{ij} = \sum \int \dfrac{\overline{M}_i \, \overline{M}_j}{EI}dx \\[2mm] \Delta_{iF} = \sum \int \dfrac{\overline{M}_i M_F}{EI}dx \end{cases} \qquad (14\text{-}7)$$

在某些特殊情况下，当轴力及剪力的影响较大时，应特殊处理，以考虑剪力及轴力的影响。如在高层刚架的柱中轴力通常较大，当柱短而粗时剪力影响较大。

【例 14-2】 图 14-9a 所示为一超静定刚架，梁和柱的截面惯性矩分别为 I_1 和 I_2，I_1：$I_2 = 2:1$。当横梁承受均布荷载 $q = 20\text{kN/m}$ 作用时，作刚架的内力图。

【解】

（1）选取力法基本结构如图 14-9b 所示。

（2）建立力法方程：

$$\delta_{11} X_1 + \Delta_{1F} = 0$$

（3）计算系数和自由项。分别作出基本结构在荷载作用下的弯矩图 M_F 图和在单位力 $X_1 = 1$ 作用下的弯矩图 $\overline{M}_1$ 图，如图 14-9c、d 所示。

$$\delta_{11} = \frac{1}{EI_1} \times (6 \times 8) \times 6 + \frac{2}{EI_2} \times \left(\frac{1}{2} \times 6 \times 6\right) \times \left(\frac{2}{3} \times 6\right)$$

$$= \frac{288}{EI_1} + \frac{144}{EI_2}$$

因 $I_2 = \dfrac{I_1}{2}$，故 $\delta_{11} = \dfrac{576}{EI_1}$

$$\Delta_{1F} = -\frac{1}{EI_1}\left(\frac{2}{3} \times 8 \times 160\right) \times 6 = -\frac{5120}{EI_1}$$

（4）解方程求多余未知力 X_1。

$$X_1 = -\frac{\Delta_{1F}}{\delta_{11}} = -\frac{5120}{EI_1} \cdot \frac{EI_1}{576} \mathrm{kN} = 8.89 \mathrm{kN}$$

（5）作弯矩图。

利用叠加公式 $M = M_F + \overline{M}_1 X_1$，作原结构的弯矩图，如图 14-9e 所示。

（6）作剪力图。

作任一杆的剪力图时，可取此杆为隔离体，利用已知的杆端弯矩及荷载情况，由平衡条件求出杆端剪力，然后根据剪力图分布规律作出杆的剪力图。

以 CD 杆为例，其隔离体图如图 14-9f 所示（杆端弯矩值可由 M 图查得，确定剪力时，不需考虑杆端轴力，故在隔离体图中未标出轴力）。

杆端剪力 F_{VCD} 和 F_{VDC} 可由平衡方程求出：

$$\sum M_D = 0 \qquad 53.33 - 8F_{VCD} + 20 \times 8 \times 4 - 53.33 = 0$$

$$F_{VCD} = 80 \mathrm{kN}$$

$$\sum M_C = 0 \qquad 53.33 - 20 \times 8 \times 4 - 8F_{VDC} - 53.33 = 0$$

$$F_{VDC} = -80 \mathrm{kN}$$

同理，AC、BD 杆的杆端剪力也可以按照此方法求出。由此可画出原结构的剪力图如图 14-9h 所示。

（7）作轴力图。

作杆件的轴力图时，可取结点为隔离体，利用已知的杆端剪力，由结点平衡条件求出杆端轴力，然后作此杆的轴力图。

以 C 结点为例，其隔离体图如图 14-9g 所示（杆端剪力值可由 F_V 图查得，确定轴力时，不需考虑杆端弯矩，故在隔离体图中未标出弯矩）。

待定的杆端轴力 F_{NCD} 和 F_{NCA} 可由投影平衡方程求出：

$$\sum F_x = 0, \quad F_{NCD} = -8.9 \mathrm{kN}$$

$$\sum F_y = 0, \quad F_{NCA} = -80 \mathrm{kN}$$

每个结点有两个投影平衡方程。按照适当的次序截取结点，就可以求出所有杆端轴力。

轴力图如图 14-9i 所示。

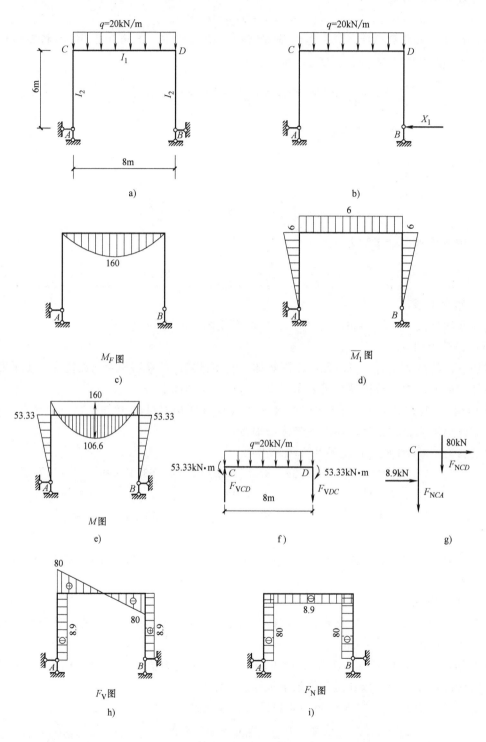

图 14-9

14.4.4 铰接排架的计算

工程中，单层工业厂房往往采用铰接排架结构，如图 14-10a 所示。所谓铰接排架结构是指由屋架（或屋面大梁）、柱和基础组成，并且柱与基础为刚性连接，屋架与柱顶的连接看作铰接的平面结构。由于屋架对柱顶只起联系作用，横向变形很微小，在计算排架时，通常近似将屋架看成是轴向刚度 EA 无穷大的链杆。由于柱子要安放吊车梁，往往做成阶梯形。因此可将图 14-10a 所示排架结构简化为图 14-10b 所示简图。用力法计算排架时，通常是将横梁作为多余联系而切断，下面通过例题进行说明。

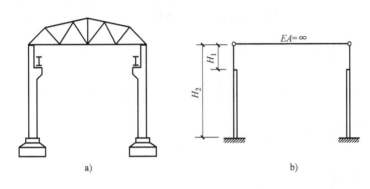

图　14-10

【例 14-3】　计算图 14-11a 所示铰接排架柱的内力，并作弯矩图。

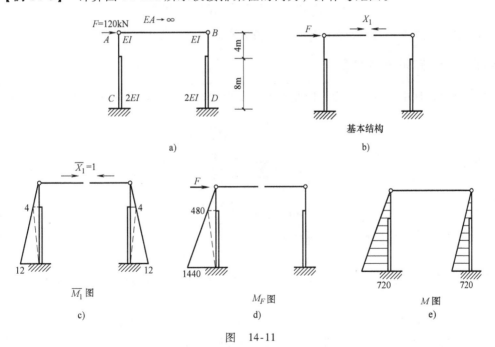

图　14-11

【解】

（1）选取基本结构。

此排架是一次超静定，切断横杆代以多余未知力 X_1，基本结构如图 14-11b 所示。

（2）建立力法方程。

根据横梁切口处相对水平线位移为零的变形条件有

$$\delta_{11}X_1 + \Delta_{1F} = 0$$

（3）求系数和自由项。

分别作出基本结构在单位力 $X_1 = 1$ 作用下的弯矩图和在荷载作用下的弯矩图，如图 14-11c、d 所示。

$$\delta_{11} = \frac{2}{EI}\left(\frac{1}{2} \times 4 \times 4 \times \frac{2}{3} \times 4\right) + \frac{2}{2EI}\left[\frac{1}{2} \times 12 \times 8\left(\frac{2}{3} \times 12 + \frac{1}{3} \times 4\right)\right.$$

$$\left. + \frac{1}{2} \times 4 \times 8\left(\frac{1}{3} \times 12 + \frac{2}{3} \times 4\right)\right]$$

$$= \frac{1792}{3EI}$$

$$\Delta_{1F} = \frac{1}{EI}\left(\frac{1}{2} \times 480 \times 4 \times \frac{2}{3} \times 4\right) + \frac{1}{2EI}\left[\frac{1}{2} \times 1440 \times 8 \times \left(\frac{2}{3} \times 12 + \frac{1}{3} \times 4\right)\right.$$

$$\left. + \frac{1}{2} \times 480 \times 8\left(\frac{1}{3} \times 12 + \frac{2}{3} \times 4\right)\right]$$

$$= \frac{107520}{3EI}$$

（4）解方程求多余未知力。

$$X_1 = \frac{\Delta_{1F}}{\delta_{11}} = -\frac{107520}{3EI} \cdot \frac{3EI}{1792} = -60\text{kN}$$

（5）利用叠加公式 $M = M_F + \overline{M}_1 X_1$ 作出最后弯矩图，如图 14-11e 所示。

14.4.5 超静定桁架的计算

由于桁架杆件中只产生轴力，因此在计算系数和自由项时只需考虑轴力的影响，故

$$\begin{cases} \delta_{ii} = \sum \int \dfrac{\overline{F}_{Ni}\overline{F}_{Ni}}{EA}l \\[2mm] \delta_{ij} = \sum \int \dfrac{\overline{F}_{Ni}\overline{F}_{Nj}}{EA}l \\[2mm] \Delta_{iF} = \sum \int \dfrac{\overline{F}_{Ni}F_{NF}}{EA}l \end{cases} \tag{14-8}$$

桁架杆件的轴力图同样可由叠加原理求得：

$$F_N = \overline{F}_{N1}X_1 + \overline{F}_{N2}X_2 + \cdots + \overline{F}_{Nn}X_n + F_{NF} \tag{14-9}$$

【例 14-4】　求图 14-12a 所示超静定桁架中各杆的轴力，设各杆 L/EA 相同。

【解】

（1）选取基本结构。

此桁架为二次超静定结构，取基本结构如图 14-12b 所示。

（2）建立力法方程。

$$\begin{cases} \delta_{11}X_1 + \delta_{12}X_2 + \Delta_{1F} = 0 \\ \delta_{21}X_1 + \delta_{22}X_2 + \Delta_{2F} = 0 \end{cases}$$

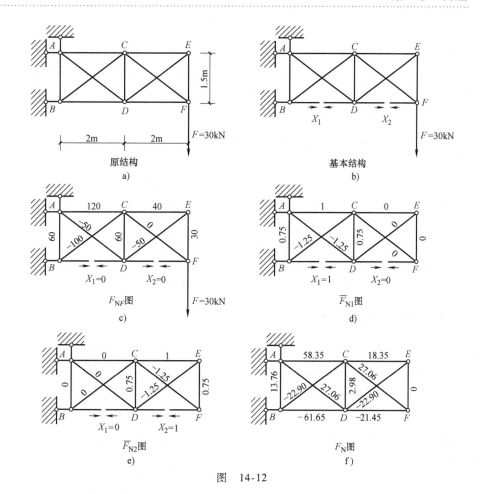

图 14-12

（3）求系数和自由项。

分别作出基本结构在荷载作用下的轴力图和在单位力 $X_1 = 1$、$X_2 = 1$ 作用下的轴力图，如图 14-12c、d、e 所示。

$$\delta_{11} = \sum F_{N1}^2 \frac{L}{EA} = \frac{L}{EA} \left[1^2 + (0.75)^2 \times 2 + (1.25)^2 \times 2 \right] = \frac{5.25L}{EA}$$

$$\delta_{12} = \delta_{21} = \sum F_{N1} F_{N2} \frac{L}{EA} = \frac{L}{EA} (0.75 \times 0.75) = \frac{0.56L}{EA}$$

$$\delta_{22} = \sum F_{N2}^2 \frac{L}{EA} = \frac{L}{EA} \left[1^2 + 1^2 + (0.75)^2 \times 2 + (1.25)^2 \times 2 \right] = \frac{6.25L}{EA}$$

$$\Delta_{1F} = \sum F_{N1} F_{NF} \frac{L}{EA} = \frac{L}{EA} (0.75 \times 60 + 120 \times 1 + 1.25 \times 50 + 1.25 \times 100 + 0.75 \times 60) = 397.5 \frac{L}{EA}$$

$$\Delta_{2F} = \sum F_{N2} F_{NF} \frac{L}{EA} = \frac{L}{EA} (0.75 \times 60 + 1 \times 40 + 1.25 \times 50 + 0.75 \times 30) = 170 \frac{L}{EA}$$

（4）解方程求多余未知力。

将以上系数、自由项代入力法方程，并消去 $\frac{L}{EA}$，可得

$$\begin{cases} 6.25X_1 + 0.56X_2 = -397.5 \\ 0.56X_1 + 6.25X_2 = -170 \end{cases}$$

解得 $X_1 = -61.65\text{kN}$，$X_2 = -21.65\text{kN}$。

（5）作轴力图。

按叠加公式 $F_N = \overline{F}_{N1} X_1 + \overline{F}_{N2} X_2 + F_{NF}$ 计算各杆内力，可得超静定桁架的轴力图，如图 14-12f 所示。

14.5　利用结构对称性简化力法计算

建筑工程中有不少结构是对称的。所谓对称结构是指：结构的几何形状和支座对称于某一几何轴线；各杆的刚度也对称于该轴线。也就是说，若将结构沿这个轴线对折，结构在轴线两侧部分的几何尺寸和刚度能完全重合。该轴线称为结构的对称轴。若对称轴两边的力大小相等，沿对称轴对折后作用点重合且方向相同，则称为正对称力；若对称轴两边的力大小相等，沿对称轴对折后作用点重合但方向相反，则称为反对称力。利用结构的对称性能够使力法典型方程中尽可能多的副系数以及自由项等于零，从而简化计算。

14.5.1　选取对称的基本结构

图 14-13a 所示结构为三次超静定刚架，属于对称结构。若将此刚架沿对称轴切开，可得到一个对称的基本结构，如图 14-13b 所示。三个多余未知力中，轴力 X_1、弯矩 X_2 是正对称内力，剪力 X_3 是反对称内力，作单位弯矩图如图 14-13c、d、e 所示。由图可见，正对称力 X_1 和 X_2 作用下的单位弯矩图 $\overline{M}_1$ 和 $\overline{M}_2$ 是对称的，而反对称力 X_3 作用下的单位弯矩图 $\overline{M}_3$ 则是反对称的。图乘时，由于对称图和反对称图相乘时的数值恰好正、负抵消，故图乘结果应等于零，即

$$\delta_{13} = \delta_{31} = 0$$

$$\delta_{23} = \delta_{32} = 0$$

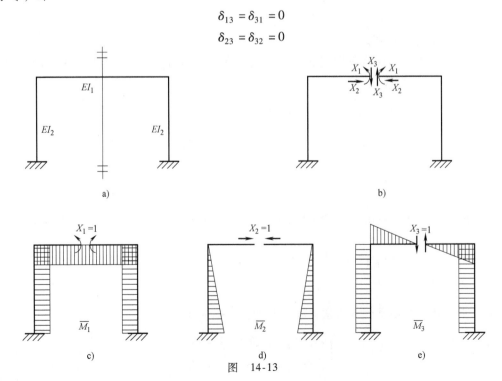

图　14-13

于是，三次超静定结构的力法典型方程式可简化为

$$\delta_{11}X_1 + \delta_{12}X_2 + \Delta_{1F} = 0$$
$$\delta_{21}X_1 + \delta_{22}X_2 + \Delta_{2F} = 0$$
$$\delta_{33}X_3 + \Delta_{3F} = 0$$

此时力法典型方程可分为两组，一组只包含正对称的多余未知力 X_1 和 X_2，另一组只包含反对称的多余未知力 X_3。由此可见，一个对称结构，若选取对称的基本结构，可使计算得到简化。

如果作用在结构上的荷载是正对称的，如图 14-14a 所示，则 M_F 图也是正对称的，如图 14-14b 所示。于是有自由项 $\Delta_{3F} = 0$。由典型方程的第三式可知反对称的多余未知力 $X_3 = 0$，因而只有正对称的多余未知力 X_1 和 X_2。最后弯矩图为 $M = \overline{M}_1 X_1 + \overline{M}_2 X_2 + M_F$，它也是正对称的，如图 14-14c 所示。由此推知，此时结构的所有反力、内力和位移（图 14-14a 中虚线所示）都是正对称的。

如果作用在结构上的荷载是反对称的，如图 14-14d 所示，则同理可知，此时正对称的多余未知力 $X_1 = X_2 = 0$，只有反对称的多余未知力 X_3。最后弯矩图为 $M = \overline{M}_3 X_3 + M_F$，它也是反对称的，如图 14-14f 所示，并且该结构所有反力、内力和位移（图 14-14d 中虚线所示）都是反对称的。

由此可得如下结论：**对称结构在正对称荷载作用下，其内力和位移都是正对称的；在反对称荷载作用下，其内力和位移都是反对称的。**

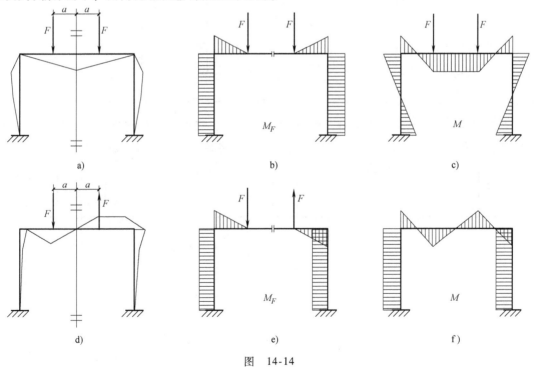

a)   b)   c)

d)   e)   f)

图 14-14

14.5.2 取半边结构计算

当对称结构承受正对称荷载或者反对称荷载时，可以只取结构的一半来进行计算。

1. 对称结构承受正对称荷载作用

由于在对称载荷作用下结构的内力和位移是对称的，故图 14-15a 所示刚架对称轴上的截面 C 处不会发生水平线位移和角位移，但有竖向位移；同时，该截面上将只有轴力和弯矩，而无剪力。所以当取一半刚架来计算时，可在 C 截面处用一定向支座（滑动支座）代替原有联系，得到图 14-15b 所示计算简图。

2. 对称结构承受反对称荷载作用

由于在反对称载荷作用下结构的内力和位移是反对称的，故图 14-15c 所示刚架对称轴上的截面 C 处不会发生竖向位移，但有水平线位移和角位移；同时，该截面上将只有剪力，而轴力和弯矩均为零。所以当取一半刚架来计算时，可在截面 C 处用一竖向链杆代替原有联系，得到图 14-15d 所示计算简图。

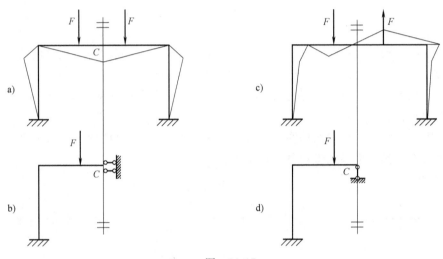

图 14-15

当对称结构受任意荷载作用时，如图 14-16a 所示，可将荷载分解为对称的与反对称的两部分，分别如图 14-16b、c 所示。然后分别求解，将结果叠加便得到最后内力图。

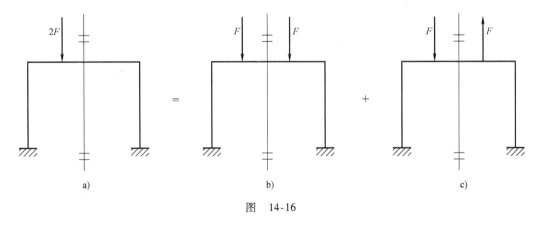

图 14-16

【例 14-5】 作图 14-17a 所示超静定刚架的弯矩图。已知各杆 EI 均为常数。

【解】

（1）取半结构及其基本结构。

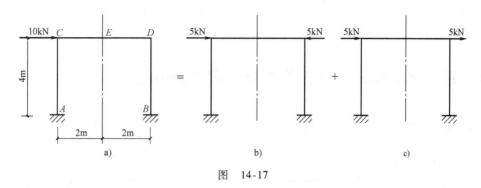

图　14-17

首先将荷载分解为对称荷载和反对称荷载的叠加，分别如图 14-17b、c 所示。其中在图 14-17b 所示对称荷载作用时，只有 *CD* 杆有轴力作用，其余各杆均无弯矩和剪力，因此只作反对称荷载作用下的弯矩图即可。在反对称荷载作用下，可取半结构如图 14-18a 所示，该半刚架为一次超静定结构，选取基本结构如图 14-18b 所示。

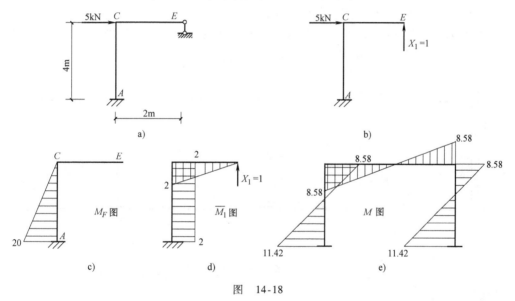

图　14-18

（2）建立力法方程。

$$\delta_{11} X_1 + \Delta_{1F} = 0$$

（3）计算系数和自由项。

分别画出 M_F 图和 $\overline{M}_1$ 图，如图 14-18c、d 所示，由图乘法求得

$$\delta_{11} = \frac{1}{EI}\left[\frac{1}{2} \times 2 \times 2 \times 2 \times \frac{2}{3} + 2 \times 4 \times 2\right] = \frac{56}{3EI}$$

$$\Delta_{1F} = -\frac{1}{EI}\left(\frac{1}{2} \times 4 \times 20 \times 2\right) = -\frac{80}{EI}$$

（4）解方程求多余未知力。

$$X_1 = \frac{\Delta_{1F}}{\delta_{11}} = 4.29\text{kN}$$

（5）作弯矩图。

利用叠加原理作 *ACE* 半刚架的弯矩图，而 *BDE* 半刚架的弯矩图则由反对称荷载作用下弯矩图应是反对称的关系作出，如图 14-18e 所示。

14.6 超静定结构的位移计算和最后内力图的校核

14.6.1 超静定结构的位移计算

由于超静定结构的基本结构在荷载与多余未知力共同作用下，其内力和位移与原结构完全一致。因此，计算超静定结构的位移，就是求基本结构的位移。而基本结构是静定结构，于是原超静定结构的位移计算问题就转变成静定结构的位移计算问题了。

因超静定结构的最后内力图并不随所选取基本结构的不同而不同，因此可以将其内力看成是按任意基本结构求得的。为了使计算简化，在求位移时，可选取单位内力图相对简单的基本结构。

下面举例说明由于荷载作用引起的位移计算。

【例 14-6】 如图 14-19a 所示的超静定刚架，其最终弯矩图已经求出，如图 14-19b 所示。设 *EI* = 常数，试求横梁中点 *D* 的竖向位移 Δ_{DV}。

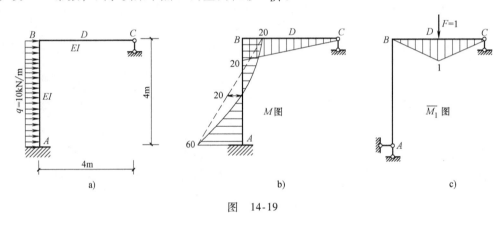

图 14-19

【解】

求 *D* 点竖向位移 Δ_{DV} 时，可选取图 14-19c 所示基本结构，在 *D* 点加竖向单位荷载 *F* = 1，得虚拟力状态 $\overline{M}_1$ 图。将图 14-19b 与图 14-19c 互乘得

$$\Delta_{DV} = \frac{1}{EI}\left(\frac{1}{2} \times 1 \times 4 \times 10\right) = \frac{20}{EI}(\downarrow)$$

计算结果为正值，表示位移方向与所设单位荷载的方向一致，即竖直向下。

14.6.2 超静定结构最后内力图的校核

内力图是结构设计的依据，必须保证其正确性，因此在求得内力图后，应对其进行校核。正确的内力图必须同时满足平衡条件和位移条件，因此对内力图的校核也就是对其是否满足这两个条件进行验算。下面以图 14-20a 所示刚架及其最后的内力图（图 14-20b、c、d）为例，介绍内力图的校核方法。

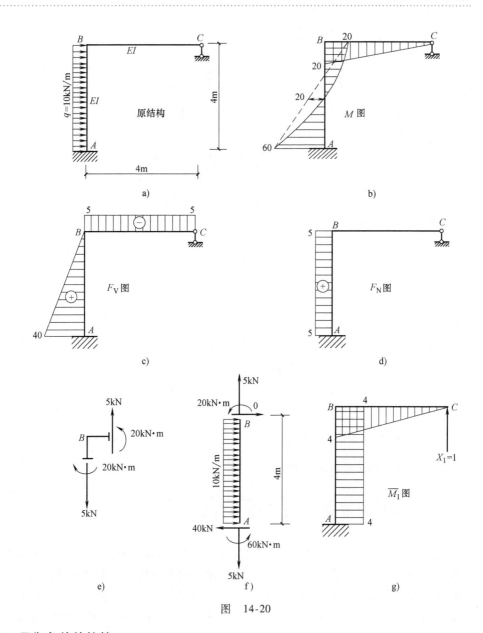

图　14-20

1. 平衡条件的校核

平衡条件的校核方法与静定结构相同，即截取结构的任意一部分（一般是取刚结点或杆件）为隔离体，把作用于该部分的荷载以及各切口处的内力（从 M、F_V、F_N 图可以得到这些值）都看成是作用于隔离体上的已知外力，然后看其是否满足静力平衡条件。例如，截取结点 B，并把求得的内力值按实际方向画在结点 B 上，如图 14-20e 所示，于是有

$$\sum F_x = 0$$
$$\sum F_y = -5 + 5 = 0$$
$$\sum M_B = 20 - 20 = 0$$

显然，结点 B 满足平衡条件。

再如，截取 AB 杆为隔离体（图 14-20f），于是有

$$\sum F_x = 10 \times 4 - 40 = 0$$

$$\sum F_y = 5 - 5 = 0$$

$$\sum M_B = 40 \times 4 - 20 - 60 - \frac{1}{2} \times 10 \times 4^2 = 0$$

显然，AB 杆也满足平衡条件。同理，也可校核其他杆件。

2. 位移条件校核

仅有平衡条件的校核还不能保证超静定结构的内力图一定正确。这是因为最后内力图是由力法方程求出多余未知力后，在基本结构上根据平衡条件求出来的，而多余未知力是否正确则由平衡条件检查不出来，因此还应进行位移条件的校核。校核位移条件，就是检查根据最后内力图计算出沿任一多余未知力方向的位移是否与该处的实际位移情况相同。对于梁和刚架结构，则应满足下式：

$$\Delta_i = \sum \int \frac{\overline{M_i} M}{EI} ds = 0 \tag{14-10}$$

理论上来讲，对于 n 次超静定结构，就应校核 n 个多余未知力方向的位移，但实际上如果与某一多余未知力 X_i 对应的 $\overline{M_i}$ 图在结构各杆上都有分布时，只需要校核该方向上的一个位移即可；如果 $\overline{M_i}$ 图只分布在部分杆件上，则还需要校核其他位移。总之应使所有杆件上的弯矩图都能得到校核才是全面的。例如，可用位移条件校核图 14-20a 所示刚架的最后弯矩图是否正确。由于刚架 C 点的竖向位移为零，可去掉 C 处的竖向链杆并代之以单位力 $X_1 = 1$ 作为虚拟状态，作 $\overline{M_1}$ 图如图 14-20g 所示，将其与图 14-20b 相图乘，可得

$$\Delta_{CV} = \frac{1}{EI} \Big[-\frac{1}{2} \times 60 \times 4 \times 4 + \frac{1}{2} \times 20 \times 4 \times 4 + \frac{2}{3} \times 20 \times 4 \times 4 + \frac{1}{2} \times 20 \times 4 \times \frac{2}{3} \times 4 \Big] = 0$$

可见，最后的弯矩图满足位移条件。

14.7 支座移动时超静定结构的内力计算

静定结构只有在荷载作用下才产生内力，在支座移动、温度变化、制作误差及材料的收缩膨胀等非荷载因素作用下不会产生内力。而超静定结构则不然，只要存在使结构产生变形的因素，都会使其产生内力，这是超静定结构不同于静定结构的一个重要特征之一。用力法计算超静定结构在非荷载因素作用下的内力时，其原理和步骤与荷载作用时的情况基本相同，不同的只是力法典型方程中自由项的计算。本节只介绍超静定结构在支座移动时的内力计算。

【例 14-7】 图 14-21a 所示为一单跨超静定梁，设固定支座 A 发生了转角 θ，试作梁的弯矩图。已知梁的 $EI =$ 常数。

【解】

（1）选取基本结构如图 14-21b 所示。

（2）建立力法方程。

$$\delta_{11} X_1 + \Delta_{1c} = 0$$

（3）求系数和自由项。

绘制出 $\overline{M_1}$ 图如图 14-21c 所示，得

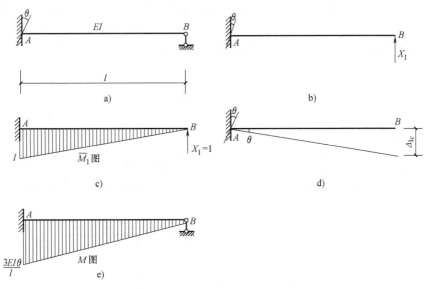

图 14-21

$$\delta_{11} = \frac{1}{EI}\left(\frac{l^2}{2} \times \frac{2l}{3}\right) = \frac{l^3}{3EI}$$

由于支座 A 产生转角 θ，B 点相应地向下移动，如图 14-21d 所示，由几何关系得

$$\Delta_{1c} = -l\theta$$

（4）解方程求多余未知力 X_1。

将 δ_{11} 和 Δ_{1F} 代入力法方程中，得

$$X_1 = -\frac{\Delta_{1F}}{\delta_{11}} = -(-l\theta) \cdot \frac{3EI}{l^3} = \frac{3EI\theta}{l^2}$$

（5）作弯矩图。

因为基本结构是静定结构，在支座移动时不产生内力，所以只要将 $\overline{M}_1$ 乘以 X_1 即可，即根据 $M = \overline{M}_1 X_1$ 可得弯矩图，如图 14-21e 所示。由此可见，超静定结构由于支座移动产生的内力大小与杆件的刚度 EI 成正比，与杆长 l 成反比。

单跨超静定梁在单位支座位移时引起的杆端弯矩和杆端剪力，以及在各种典型荷载作用下引起的杆端弯矩和杆端剪力在位移法中要经常用到，前者称为形常数；后者称为载常数，均可用力法计算求出，见表 15-1。

思 考 题

14-1 试比较超静定结构与静定结构的异同。

14-2 什么是力法的基本结构和基本未知量？怎样选择基本结构？

14-3 力法方程的物理意义是什么？力法方程是根据什么条件建立的？

14-4 对称结构在正对称荷载作用下，其内力和变形有何特点？在反对称荷载作用下又有何特点？

14-5 "没有荷载就没有内力"的结论是否正确？为什么？

14-6 为什么荷载作用时各杆 EI 只要知道其相对值就行，而在支座移动的情况下必须知道各杆 EI 的实际值？

14-7 校核超静定结构的内力时，要利用哪两个条件？

习　题

14-1 判断图 14-22 所示结构的超静定次数。

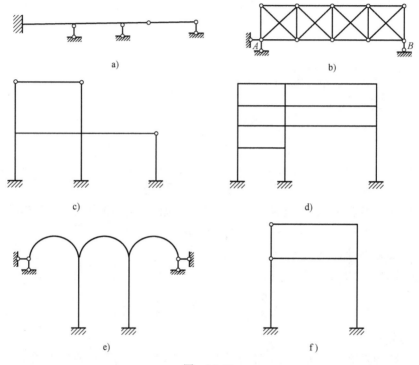

图　14-22

14-2 作图 14-23 所示超静定梁的弯矩图，EI = 常数。

14-3 作图 14-24 所示超静定刚架的弯矩图，各杆 EI 均相等。

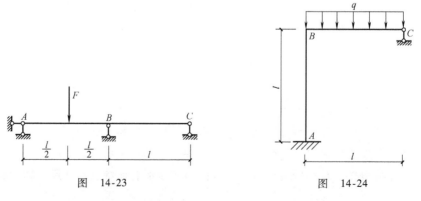

图　14-23　　　　　　　图　14-24

14-4 计算图 14-25 所示超静定桁架的内力，各杆 EA 均相等。

14-5 计算图 14-26 所示排架，作弯矩图。

14-6 试作图 14-27 所示结构由支座移动引起的弯矩图，EI = 常数。

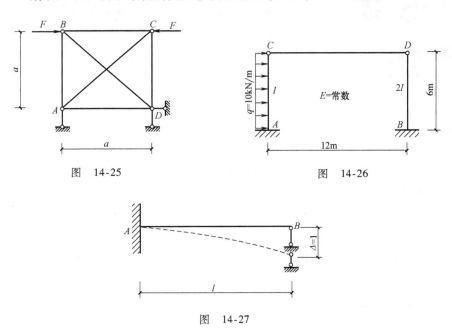

图 14-25　　　　　　　　　　　图 14-26

图 14-27

第15章

位移法

学习目标

- 熟悉位移法的基本概念和基本原理。
- 熟悉超静定梁杆端弯矩正、负号的规定和判别方法。
- 熟练掌握位移法的基本结构、典型方程及基本应用。
- 了解位移法与力法的关系。

15.1 位移法的基本原理

15.1.1 位移法基本概念

通过第 14 章可知，力法是以结构的多余未知力作为基本未知量，按照位移条件将它们求出，然后便可据以求出结构的其他反力、内力和位移。由于在一定外因作用下，结构的内力和位移之间具有一定的关系。因此，也可把结构的某些位移作为基本未知量，首先求出它们，再据以确定结构的内力，这样的方法称为位移法。下面通过讨论几个简单例子来说明位移法的基本概念。

如图 15-1a 所示为一两跨等截面的连续梁，在荷载作用下将发生如图中虚线所示的变形。该连续梁可看作由 AB、BC 两根杆件在 B 端刚性连接而组成，所以结点 B 为刚结点。因为不考虑受弯杆件的轴向变形，且结点 B 有竖向链杆支承，故结点 B 无水平线位移和竖向线位移，只有角位移，设其角位移为 θ_1。汇交于该刚结点的两杆的杆端在变形后将发生与结点相同的转角。因此，图 15-1a 中 AB 杆的 B 端和 BC 杆的 B 端均发生转角 θ_1。

分析 AB、BC 两杆，发现它们的变形情况与图 15-1b 所示相同。其中，AB 杆相当于两端固定梁在固定端 B 处发生转角 θ_1；BC 杆则相当于左端固定右端铰支的单跨梁受荷载 P 作用，且在固定端 B 处发生大小为 θ_1 的转角。根据叠加原理，图 15-1b 又可分解为图 15-1c、d 所示两种情况来考虑。据此，按转角位移方程（参照第 14 章）或查表 15-1，即可写出 AB、BC 两杆的杆端弯矩如下：

$$M_{AB} = \frac{2EI}{l}\theta_1, \quad M_{BA} = \frac{4EI}{l}\theta_1$$

$$M_{BC} = \frac{3EI}{l}\theta_1 - \frac{3}{16}Fl, \quad M_{CB} = 0$$

其中，M_{BC} 的第二项 $-\dfrac{3}{16}Fl$ 为图 15-1c 中的 BC 梁当 B 端支座无位移时，仅由外荷载作用所产生的单跨梁杆端弯矩，称为固端弯矩，用 M_{AB}^F 表示。

如果能确定两杆的杆端弯矩，即可由平衡条件求得杆中的内力。在上述各杆端弯矩的表达式中，固端弯矩可根据已知荷载直接算出或查表得出，而结点 B 的转角 θ_1 是未知量。只有预先求得 θ_1，才可能确定杆端弯矩。

那么，如何求得结点 B 的转角 θ_1，假设结点 B 转动任意大小的角度，即 θ_1 无论取何数值，这时虽然汇交于结点 B 的各杆端仍有相同的转角，结构的变形保持协调，但相应地各杆端产生的弯矩就不一定满足结点 B 的力矩平衡条件，从而造成不符合结构实际的变形和受力情况。因此，应根据结点 B 的力矩平衡条件来确定角位移 θ_1。

结点 B 的力矩平衡条件（图15-2）为

$$M_{BA} + M_{BC} = 0$$

将杆端弯矩值代入上式后，得

$$\left(\frac{4EI}{l} + \frac{3EI}{l}\right)\theta_1 - \frac{3}{16}Fl = 0$$

所以　　　$\theta_1 = \dfrac{3Fl^2}{112EI}$

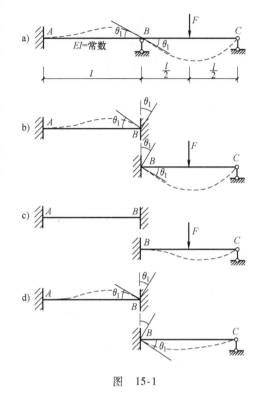

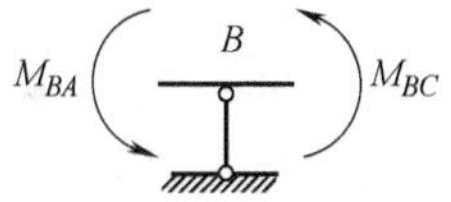

图　15-1

求得结点 B 的转角 θ_1 后，再代回原杆端弯矩的表达式中，即可求得各杆的杆端弯矩为

$$M_{AB} = \frac{2EI}{l} \times \frac{3Fl^2}{112EI} = \frac{3}{56}Fl$$

$$M_{BA} = \frac{4EI}{l} \times \frac{3Fl^2}{112EI} = \frac{3}{28}Fl$$

$$M_{BC} = \frac{3EI}{l} \times \frac{3Fl^2}{112EI} - \frac{3}{16}Fl = \frac{9}{112}Fl - \frac{3}{16}Fl = -\frac{3}{28}Fl$$

$$M_{CB} = 0$$

图　15-2

求出杆端弯矩后，再利用图15-3a所示隔离体由平衡条件求出杆端剪力。杆端剪力也可利用方程直接算出。原结构的弯矩图和剪力图如图15-3b、c所示。

如图15-4a所示刚架，结点1为刚结点。在荷载 q 作用下，将发生图中虚线所示的变形，汇交于结点1的两杆在1端将产生相同的转角 θ_1。严格地说，结点1还具有微小的线位移，不过，对于受弯直杆，通常都可略去轴向变形和剪切变形的影响，并认为弯曲变形是微小的，故可假定各杆两端之间的距离在变形过程中保持不变。这样，在图示刚架中，由于支座2、3都不能移动，而结点1与2、3两点之间的距离根据上述假定又都保持不变，于是可认为结点1不能发生线位移。

图15-4a中杆12和13的变形情况分别与图15-4b、c所示的两根单跨梁相同。因此，同样可以单跨超静定梁为基础写出各杆端弯矩表达式，然后利用结点1的力矩平衡条件求得结点1的角位移。

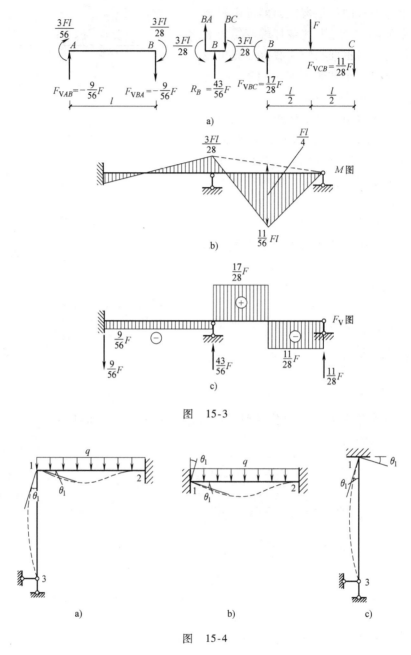

图　15-3

图　15-4

由于该结构只有一个刚结点，变形后该刚结点只有角位移，计算时取该结点的角位移为基本未知量。在实际结构中，通常结构具有若干结点，各个结点可能同时发生转角和线位移。如图 15-5a 所示的刚架，C、D 两刚结点分别发生转角 θ_1 和 θ_2，同时具有一个独立的水平线位移 Δ。同样，首先应求出 θ_1、θ_2 和 Δ 这三个基本未知量，然后才能确定全部杆端弯矩和剪力。这三个结点位移的大小由结构的平衡条件确定。求解上述三个基本未知量时，可以取结点 C 和 D 图 15-5b 为隔离体，列出两个力矩平衡方程，由 $\sum M_C = 0$ 和 $\sum M_D = 0$ 得

$$\begin{cases} M_{CA} + M_{CD} = 0 \\ M_{DC} + M_{DB} = 0 \end{cases}$$

此外，再截取结构中包含发生 Δ 各结点在内的部分为隔离体，列出一个投影平衡方程。在本例中，可截开柱顶取柱顶以上横梁 CD 部分为隔离体（图 15-5b），由 $\sum F_x = 0$ 得

$$F - F_{VCA} - F_{VDB} = 0$$

将杆端内力表达式代入上述三个平衡方程后，就可得到求解三个基本未知量 θ_1、θ_2 和 Δ 的三个代数方程，即可求解问题。

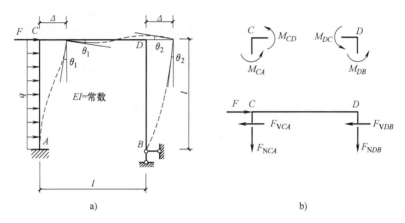

图　15-5

根据以上所述，位移法是以结构中结点位移（转角和线位移）作为基本未知量来解题的。如果有 n 个刚结点，那么就有 n 个转角未知量，则需要从这 n 个刚结点建立 n 个力矩平衡方程；如果有 m 个独立的结点线位移未知量，那么一般则需考虑某些横梁部分（包含柱端）的平衡来建立 m 个平衡方程。根据全部平衡方程求出结点位移后，便可以确定结构的内力。

据此可总结出位移法的求解思路如下：

（1）把结构在可动结点处拆开，将各杆分别视为相应的单跨超静定梁。这些梁承受原有的荷载，并在杆端发生与实际情况相同的杆端位移。据此，即可写出各杆杆端内力表达式。

（2）将各杆组合成原结构。此时，考虑结构的变形协调，各杆的杆端位移应与连接该杆的结点的位移相协调，并考虑各刚结点的力矩平衡条件及结构某些部分的平衡条件（一般取横梁部分的剪力平衡条件）。由此，即可获得与基本未知量数量相等的方程求解各未知结点位移。这样的方程称为位移法基本方程。

上述分析是以单根杆件的受力分析为基础的，必须明确单根杆件的杆端力与杆端位移以及所受荷载之间的关系式。这种关系式可从表 15-1 或等截面直杆转角位移方程获得。如果能求得其他类型杆件（如变截面直杆、曲杆甚至折杆等）的转角位移方程，也就能用位移法求解出由这些杆件组成的超静定结构未知力，从而解决超静定问题。

15.1.2 位移法基本未知量数目的确定

位移法中是以结构刚结点的位移（独立角位移和线位移）作为基本未知量。因此，用位移法计算结构时，必须先确定结构独立的结点位移数目，准确地说，就是确定独立角位移和线位移的数目。

1. 角位移数目的确定

用位移法计算刚架时，是以单跨超静定梁的转角位移方程作为计算的基础。因为刚架中的每个刚结点都有可能发生角位移，而汇交于刚结点的各杆端的转角就等于该刚结点的转角，所以角位移基本未知量的数目就等于刚结点的数目，只需计算刚结点的个数，即可确定角位移的数目。例如，图 15-6a 所示刚架，有 B、C 两个刚结点，故有两个角位移未知量；图 15-6b 所示刚架，结点 B 为组合结点，它的左、右各有一个刚结点，故也有两个角位移未知量。在图 15-6b 中，伸臂 CD 部分，内力可根据静力平衡条件确定；假如将伸臂 CD 去掉，那么杆件 BC 就变成 B 端固定、C 端铰支的单跨超静定梁。因此，确定位移法基本未知量的数目时，可以将结构中的静定部分去掉，再考虑该结构的基本未知量。

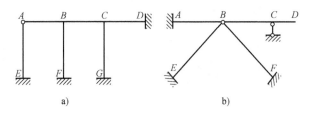

图　15-6

2. 线位移数目的确定

一般来说，由于一个点在平面内具有两个移动自由度，所以如果平面刚架的每个结点不受约束，那么就有两个线位移。为了简化计算，通常都假定结构的变形是微小的，受弯直杆在受力发生弯曲和轴向变形时，对杆件长度所产生的影响很细微，可以忽略不计。因此，可以认为，受弯直杆受力发生变形时，其两端结点之间的距离保持不变。这就等同于为每根受弯直杆提供了相当于一根刚性链杆的约束条件。因此，计算刚架结点的线位移个数时，应先把所有的受弯直杆视为刚性链杆，同时把所有的刚结点和固定支座全部改为铰接点或固定铰支座，从而使刚架变成一个铰接体系，然后分析该铰接体系的几何组成，凡是可动的结点，用增设附加链杆的方法使其不动，从而使整个铰接体系成为几何不变体系。最后计算出所需增设的附加链杆总数，即为刚架结点的独立线位移个数。例如，图 15-7a 所示刚架，改成铰接体系后，只需增设 2 根附加链杆的约束就能变成几何不变体系，如图 15-7b 所示，则有 2 个独立线位移。图 15-8a 所示刚架，改成铰接体系后，只需增设 1 根附加链杆的约束就能变成几何不变体系，如图 15-8b 所示，因此该结构只有 1 个独立线位移。其中，刚结点 B 上的悬臂 BC，由于它是静定的，其内力可根据静力平衡条件确定，故计算线位移个数时，可以把它去掉。

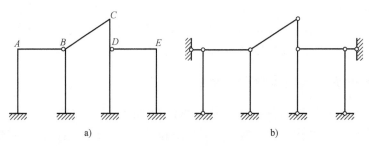

图　15-7

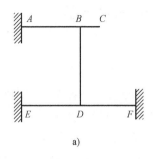
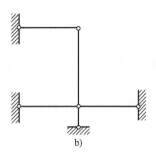

图　15-8

3. 位移法的基本未知量数目的确定

位移法的基本未知量数目应等于结构结点的独立角位移和线位移两者数目之和。

例如，图 15-7a 所示刚架，有 A、B、C、D、E 5 个刚结点，即有 5 个角位移，由图 15-7b 可知，刚架有 2 个线位移，故总共有 7 个基本未知量。

又如，图 15-8a 所示刚架，有 B、D 两个刚结点，即有 2 个角位移，由图 15-8b 可知结构有 1 个线位移，故该结构总共有 3 个基本未知量。

而对于图 15-9a 所示排架，将其变成铰接体系后，一共需要增设 2 根附加链杆的约束才能成为几何不变体系，如图 15-9b 所示，故有 2 个线位移。在确定角位移时，要注意柱 2B 上的结点 3 是一个组合结点，杆件 2B 应视为由 23 和 3B 两杆在 3 处刚性连接而成，故结点 3 处有一个转角基本未知量。由此可知，该排架的位移法基本未知量共有 3 个。

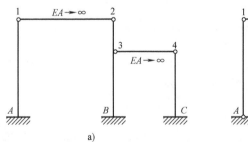
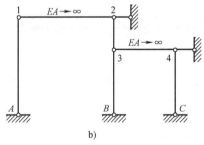

图　15-9

可见，上面介绍的计算结点独立线位移数目的方法，都是以不计杆件的轴向变形作为前提的。如果需要考虑杆件轴向变形的影响，则上述方法就不再适用了。因为当需要考虑杆件轴向变形的影响时，"杆件两端结点之间距离保持不变"的假设就被否定，因而也就不能再把受弯直杆当作刚性链杆约束来计算刚架的结点线位移数目。在这种情况下，除支座外，刚架的每个结点都有两个线位移。

因此，如果刚架中有需要考虑其轴向变形影响的杆件，在计算刚架的内力时，必须考虑其轴向变形的影响。所以，在用相应的铰接体系计算刚架的结点线位移数目时，也就不能把这种杆件当作刚性链杆。

15.2 单跨超静定梁杆端弯矩正、负号的判定方法

15.2.1 梁杆端弯矩正、负号的规定

在位移法和力矩分配法等计算过程中，需要用到等截面单跨超静定梁在荷载作用下以及杆端发生位移时的杆端内力，这些内力简称为杆端力，可以用力法求出。

为了使杆端力的表达明确和计算方便，在位移法和力矩分配法中，杆端弯矩在字母 M 的右下角用两个下标标明该弯矩所属的杆件，其中，前一个下标表示该弯矩所属的杆端。例如图 15-10 所示的 AB 梁，其 A 端的弯矩以 M_{AB} 表示，B 端的弯矩则以 M_{BA} 表示。

（1）杆端弯矩 M 正、负号规定如下：考虑杆件为脱离体时，杆端弯矩绕杆件顺时针旋转为正，反之为负；考虑结点或支座为脱离体时，杆端弯矩绕结点逆时针方向旋转为正，反之为负（图 15-10）。应注意，此处所采用的弯矩正、负符号的规定与材料力学中所用的规定不同，应加以区别。

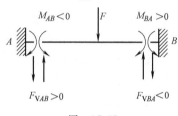

图 15-10

（2）杆端剪力 F_V 的正、负号规定与材料力学中的规定相同。也就是说，对所考虑脱离体的任意一点产生顺时针旋转的剪力 F_V 为正，反之为负（图 15-10）。

对于等截面直杆，其形常数定义为单跨超静定梁在杆端沿某位移方向发生单位位移时所需要施加的杆端力，又称为杆件的刚度系数。形常数只与杆件的长度、截面尺寸及材料的弹性模量有关。

15.2.2 梁杆端弯矩正、负号的判定

在本章和下一章力矩分配法中，将会涉及图 15-11 所示的三种类型的等截面单跨超静定梁。下面着重对两端固定梁的杆端弯矩进行正、负号判定。

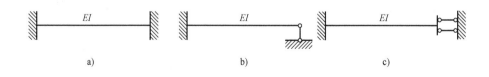

图 15-11

1. 常见典型荷载作用

在图 15-12 中，杆端弯矩的实际方向如图中所示，其 A 端弯矩 M_{AB}，对杆端为逆时针方向，对支座则为顺时针方向，与正向规定恰好相反，故为负值；而 B 端弯矩 M_{BA} 的实际方向与正向规定相符，故为正值。

2. 杆端转角

在图 15-13 中，杆端弯矩的实际方向如图中所示，其 A 端弯矩 M_{AB}，对杆端为顺时针方

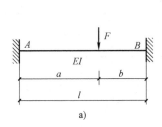

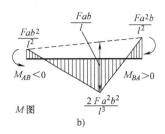

图 15-12

向，对支座则为逆时针方向，与正向规定相符，故为正值；而 B 端弯矩 M_{BA} 的实际方向与正向规定相符，故也为正值。

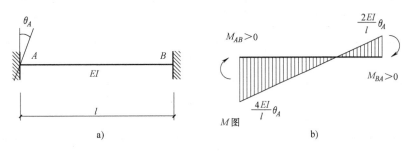

图 15-13

3. 杆端侧移

在图 15-14 中，杆端弯矩的实际方向如图中所示，其 A 端弯矩 M_{AB} 对杆端为逆时针方向，对支座则为顺时针方向，与正向规定恰好相反，故为负值；而 B 端弯矩 M_{BA} 的实际方向与正向规定恰好相反，故也为负值。

对于一端固定、另一端铰支的等截面梁，同样可用力法计算其杆端力。现将两端固定梁，一端固定、另一端铰支梁和一端固定、另一端定向支承梁在常见的外因（荷载作用、支座转动和支座移动）影响下的杆端内力（形常数和载常数）数值汇总列于表 15-1 中，以方便应用时查询。

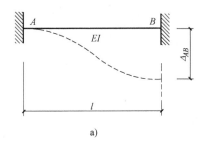

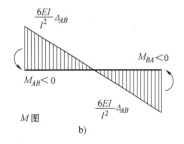

图 15-14

当单跨超静定梁受到各种荷载以及支座移动和转动的共同作用时，其杆端内力可依照表 15-1 中的结果，叠加各对应项杆端内力即可（代数和）。

表 15-1 等截面单跨超静定梁杆端变矩

编号	梁的简图	弯矩		剪力	
		M_{AB}	M_{BA}	F_{VAB}	F_{VBA}
1		$\dfrac{4EI}{l}=4i$	$\dfrac{2EI}{l}=2i$	$-\dfrac{6EI}{l^2}=-\dfrac{6i}{l}$	$-\dfrac{6EI}{l^2}=-\dfrac{6i}{l}$
2		$-\dfrac{6EI}{l^2}=-\dfrac{6i}{l}$	$-\dfrac{6i}{l}$	$\dfrac{12EI}{l^3}=\dfrac{12i}{l^2}$	$\dfrac{12EI}{l^3}=\dfrac{12i}{l^2}$
3		$-\dfrac{Fab^2}{l^2}$	$\dfrac{Fa^2b}{l^2}$	$\dfrac{Fb^2(l+2a)}{l^3}$	$-\dfrac{Fa^2(l+2b)}{l^3}$
4		$-\dfrac{1}{12}ql^2$	$\dfrac{1}{12}ql^2$	$\dfrac{1}{2}ql$	$-\dfrac{1}{2}ql$
5		$\dfrac{b(3a-l)}{l^2}M$	$\dfrac{a(3b-l)}{l^2}M$	$-\dfrac{6ab}{l^3}M$	$-\dfrac{6ab}{l^3}M$
6		$\dfrac{3EI}{l}=3i$	0	$-\dfrac{3EI}{l^2}=-\dfrac{3i}{l}$	$-\dfrac{3EI}{l^2}=-\dfrac{3i}{l}$
7		$-\dfrac{3EI}{l^2}=-\dfrac{3i}{l}$	0	$\dfrac{3EI}{l^3}=\dfrac{3i}{l^2}$	$\dfrac{3EI}{l^3}=\dfrac{3i}{l^2}$

（续）

编号	梁的简图	弯矩		剪力	
		M_{AB}	M_{BA}	F_{VAB}	F_{VBA}
8	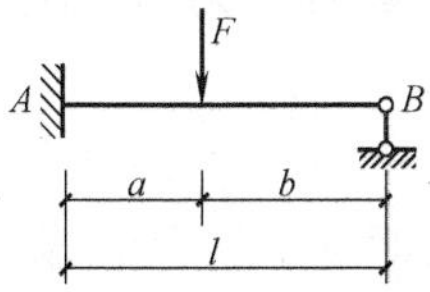	$-\dfrac{Fab(l+b)}{2l^2}$	0	$\dfrac{Fb(3l^2-b^2)}{2l^3}$	$-\dfrac{Fa^2(2l+b)}{2l^3}$
9	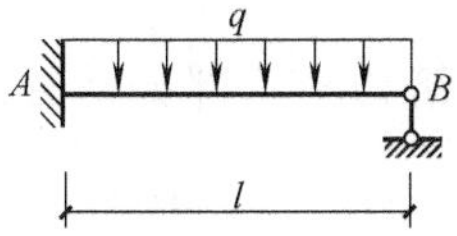	$-\dfrac{1}{8}ql^2$	0	$\dfrac{5}{8}ql$	$-\dfrac{3}{8}ql$
10	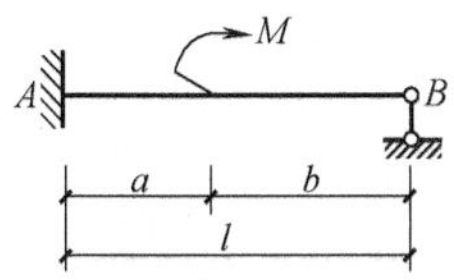	$\dfrac{l^2-3b^2}{2l^2}M$	0	$-\dfrac{3(l^2-b^2)}{2l^3}M$	$-\dfrac{3(l^2-b^2)}{2l^3}M$
11	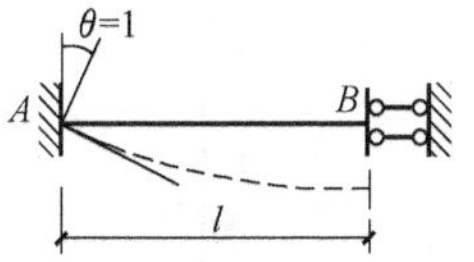	$\dfrac{EI}{l}=i$	$-\dfrac{EI}{l}=-i$	0	0
12	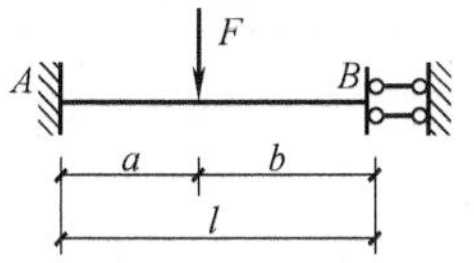	$-\dfrac{Fa(l+b)}{2l}$	$-\dfrac{Fa^2}{2l}$	F	0
13	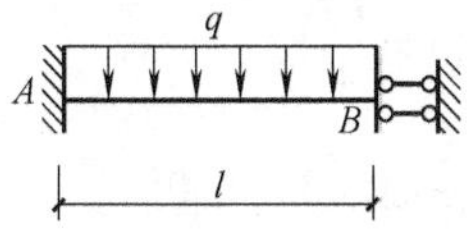	$-\dfrac{1}{3}ql^2$	$-\dfrac{1}{6}ql^2$	ql	0

注：表中 EI 为等截面梁的抗弯刚度，$i=\dfrac{EI}{l}$ 为线刚度。

15.3 位移法应用举例

15.3.1 用位移法计算刚架的步骤

用位移法计算超静定刚架的步骤如下：

（1）确定基本未知量数目，并绘出示意图。图中应画出原结构所承受的荷载和独立的结点位移。

（2）考虑变形协调条件，并根据转角位移方程（或表15-1），写出基本未知量表示的各杆件端弯矩和剪力的表达式。

（3）利用刚结点的力矩平衡条件和结构中某一部分的平衡条件（通常为横梁部分的剪力平衡条件），建立求解基本未知量的方程组。

（4）解方程组，求出各基本未知量。

（5）将求得的基本未知量代回第2步所得的杆端内力的表达式，从而求出各杆杆端内力。

（6）作内力图。

（7）校核结构的各刚结点是否满足力矩平衡条件，以及结构某些部分是否满足剪力平衡条件，如都得到满足，则说明计算结果无误。

15.3.2 用位移法计算刚架的应用举例

【例15-1】 用位移法计算图15-15a所示刚架。

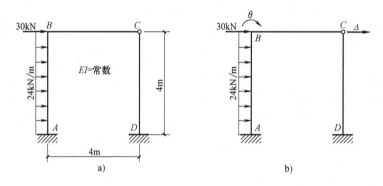

图 15-15

【解】

基本未知量为刚结点 B 的角位移 θ 以及结点 C 的水平线位移 Δ，详见图15-15b。根据图15-15b并利用表15-1分别列出各杆杆端的内力如下$\left(\text{其中 } i = \dfrac{EI}{4}\right)$。

$$M_{AB} = 2i\theta - \frac{6}{4}i\Delta - \frac{1}{12} \times 24 \times 10^3 \times 4^2 = 2i\theta - \frac{3}{2}i\Delta - 32 \times 10^3$$

$$M_{BA} = 4i\theta - \frac{6}{4}i\Delta + \frac{1}{12} \times 24 \times 10^3 \times 4^2 = 4i\theta - \frac{3}{2}i\Delta + 32 \times 10^3$$

$$M_{BC} = 3i\theta$$

$$M_{CB} = M_{CD} = 0$$

$$M_{DC} = -\frac{3}{4}i\Delta$$

$$F_{VAB} = -\frac{6}{4}i\theta + \frac{3}{4}i\Delta + \frac{1}{2} \times 24 \times 10^3 \times 4 = -\frac{3}{2}i\theta + \frac{3}{4}i\Delta + 48 \times 10^3$$

$$F_{VBA} = -\frac{6}{4}i\theta + \frac{3}{4}i\Delta - \frac{1}{2} \times 24 \times 10^3 \times 4 = -\frac{3}{2}i\theta + \frac{3}{4}i\Delta - 48 \times 10^3$$

$$F_{VBC} = -\frac{3}{4}i\theta, \quad F_{VCB} = -\frac{3}{4}i\theta$$

$$F_{VCD} = \frac{3}{4^2}i\Delta = \frac{3}{16}i\Delta, \quad F_{VDC} = \frac{3}{4^2}i\Delta = \frac{3}{16}i\Delta$$

从原结构中取出如图 15-16 所示 B 结点及杆 BC 两个隔离体，由 B 结点的平衡条件 $\sum M_B = 0$ 得

$$M_{BA} + M_{BC} = 0$$

由杆 BC 的平衡条件 $\sum F_x = 0$ 得

$$F_{VBA} + F_{VCD} - 30 \times 10^3 = 0$$

联立以上有关杆端内力的表达式，整理后得

$$\begin{cases} (3i+4i)\theta_1 - \frac{3}{2}i\Delta + 32 \times 10^3 = 0 \\ -\frac{3}{2}i\theta + \left(\frac{3}{4}i + \frac{3}{16}i\right)\Delta - 78 \times 10^3 = 0 \end{cases}$$

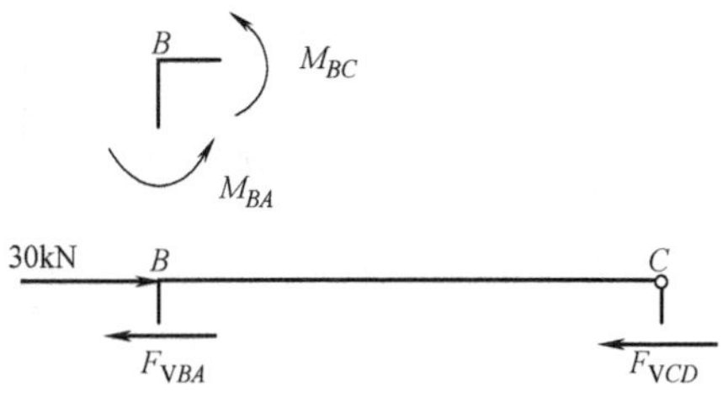

即

$$\begin{cases} 7i\theta - \frac{3}{2}i\Delta + 32 \times 10^3 = 0 \\ -\frac{3}{2}i\theta + \frac{15}{16}i\Delta - 78 \times 10^3 = 0 \end{cases}$$

图 15-16

解得

$$\theta = \frac{464000}{23i}, \quad \Delta = \frac{2656000}{23i}$$

将 θ、Δ 的结果代回杆端内力表达式，得

$$M_{AB} = -164.87 \text{ kN} \cdot \text{m}, \quad M_{BA} = -60.52 \text{kN} \cdot \text{m}, \quad M_{BC} = 60.52 \text{kN} \cdot \text{m}$$

$$M_{CB} = 0, \quad M_{CD} = 0, \quad M_{DC} = -86.61 \text{kN} \cdot \text{m}$$

$$F_{VAB} = 104.35 \text{kN}, F_{VBA} = 8.35 \text{kN}, F_{VBC} = -15.13 \text{kN},$$

$$F_{VCB} = -15.13 \text{kN}, F_{VCD} = 21.65 \text{kN}, \quad F_{VDC} = 21.65 \text{kN}$$

最后，根据结点的平衡条件即可求得各杆的轴力。刚架的最终 M 图、F_V、F_N 图如图 15-17a、b、c所示。

校核：可分别取图 15-17d、e 所示隔离体，由于能满足 $\sum M_B = 0$ 及 $\sum F_x = 0$ 的平衡条件，因此计算结果无误。

【例 15-2】 图 15-18a 所示刚架的支座 A 假设下沉位移 Δ，试用位移法计算此刚架并绘制其内力图，$EI =$ 常数。

【解】

基本未知量为结点 C 的角位移 θ_1（图 15-18b）。

由图 15-18b 并利用表 15-1 列出各杆杆端内力如下：

$$M_{AC} = \frac{2EI}{l}\theta_1, \qquad F_{VAC} = -\frac{6EI}{l^2}\theta_1$$

$$M_{CA} = \frac{4EI}{l}\theta_1, \qquad F_{VCA} = -\frac{6EI}{l^2}\theta_1$$

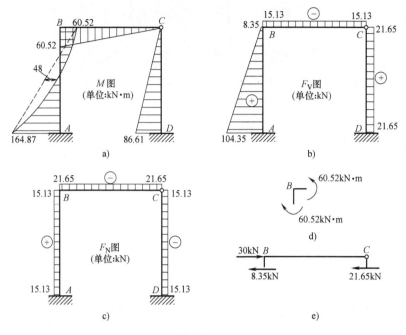

图　15-17

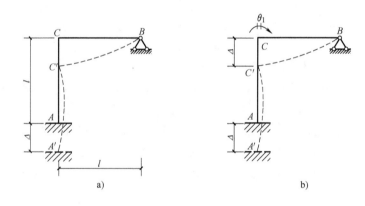

图　15-18

$$M_{CB} = \frac{3EI}{l}\theta_1 + \frac{3EI}{l^2}\Delta, \qquad F_{VCB} = -\frac{3EI}{l^2}\theta_1 - \frac{3EI}{l^3}\Delta,$$

$$M_{BC} = 0, \qquad F_{VBC} = -\frac{3EI}{l^2}\theta_1 - \frac{3EI}{l^3}\Delta$$

由结点 C 的力矩平衡条件 $M_{CA} + M_{CB} = 0$ 得

$$\frac{4EI}{l}\theta_1 + \frac{3EI}{l}\theta_1 + \frac{3EI}{l^2} = 0$$

解得
$$\theta_1 = -\frac{3}{7l}\Delta$$

将其代回原杆端内力表达式，得

$$M_{AC} = -\frac{6EI}{7l^2}\Delta, \qquad F_{VAC} = \frac{18EI}{7l^3}\Delta,$$

$$M_{CA} = -\frac{12EI}{7l^2}\Delta, \qquad F_{VCA} = \frac{18EI}{7l^3}\Delta,$$

$$M_{CB} = -\frac{30EI}{7l^2}\Delta, \qquad F_{VCB} = -\frac{12EI}{7l^3}\Delta,$$

$$M_{BC} = 0, \qquad F_{VBC} = -\frac{12EI}{7l^3}\Delta$$

再由结点 C 的平衡条件 $\sum F_x = 0$ 及 $\sum F_y = 0$ 求得

$$F_{NAC} = \frac{12EI}{7l^3}\Delta, F_{NBC} = \frac{18EI}{7l^3}\Delta$$

刚架的内力图如图 15-19a、b、c 所示。

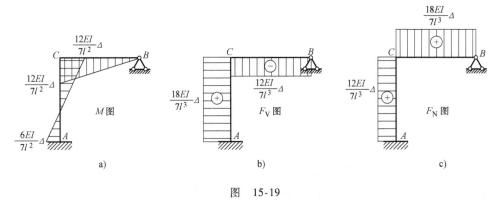

图 15-19

【**例 15-3**】 根据两端固定的单跨超静定梁的转角位移方程，试用位移法计算图 15-20a 所示的连续梁。

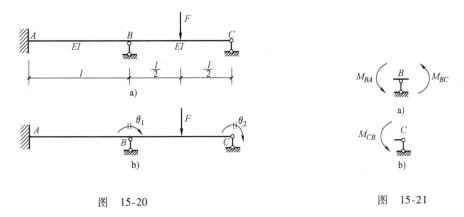

图 15-20 图 15-21

【**解**】 由两端固定的单跨梁的转角位移方程可知，其杆端力与杆件两端的角位移有关。在图 15-20a 所示连续梁中，BC 杆受荷载 F 作用后，在 B 端和 C 端均发生角位移，若分别用 θ_1 和 θ_2 表示，则其杆端力与 θ_1 和 θ_2 有关。因此，根据题意，除取结点 B 的角位移 θ_1 为基本未知量外，还应将 C 端的角位移 θ_2 作为基本未知量（图 15-20b）。

根据图 15-20b 并利用表 15-1 列出各杆的杆端内力如下（其中，$i = \dfrac{EI}{l}$）。

$$M_{AB} = 2i\theta_1, \qquad M_{BA} = 4i\theta_1$$

$$M_{BC} = 4i\theta_1 + 2i\theta_2 - \frac{1}{8}Fl, \qquad M_{CB} = 2i\theta_1 + 4i\theta_2 + \frac{1}{8}Fl,$$

$$F_{VAB} = -\frac{6i}{l}\theta_1, \qquad F_{VBA} = -\frac{6i}{l}\theta_1$$

$$F_{VBC} = -\frac{6i}{l}\theta_1 - \frac{6i}{l}\theta_2 + \frac{1}{2}F, \qquad F_{VCB} = -\frac{6i}{l}\theta_1 - \frac{6i}{l}\theta_2 - \frac{1}{2}F$$

由图 15-21a、b 所示隔离体的力矩平衡条件 $\sum M_B = 0$ 及 $\sum M_C = 0$ 求得

$$\begin{cases} M_{BA} + M_{BC} = 0 \\ M_{CB} = 0 \end{cases}$$

将有关杆端内力表达式代入并整理，可得

$$\begin{cases} 8i\theta_1 + 2i\theta_2 - \dfrac{1}{8}Fl = 0 \\[2mm] 2i\theta_1 + 4i\theta_2 + \dfrac{1}{8}Fl = 0 \end{cases}$$

解得

$$\theta_1 = \frac{3Fl}{112i}, \; \theta_2 = \frac{5Fl}{112i}$$

将 θ_1 和 θ_2 之值代回各杆端内力表达式，计算得

$$M_{AB} = \frac{3Fl}{56}, \qquad M_{BA} = \frac{3Fl}{28}$$

$$M_{BC} = -\frac{3Fl}{28}, \qquad M_{CB} = 0$$

$$F_{VAB} = -\frac{9iF}{56}, \qquad F_{VBA} = -\frac{9iF}{56}$$

$$FV_{VBC} = \frac{17F}{28}, \qquad F_{VCB} = -\frac{11F}{28}$$

本例即图 15-1a 所示连续梁，只是所采用的基本未知量有所不同。可见，两种计算结果完全一致。

对两例进行对比分析，在图 15-1 中，取 AB 杆为两端固定梁，而 BC 杆为 B 端固定、C 端铰支的梁，根据转角位移方程，只需要一个相应的基本未知量，即结点 B 的角位移；对于本例，则取 AB 杆和 BC 杆均为两端固定梁，相应的基本未知量比前者多一个，即增加了 BC 杆 C 端的角位移 θ_2。事实上，因 BC 杆的 C 端为铰接，所以有 $M_{CB} = 0$，即 $2i\theta_1 + 4i\theta_2 + \dfrac{Fl}{8} = 0$。

故 θ_2 总可用 θ_1 来表示，即 θ_2 不是独立的未知转角。对于手工计算，当然宜按前一种未知量少的方法进行分析，因其计算简便；但对于应用计算机建筑结构软件辅助计算，则因后一种方法将各杆统一为两端固定梁，便于在结构软件中设置、输入及计算，故常被采用。

15.4　位移法典型方程简介

15.4.1　位移法的基本结构

上一节介绍了直接利用平衡条件建立位移法基本方程的原理和步骤，下面仍然以【例15-1】中的刚架（图15-22a）为例，说明建立位移法基本方程的另一途径——附加刚臂和附加链杆。

从【例15-1】可知，该刚架的位移法基本未知量为结点 B 的角位移和 C 点的水平线位移。为使原结构的各杆都成为单跨超静定梁，可采用如下的方法：对于图15-22a所示刚架，在刚结点 B 上加一个能控制该结点转动但不能控制其移动的约束。这种约束称为附加刚臂，用符号"▽"来表示，它的约束作用是使结点 B 不能转动；又在结点 C 上加上一个控制该结点沿水平方向移动但不能控制其转动的附加链杆，使结点 C 不能水平移动。附加刚臂和附加链杆统称为附加约束。这样，结构中刚结点的转动和所有结点的移动都受到控制，得到图15-22b所示的结构。分析其中每一杆件两端的约束情况，可知 AB 杆如同两端固定的单跨梁，BC、CD 杆则如同一端固定、另一端铰支的单跨梁。也就是把整个结构转化为一个由若干单跨超静定梁组合起来的组合体系。实际的结构称为原结构，这样的组合体系就叫位移法的基本结构。

设原结构变形后，结点 B 的角位移为 θ_1，结点 C 的水平线位移为 Δ。据此，基本结构承受的荷载与原结构上的荷载相同，并且使结点 B 处的附加刚臂转动 θ_1，而结点 C 处附加链杆发生水平线位移 Δ，如图15-22c所示（位移法的基本体系）。这样，基本体系中各杆的变形情况和受力情况与原结构中各根杆件的变形和受力情况（图15-22d）完全一致。

15.4.2　位移法的基本方程

分析图15-22c所示的情况，假设附加刚臂上的反力矩为 R_1，附加链杆上的反力为 R_2。从图15-22c中截取如图15-22e、g所示的两个隔离体，根据平衡条件可得

$$\begin{cases} R_1 = M_{BA} + M_{BC} \\ R_2 = F_{VBA} + F_{VCD} - 30 \times 10^3 \end{cases}$$

从图15-22d中截取如图15-22f、h所示的两个隔离体，由其平衡条件可知 $M_{BA} + M_{BC} = 0$，$F_{VBA} + F_{VCD} - 30 \times 10^3 = 0$，因而得出基本体系上附加约束的反力矩或反力为零，即 $R_1 = 0$，$R_2 = 0$。由此可见，基本体系上附加约束的反力矩或反力等于零的条件保证了基本体系的受力和变形情况与原结构完全相同。同时，从上面的分析可知，这一条件等效于平衡条件。现在根据这一条件来建立位移法方程。

图15-22c所示基本体系的受力情况，可视为由图15-23a、b、c三种情况叠加而成，故有

$$\begin{cases} R_1 = R_{11} + R_{12} + R_{1P} = 0 \\ R_2 = R_{21} + R_{22} + R_{2P} = 0 \end{cases} \tag{a}$$

式中，R_{11}、R_{21} 为附加刚臂单独转动 θ_1 时，分别在附加刚臂和附加链杆中所引起的反力

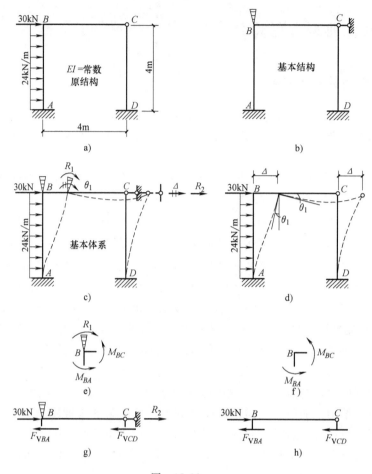

图　15-22

矩和反力（图 15-23a）；R_{12}、R_{22} 为附加链杆单独移动 Δ 时，分别在附加刚臂和附加链杆中所引起的反力矩和反力（图 15-23b）；R_{1P}、R_{2P} 为荷载单独作用时在附加刚臂和附加链杆中所引起的反力矩和反力（图 15-23c）。在 R_{ij}、R_{iP} 的两个下标中，第一个下标 i 表示该反力矩或反力的作用处，第二个下标 j 及 P 表示产生该反力矩或反力的原因。

设在基本结构中由于附加刚臂单独发生单位角位移 $\theta_1 = 1$、附加链杆单独发生单位水平位移 $\Delta = 1$ 时在附加刚臂中产生的反力矩分别为 r_{11} 和 r_{12}，在附加链杆中产生的反力分别为 r_{21} 和 r_{22}，则式（a）可写成

$$\begin{cases} r_{11}\theta_1 + r_{12}\Delta + R_{1P} = 0 \\ r_{21}\theta_1 + r_{22}\Delta + R_{2P} = 0 \end{cases} \quad (\text{b})$$

这就是位移法的基本方程，又称位移法的典型方程。式（b）中的系数如 r_{11} 可理解为在位移法基本结构中，当附加刚臂顺时针转动一单位角度 $\theta_1 = 1$ 而附加链杆不动时，在该附加刚臂上所需施加的力矩；r_{12} 可理解为只是附加链杆向右移动一单位位移 $\Delta = 1$ 时，在附加刚臂上所需施加的力矩。

对于具有 n 个独立结点位移的结构，共有 n 个基本未知量，而为了控制每一个结点位移，便需要加入 n 个附加约束，根据每一个附加约束的约束反力应等于零的条件，可建立 n

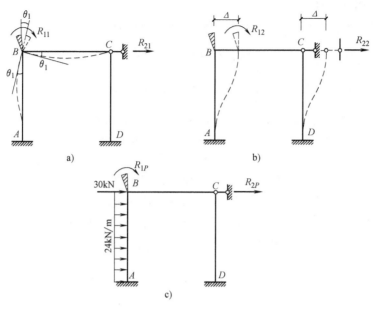

图 15-23

个方程。这时，位移法的典型方程可写成

$$
\begin{cases}
r_{11}\Delta_1 + r_{12}\Delta_2 + \cdots + r_{1i}\Delta_i + \cdots + r_{1n}\Delta_n + R_{1P} = 0 \\
r_{21}\Delta_1 + r_{22}\Delta_2 + \cdots + r_{2i}\Delta_i + \cdots + r_{2n}\Delta_n + R_{2P} = 0 \\
\qquad\qquad\qquad\qquad \cdots \\
r_{i1}\Delta_1 + r_{i2}\Delta_2 + \cdots + r_{ii}\Delta_i + \cdots + r_{in}\Delta_n + R_{iP} = 0 \\
\qquad\qquad\qquad\qquad \cdots \\
r_{n1}\Delta_1 + r_{n2}\Delta_2 + \cdots + r_{ni}\Delta_i + \cdots + r_{nn}\Delta_n + R_{nP} = 0
\end{cases}
\tag{15-1}
$$

为了使方程的表达式具有一般性，式（15-1）中将基本未知量统一用 Δ 表示。式中，r_{ij} 称为约束反力系数，其中 r_{ii}（$i=1,2,\cdots,n$）称为主系数，r_{ij}（$i\neq j$）称为副系数，r_{iP} 称为自由项。由反力互等定理得知，副系数是互等的，即 $r_{ij}=r_{ji}$。系数和自由项的正、负号规定如下：凡与所属附加约束所设的位移方向一致者为正，例如，若设附加刚臂为顺时针转动，则其反力矩以顺时针方向为正。由此可知，主系数恒为正值，且不会等于零。而副系数和自由项则可能为正、负或为零。

为了求出方程（b）中的系数和自由项，可借助表15-1或转角位移方程，绘出基本结构分别在附加约束发生单位位移以及原有荷载单独作用下的弯矩图，如图15-24a、b、c所示。然后，在图15-24a、b、c中分别取刚结点 B 为隔离体，由力矩平衡条件 $\sum M_B = 0$，可求得

$$
r_{11} = 7i,\ r_{12} = -\frac{3}{2}i,\ R_{1P} = 32\text{kN}\cdot\text{m}
$$

它们均为附加刚臂上的反力矩。

在图15-24a、b、c中截开各柱顶，取出柱顶以上横梁 BC 部分为隔离体，由平衡方程 $\sum F_x = 0$，可求得

$$
r_{21} = -\frac{3}{2}i,\ r_{22} = -\frac{15}{16}i,\ R_{1P} = -78\text{kN}
$$

它们都是附加链杆上的反力。

将求出的系数及自由项代入位移法典型方程（b），得

$$\begin{cases} 7i\theta_1 + \dfrac{3}{2}i\Delta + 32 \times 10^3 = 0 \\ -\dfrac{3}{2}i\theta_1 + \dfrac{15}{16}i\Delta - 78 \times 10^3 = 0 \end{cases}$$

与【例 15-1】得出的位移法基本方程相同，解方程可得

$$\theta_1 = \frac{464000}{23i}, \quad \Delta = \frac{2656000}{23i}$$

求得结点位移后，最后弯矩图可按叠加原理由下式计算：

$$M_{AB} = \theta_1 \overline{M}_1 + \Delta \overline{M}_2 + M_P$$

例如，AB 杆 A 端的弯矩为（弯矩正、负应符合 15.2.1 中的规定）

$$M_{AB} = \frac{464000}{23i} \times 2i + \frac{2656000}{23i} \times \left(-\frac{3}{2}i\right) + (-32 \times 10^3)$$

$$= -164.87 \times 10^3 \text{ N} \cdot \text{m} = -164.87 \text{ kN} \cdot \text{m}$$

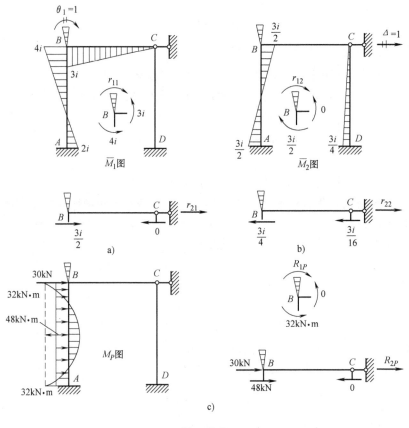

图 15-24

最终弯矩图如图 15-17a 所示。再截取各杆为隔离体，利用平衡条件可求得各杆杆端剪力；截取各结点为隔离体，利用平衡条件可求得各杆轴力。剪力图及轴力图分别如图 15-17b、c 所示，参见【例 15-1】。

综上所述，采用位移法的基本体系代替原结构进行求解的步骤如下：

（1）在原结构上加入附加约束，阻止刚结点的转动和各结点的移动，从而得出一个由若干单跨超静定梁组成的组合体系作为基本结构。

（2）使基本结构承受与原结构同样的荷载，并令各附加约束发生与原结构相同的位移。然后根据此基本体系各附加约束上的反力矩或反力为零的条件，建立位移法典型方程。需要分别绘出基本结构由于每一附加约束发生单位位移时的 M_i 图和原有荷载作用下的 M_P 图，并利用平衡条件求出各系数及自由项。

（3）解位移法典型方程，求出结点位移基本未知量。

（4）按叠加原理绘制最后弯矩图，再由平衡条件求出各杆杆端剪力和轴力，作出剪力图和轴力图。

最后，将第 14 章力法与本节介绍的位移法作比较，以加深理解。

（1）利用力法或位移法计算超静定结构时，都必须同时考虑静力平衡条件和变形协调条件，才能确定结构的受力及变形状态与真实状态一致。

（2）力法以多余未知力作为基本未知量，其数目等于结构的多余约束数目（也就是超静定次数）。而位移法以结构独立的结点位移作为基本未知量，其数目与结构的超静定次数无关。

（3）力法的基本结构是从原结构中去掉多余约束后所得到的静定结构。位移法的基本结构则是在原结构中加入附加约束，以控制结点的独立位移后所得的单跨超静定梁的组合体系。

（4）在力法中，求解基本未知量的方程是根据原结构的位移条件建立的，体现了原结构的变形协调。在位移法中，求解基本未知量的方程是根据原结构的平衡条件建立的，体现了原结构的静力平衡。

15.4.3 结构对称性的利用

在力法中已经学习过对称结构在对称荷载及反对称荷载作用下的简化计算问题，即利用半结构作为基本体系进行计算。在一般荷载作用下，通常可将一般荷载分解为对称和反对称两种情况分别作用在原对称结构上，分别利用各自的半结构进行计算，然后运用叠加原理将两者的计算结果进行叠加即可。

在本章，在取得半结构之后，就需要进一步分析，恰当地选择力法和位移法以使计算更加简便。下面进行举例说明。

【例 15-4】 试计算图 15-25a 所示刚架，绘制弯矩图，$EI =$ 常数。

【解】

（1）确定基本未知量和基本体系。

该刚架为一封闭的矩形框，有四个结点角位移。结构关于 x 轴和 y 轴对称。在对称荷载作用下，取四分之一结构的计算简图，如图 15-25b 所示，此时只有结点 A 的角位移 θ_1 为基本未知量。位移法基本体系如图 15-25c 所示。

（2）列位移法典型方程：

$$r_{11}\theta_1 + R_{1P} = 0$$

（3）求解方程。

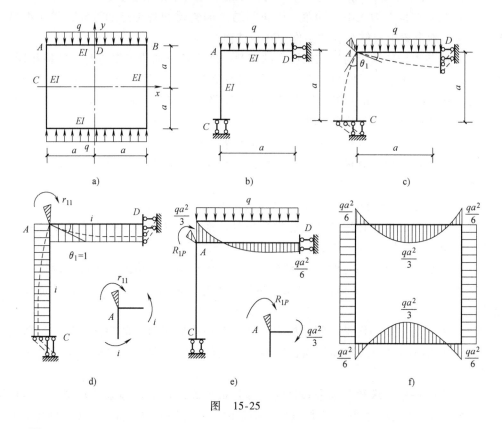

图 15-25

令 $i = \dfrac{EI}{a}$，则基本结构在 $\theta_1 = 1$ 作用下，作 M_1 图，如 15-25d 所示。由结点 A 平衡得

$$r_{11} = 2i$$

根据表 15-1 可得到杆 AD 的固端弯矩，作基本结构的 M_P 图，如 15-25e 所示。

$$M_{AD} = -\frac{1}{3}qa^2 , M_{DA} = -\frac{1}{6}qa^2$$

由结点 A 的平衡条件得

$$R_{1P} = -\frac{1}{6}qa^2$$

求出系数和自由项后，解方程

$$2i\theta_1 - \frac{1}{3}qa^2 = 0 , \ \theta_1 = \frac{qa^2}{6i}$$

（4）用叠加法按公式 $M = M_1\theta_1 + M_P$ 作四分之一结构的 M 图。

$$M_{AC} = -\frac{1}{6}qa^2 , M_{AD} = -\frac{1}{6}qa^2$$

$$M_{CA} = -\frac{1}{6}qa^2 , M_{DA} = -\frac{1}{3}qa^2$$

最后根据对称性绘得原刚架的完整弯矩图，如图 15-25f 所示。

【例 15-5】 试分析图 15-26a 所示刚架的计算方法，EI = 常数。

【**解**】　该刚架为对称刚架，受一般荷载作用，用位移法计算需加两个附加刚臂和一根链杆。基本未知量有三个；用力法计算为三次超静定，基本未知量亦为三个。因此，无论用哪种方法计算，都需要解二元一次方程组。为使计算简化，把荷载分解为对称荷载（图15-26b）和反对称荷载（图15-26c）两种情况，分别用其半结构计算，然后将两种计算结果叠加。

（1）对称荷载作用下（图15-26b），取半结构如图15-26d所示。由图可知，用力法计算为二次超静定，需要解除二个多余联系，多余未知力有两个；用位移法计算，仅有一个结点角位移，基本未知量为一个，可见用位移法计算更方便。

（2）反对称荷载作用下（图15-26c），取半结构如图15-26e所示。由图可知，用力法计算为一次超静定，基本未知量为一个；用位移法计算，有一个结点角位移和一个独立的线位移，基本未知量为两个，此时用力法计算更简便。

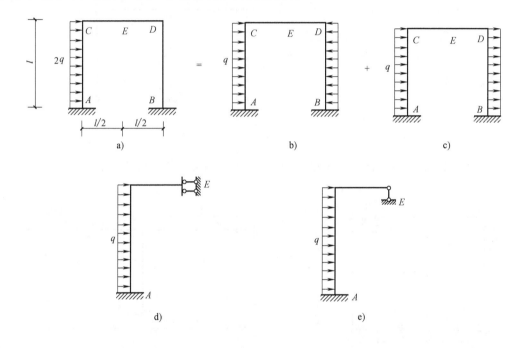

图　15-26

由此可见，对称荷载作用和反对称荷载作用时，可以分别选取合适的计算方法，使未知量的数目大为减少，而带来较大方便。一般来说，在对称荷载作用下，位移法未知量个数较力法少，应该优先选用位移法。而在反对称荷载作用下，力法未知量个数较位移法少，则应该优先考虑用力法。

思　考　题

15-1　如何确定结点角位移和结点独立线位移的数目？

15-2　简述位移法的基本思路。位移法是建立在力法的基础之上的，请问这种说法对不对？

15-3　位移法中，杆端弯矩的正、负号是怎样规定的？

15-4 位移法的典型方程是平衡方程，那么在位移法中是否只用平衡条件就可以确定基本未知量，从而确定超静定结构的内力？位移法中是否能满足结构的位移条件（包括支承条件和变形协调条件）？

15-5 在什么条件下独立的结点线位移数目等于使与结构相应的铰接体系成为几何不变所需添加的最少链杆数？

15-6 力法与位移法在原理与步骤上有何异同？试将两者从基本未知量、基本结构、基本体系、典型方程的意义、每一系数和自由项的含义和求法等方面进行全面比较。

习　题

15-1 确定图 15-27 所示各结构位移法基本未知量，画出位移法基本结构。

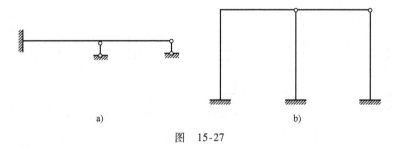

a)　　　　　　　　　　b)

图　15-27

15-2 试用位移法计算图 15-28 和图 15-29 所示的刚架，并绘出其弯矩图。

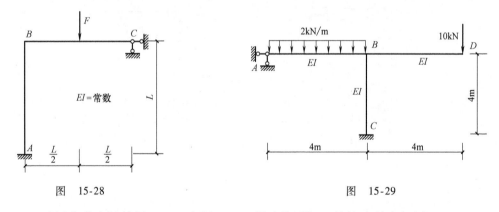

图　15-28　　　　　　　　图　15-29

15-3 试用位移法计算图 15-30 和图 15-31 所示的刚架，并绘出其弯矩图。

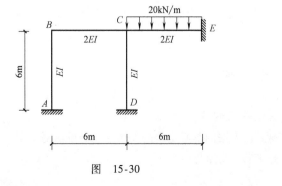

图　15-30

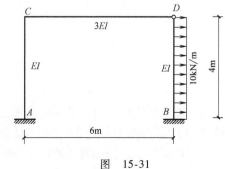

图　15-31

15-4 刚架受荷载如图 15-32 所示，EI = 常数。试利用对称性作该刚架的弯矩图。

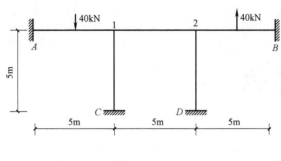

图 15-32

第16章

力矩分配法

学习目标

- 熟悉力矩分配法的基本概念和基本原理。
- 熟练掌握力矩分配法的基本结构和典型方程及其基本应用。
- 熟练掌握力矩分配法计算单结点和多结点的超静定问题。

16.1 力矩分配法的基本原理

16.1.1 力矩分配法概述

经典的力法和位移法是计算超静定结构的两种基本方法。它们都有一个共同的特点，即需要建立和求解联立方程组。当未知量较多时，计算工作量较大，解联立方程较麻烦，且在求得基本未知量后，还要利用杆端弯矩叠加公式求得杆端弯矩。为避免解联立方程，力矩分配法应运而生。

力矩分配法是属于位移法类型的渐近解法，其理论基础是位移法。力矩分配法是直接从实际结构的受力和变形状态出发，根据位移法基本原理，从开始建立的近似状态，逐步通过增量调整修正，最后收敛于真实状态的一种渐近解法，所以它也叫渐近法。力矩分配法较适用于连续梁的计算和无侧移的刚架计算。其特点是不需要建立和求解联立方程组，采用逐次渐近的算法，既可在其计算简图上进行计算，也可列表进行计算，可以直接求出杆端弯矩，且易于掌握。

力矩分配法中，关于杆端弯矩正、负符号的规定和判定与位移法相同。

16.1.2 力矩分配法基本概念

1. 转动刚度 S

转动刚度表示杆端对转动的抵抗能力。杆端的转动刚度以 S 表示，S 在数值上等于使杆端产生单位转角时需要施加的力矩。图 16-1 所示杆件 AB，给出了等截面杆件在 A 端的转动刚度 S_{AB} 的数值。关于 S_{AB} 应注意以下几点：

（1）在 S_{AB} 中，A 点是施力端，B 点称为远端。当远端为不同支承情况时，S_{AB} 的数值也不同。

（2）S_{AB} 是指施力端 A 在没有线位移的条件下的转动刚度。在图 16-1 中，A 端画成铰支座，其目的是为了强调 A 端只能转动，不能移动。

若把 A 端改成辊轴支座，则 S_{AB} 的数值不变，也可以把 A 端看作可转动（但不能移动）

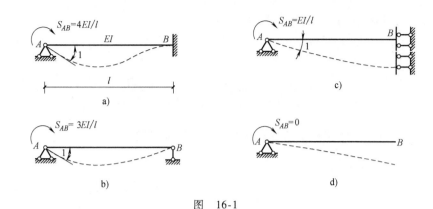

图　16-1

的刚结点。此时 S_{AB} 就代表当刚结点产生单位转角时在杆端 A 引起的杆端弯矩。

（3）图 16-1 中的转动刚度可由位移法中的杆端弯矩公式导出：

$$远端固定：S = 4i \tag{16-1}$$

$$远端简支：S = 3i \tag{16-2}$$

$$远端滑动 \; S = i \tag{16-3}$$

$$远端自由：S = 0 \tag{16-4}$$

式中，$i = \dfrac{EI}{l}$。

2. 分配系数 μ

图 16-2a 所示刚架由等截面杆件组成，因只有一个结点 1，且只能转动不能移动。外力偶 M 作用于结点 1，使结点 1 发生转角 θ_1，各杆发生如图中虚线所示的变形。由刚结点的特点，各杆在 1 结点端都发生转角一样的转动，设该转角为 θ_1。取结点 A 作隔离体，试求各杆的杆端弯矩。

由转动刚度的定义可知：

$$\begin{cases} M_{12} = S_{12}\theta_1 = 4i_{12}\theta_1 \\ M_{13} = S_{13}\theta_1 = i_{13}\theta_1 \\ M_{14} = S_{14}\theta_1 = 3i_{14}\theta_1 \\ M_{15} = S_{15}\theta_1 = 3i_{15}\theta_1 \end{cases} \tag{a}$$

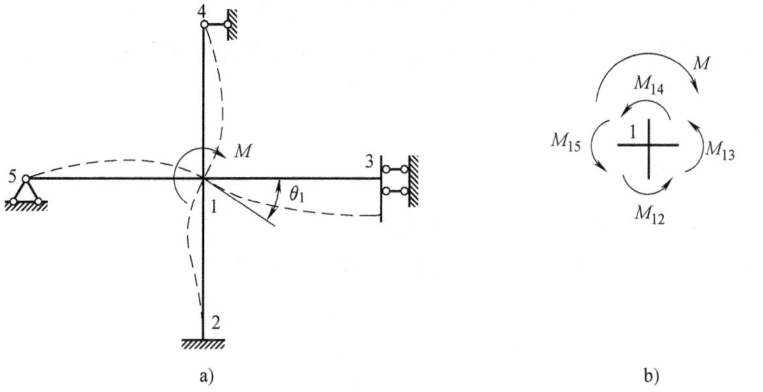

a)

b)

图　16-2

利用结点 1（图 16-2b）的弯矩平衡条件得

$$M = M_{12} + M_{13} + M_{14} + M_{15} = (S_{12} + S_{13} + S_{14} + S_{15})\theta_1$$

所以

$$\theta_1 = \frac{M}{S_{12} + S_{13} + S_{14} + S_{15}} = \frac{M}{\sum_{(1)} S}$$

式中，$\sum_{(1)} S$ 为汇交于结点 1 的各杆件在 1 端的转动刚度之和。

将所求得的 θ_1 代入式（a），得

$$\begin{cases} M_{12} = \dfrac{S_{12}}{\sum\limits_{(1)} S} M \\[3mm] M_{13} = \dfrac{S_{13}}{\sum\limits_{(1)} S} M \\[3mm] M_{14} = \dfrac{S_{14}}{\sum\limits_{(1)} S} M \\[3mm] M_{15} = \dfrac{S_{15}}{\sum\limits_{(1)} S} M \end{cases} \tag{b}$$

由式（b）可知，各杆近端产生的弯矩与该杆杆端转动刚度成正比，转动刚度越大，则所产生的弯矩越大。

令

$$\mu_{1j} = \frac{S_{1j}}{\sum\limits_{(1)} S_{1j}} \tag{16-5}$$

式中的下标 j 为汇交于结点 1 的各杆之远端，在本例中即为 2、3、4、5。则式（b）可写成

$$M_{1j} = \mu_{1j} M \tag{16-6}$$

式中，μ_{1j} 称为各杆在近端的分配系数。汇交于同一结点的各杆杆端的分配系数之和恒等于 1，即

$$\sum_{(1)} \mu_{1j} = \mu_{12} + \mu_{13} + \mu_{14} + \mu_{15} = 1$$

可见，施加于结点 1 的外力偶 M，按各杆杆端的分配系数分配给各杆的近端。因而杆端弯矩 M_{1j} 也称为分配弯矩。

3. 传递系数 C

在图 16-2a 中，当外力偶 M 施加于结点 1 时，该结点发生转角 θ_1，于是各杆的近端和远端都将产生杆端弯矩。由表 15-1 可得这些杆端弯矩分别为

$$M_{12} = 4i_{12}\theta_1, \quad M_{21} = 2i_{12}\theta_1$$
$$M_{13} = i_{13}\theta_1, \quad M_{31} = -i_{13}\theta_1$$
$$M_{14} = 3i_{14}\theta_1, \quad M_{41} = 0$$
$$M_{15} = 3i_{15}\theta_1, \quad M_{51} = 0$$

由此，就将远端弯矩与近端弯矩的比值称为由近端向远端的传递系数，用 C_{1j} 表示。远端弯矩称为传递弯矩。例如，对杆 12 而言，其传递系数和传递弯矩分别为

$$C_{12} = \frac{M_{21}}{M_{12}} = \frac{1}{2}, \quad M_{21} = C_{12}M_{12} = \frac{1}{2} \times 4i_{12}\theta_1 = 2i_{12}\theta_1$$

传递弯矩按下式计算：

$$M_{j1} = C_{1j}M_{1j}$$

传递系数 C 随远端的支承情况而异。对等截面直杆来说，各种支承情况下的传递系数如下

远端固定：$C = \frac{1}{2}$；

远端定向支承：$C = -1$；

远端铰支：$C = 0$。

由此，对于图 16-2a 所示只有一个刚结点的结构，在结点上受一力偶 M 作用，则该结点只产生角位移，其求解过程大致分为两步：①按各杆的分配系数求出近端弯矩，也称作分配弯矩，这个过程称为分配过程；②根据各杆远端的支承情况，将近端弯矩乘以传递系数得到远端弯矩，也称作传递弯矩，这个过程称为传递过程。弯矩经过分配和传递到各杆的杆端，并最终达到平衡。汇总各杆的杆端弯矩即可得到最终弯矩值。这种求解方法就是**力矩分配法**。

可以通过图 16-3 所示的超静定连续梁来进一步说明力矩分配法的解题思路。

图 16-3 是具有一个刚结点的结构，在图示荷载的作用下，其变形如图中虚线所示。求解时，把 B 点的转动和杆件的变形看成是由两步来完成：

（1）固定结点。在结点 B 加上一个阻止其转动的约束即附加刚臂，阻止结点 B 转动。于是，得到一个由两个单跨超静定梁 AB 和 BC 组成的基本结构。然后施加荷载，在荷载作用下，因结点 B 无角位移，只有 AB 跨有变形，如图 16-3b 所示。此时，杆 AB 两端都产生弯矩，即固端弯矩。由于 BC 跨无荷载作用，所以 $M_{BC}^F = 0$。因此本结构的结点 B 处，各杆的固端弯矩不能互相平衡，附加刚臂必然产生约束力矩 M_B，其值可由结点 B 的力矩平衡条

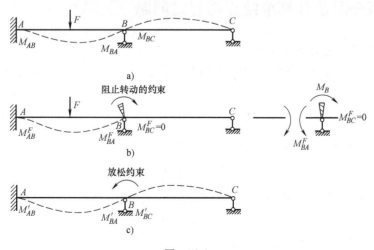

图 16-3

件求得：

$$M_B = M_{BA}^F + M_{BC}^F = M_{BA}^F$$

式中，约束力矩 M_B 称为结点 B 上的不平衡力矩，其值等于汇交于该点的各杆端的固端弯矩之代数和，以顺时针转向为正，逆时针转向为负。

（2）放松结点。由于原结构的结点 B 原来既没有附加刚臂，也没有约束力矩 M_B。因此，必须对并不反映实际状态的图 16-3b 的结果进行修正。由此，放松结点 B 的附加刚臂，梁即回复到原来的状态，如图 16-3a 所示，结点 B 的约束力矩由 M_B 回复到零，这就相当于在结点 B 原有的基础上再新加一个外力矩荷载 $-M_B$（负号表示方向与约束力矩相反）。结果使连续梁产生新的变形，如图 16-3c 所示。此时，连续梁的各杆在 B 端产生新的分配弯矩（近端）和传递弯矩（远端）。

最后，将图 16-3b 和图 16-3c 所示的两种情况相叠加，就可消去约束弯矩，也就是消去了附加刚臂的约束作用。最终得到与实际结构受力情况一致的杆端弯矩，如图 16-3a 所示。例如，$M_{BA} = M_{BA}^F + M_{BA}'$。

结合图 16-2a 将转动刚度、分配系数、传递系数三大系数汇总成表 16-1。

表 16-1　转动刚度、分配系数、传递系数三大系数汇总表

远端支承 名称	固定	简支	定向	自由
转动刚度 S	$4i$	$3i$	i	0
分配系数 μ	代公式算	代公式算	代公式算	代公式算
传递系数 C	0.5	0	-1	0

说明：每个刚结点所连接各杆的分配系数之和恒为 1。

此外，在实际的超静定结构中，连续梁和无侧移刚架中的刚性结点往往不止一个，因此，通常可根据结构中刚性结点的数量划分为两类，即单结点的力矩分配和多结点的力矩分配。

16.2　力矩分配法计算单结点超静定问题

单结点力矩分配法计算步骤如下：

（1）在刚性结点上施加附加刚臂，计算分配系数。

$$\mu_{1j} = \frac{S_{1j}}{\sum_{(1)} S_{1j}}$$

（2）将荷载施加于结构上，计算固端弯矩和不平衡力矩。

$$M_1 = \sum_{(1)} M_{1j}^F$$

（3）在结点上加反向力矩（$-M_1$），即去掉附加刚臂，计算分配弯矩。

$$M_{1j} = \mu_{1j} M_1$$

（4）将分配弯矩传至杆件的远端，即求出传递弯矩。

$$M_{j1} = C_{1j} M_{1j}$$

（5）用叠加原理计算杆端最终弯矩，并作 M 图。

以上介绍了单结点力矩分配法的全过程，实际计算时，这些过程可通常采用更为直观的表格形式进行计算。

【例16-1】 试用力矩分配法作图 16-4 所示连续梁的弯矩图。

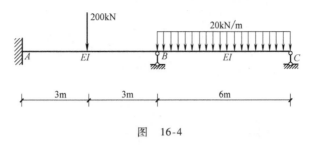

图 16-4

【解】

首先计算各项系数和固端弯矩，其次进行分配和传递，最后根据最终弯矩用叠加法绘制 M 图。

（1）计算刚结点 B 各汇交杆的分配系数，$i = \dfrac{EI}{l}$，且 $i_{AB} = i_{BC}$。

由转动刚度

$$S_{BA} = 4i$$
$$S_{BC} = 3i$$

得

$$\mu_{BA} = \frac{4i}{4i + 3i} = 0.571$$

$$\mu_{BC} = \frac{3i}{4i + 3i} = 0.429$$

校核：

$$\mu_{BA} + \mu_{BC} = 0.571 + 0.429 = 1$$

分配系数写在图 16-5 结点 B 上方的方框内。

（2）在结点 B 上施加附加刚臂，根据表 15-1 计算固端弯矩

$$M_{AB}^F = -\frac{200 \times 6}{8} \text{kN} \cdot \text{m} = -150 \text{kN} \cdot \text{m}$$

$$M_{BA}^F = \frac{200 \times 6}{8} \text{kN} \cdot \text{m} = 150 \text{kN} \cdot \text{m}$$

$$M_{BC}^F = -\frac{20 \times 6^2}{8} \text{kN} \cdot \text{m} = -90 \text{kN} \cdot \text{m}$$

则约束力矩 $M_B = (150 - 90) \text{kN} \cdot \text{m} = 60 \text{kN} \cdot \text{m}$

（3）放松附加刚臂，传递并分配弯矩。

分配弯矩，将约束力矩 M_B 以反号进行分配，如图 16-5b 所示。

$$M_{BA}' = 0.571 \times (-60) \text{kN} \cdot \text{m} = -34.3 \text{kN} \cdot \text{m}$$

$$M_{BC}' = 0.429 \times (-60) \text{kN} \cdot \text{m} = -25.7 \text{kN} \cdot \text{m}$$

分配弯矩下面画一横线，表示该结点已经放松，且达到平衡。

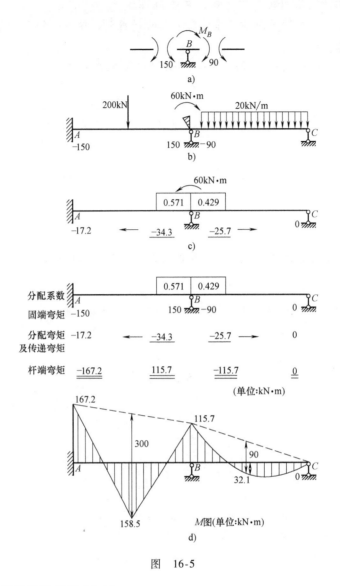

图 16-5

传递弯矩（传递系数见表 16-1）：

$$M'_{AB} = \frac{1}{2}M'_{BA} = \frac{1}{2} \times (-34.3)\,\mathrm{kN \cdot m} = -17.2\,\mathrm{kN \cdot m}$$

$$M'_{CB} = 0$$

将结果按图 16-5b 写出，并用箭头表示弯矩传递的方向。

（4）将以上结果对应叠加，即得到各个杆端最后的杆端弯矩，其单位为 kN·m（图 16-5c）。

实际求解时，可将以上计算步骤汇集在一起，按图 16-5c 的格式计算。下面画双横线表示最后结果。注意在结点 B 上应满足平衡条件：

$$\sum M = 115.7 - 115.7 = 0$$

（5）根据杆端弯矩，可作出 M 图，如图 16-5d 所示。

【例 16-2】 试用力矩分配法计算图 16-6 所示无侧移刚架，并绘制弯矩图。

【解】

本例求解方法与例【16-1】一致，不同之处是结点汇交杆件为 3 根。

（1）计算结点 D 各杆的分配系数。

杆 DA、DB、DC 的线刚度分别为 $\dfrac{EI}{4}$、$\dfrac{EI}{4}$ 和 $\dfrac{2EI}{4}$，令 $i=\dfrac{EI}{l}$，$l=4\mathrm{m}$，则三杆的线刚度分别为 i、i、$2i$。

转动刚度：

$$S_{DA}=4i,S_{DB}=4i,S_{DC}=2i$$

分配系数：

$$\mu_{DA}=\frac{4i}{4i+4i+2i}=0.40=\mu_{DB}$$

$$\mu_{DC}=\frac{2i}{4i+4i+2i}=0.20$$

校核：

$$\mu_{DA}+\mu_{DB}+\mu_{DC}=0.4+0.4+0.2=1$$

把分配系数写在图 16-6 结点 D 上方的方框中。

传递系数见表 16-1。

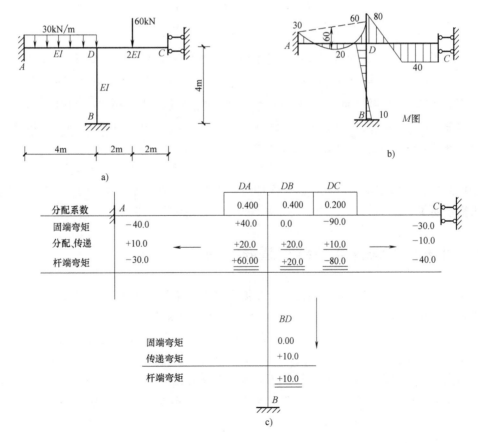

分配系数	A	DA	DB	DC		C
		0.400	0.400	0.200		
固端弯矩	−40.0	+40.0	0.0	−90.0		−30.0
分配、传递	+10.0	+20.0	+20.0	+10.0		−10.0
杆端弯矩	−30.0	+60.00	+20.0	−80.0		−40.0

	BD
固端弯矩	0.00
传递弯矩	+10.0
杆端弯矩	+10.0

图 16-6

（2）在结点 D 上施加附加刚臂，根据表 15-1 计算固端弯矩。

$$M_{DA}^F = -M_{AD}^F = 40 \text{kN} \cdot \text{m}$$

$$M_{DC}^F = -90 \text{kN} \cdot \text{m}$$

$$M_{CD}^F = -30 \text{kN} \cdot \text{m}$$

$$M_{DB}^F = M_{BD}^F = 0$$

约束力矩 $M_D = (40 - 90) \text{kN} \cdot \text{m} = -50 \text{kN} \cdot \text{m}$

（3）放松附加刚臂，传递并分配弯矩。

将约束力矩 M_D 以反号进行分配，如图 16-6c 所示。

$$M'_{DA} = 0.4 \times 50 \text{kN} \cdot \text{m} = 20 \text{kN} \cdot \text{m}, M'_{DB} = 0.4 \times 50 \text{kN} \cdot \text{m} = 20 \text{kN} \cdot \text{m}$$

$$M'_{DC} = 0.2 \times 50 \text{kN} \cdot \text{m} = 10 \text{kN} \cdot \text{m}$$

传递弯矩，确定传递系数（见表 16-1），并计算：

$$C_{DA} = C_{DB} = \frac{1}{2}, C_{DC} = -1$$

$$M'_{AD} = \frac{1}{2} M'_{DA} = 10 \text{kN} \cdot \text{m}$$

$$M'_{BD} = \frac{1}{2} M'_{DB} = 10 \text{kN} \cdot \text{m}$$

$$M'_{CD} = -M'_{DC} = -10 \text{kN} \cdot \text{m}$$

（4）用叠加法计算，即得到最后的杆端弯矩，其单位为 kN·m，如图 16-6c 所示。

$M_{DA} = (40 + 20) \text{kN} \cdot \text{m} = 60 \text{kN} \cdot \text{m}, \qquad M_{AD} = (-40 + 10) \text{kN} \cdot \text{m} = -30 \text{kN} \cdot \text{m}$

$M_{DB} = (0 + 20) \text{kN} \cdot \text{m} = 20 \text{kN} \cdot \text{m}, \qquad M_{BD} = (0 + 10) \text{kN} \cdot \text{m} = 10 \text{kN} \cdot \text{m}$

$M_{DC} = (-90 + 10) \text{kN} \cdot \text{m} = -80 \text{kN} \cdot \text{m}, \qquad M_{CD} = (-30 - 10) \text{kN} \cdot \text{m} = -40 \text{kN} \cdot \text{m}$

（5）根据杆端弯矩，可作出 M 图，如图 16-6b 所示。

可见，对于单结点的结构，只要将刚性结点放松，就可使结点得到与原结构相同的转角。这样分配和传递弯矩的过程仅需一次即可。因此，用弯矩分配法来解决单结点超静定问题较为简洁明了。

16.3　力矩分配法计算多结点超静定问题

对于有多个结点的连续梁和刚架，只要依次对每一个结点应用上一节的基本运算，同样可求出杆端弯矩。也就是说，要把单结点的弯矩分配方法推广运用到多结点的结构上，所以，必须通过人为控制造成只有一个结点放松的状态。采取的方法是首先固定全部刚结点，然后依次放松，每次只放松一个。当放松一个结点时，其他结点暂时固定。由于一个结点是在别的结点固定的情况下放松的，所以还不能完全恢复原来的状态。这样一来，就需要将各结点反复轮流地固定、放松，以逐步消除各结点的不平衡弯矩，使结构逐渐接近其本来的状态。关键点就是分别不断地在各个刚性结点上施加和放开附加刚臂。

下面可以通过图 16-7 来了解上述思路。

第一步，分别在结点 B 和 C 施加附加刚臂，固定结点，然后再加荷载。这时，附加刚臂把连续梁分成了三根单跨梁，而且仅 BC 一跨有变形，如图 16-7b 所示。

第二步，去掉结点 B 的附加刚臂，注意此时结点 C 仍固定，这时结点 B 将有转角，累加的总变形如图 16-7c 中虚线所示。

第三步，重新将结点 B 固定，然后去掉结点 C 的附加刚臂。累加的总变形如图 16-7d 中虚线所示。与实际结构变形图 16-7a 比较，此时变形已比较接近。

同理，再重复第二步和第三步，即轮流去掉结点 B 和结点 C 的附加刚臂。连续梁的变形和内力很快就达到实际状态，但每次只放松一个结点，故每一步均为单结点的分配和传递运算，即把多结点问题转化为单结点问题来解决。

最后，将各项步骤所得的杆端弯矩（弯矩增量）叠加，即得所求的杆端弯矩（总弯矩）。实际上，只需对各结点进行 2～3 个循环的运算，就可以达到较高的精度。

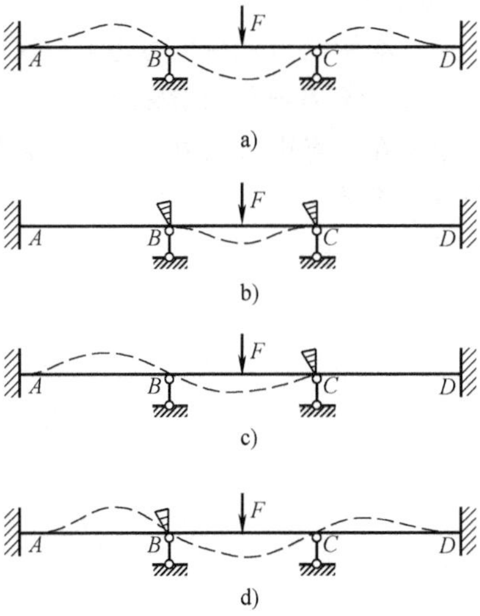

【例 16-3】 试用力矩分配法计算图 16-8 所示三跨连续梁并绘制弯矩图。

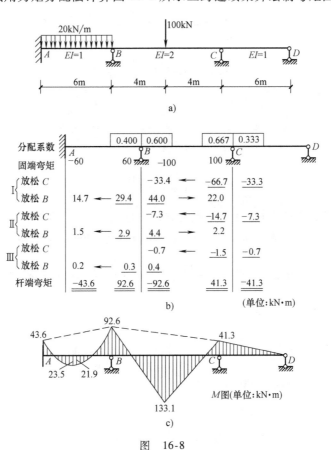

图 16-8

图 16-7

【解】

通过本例给出多结点力矩分配法的解题格式，如图 16-8b 所示。

（1）计算各刚结点分配系数。

由于在计算中只在 B、C 两个结点施加附加刚臂并进行放松，所以只需计算 B、C 两结点的分配系数。

结点 B：由

$$S_{BA} = 4i_{BA} = 4 \times \frac{1}{6} = 0.667$$

$$S_{BC} = 4i_{BC} = 4 \times \frac{2}{8} = 1$$

得

$$\mu_{BA} = \frac{0.667}{1 + 0.667} = 0.4$$

$$\mu_{BC} = \frac{1}{1 + 0.667} = 0.6$$

结点 C：由

$$S_{CB} = 4i_{CB} = 4 \times \frac{2}{8} = 1$$

$$S_{CD} = 3i_{CD} = 3 \times \frac{1}{6} = 0.5$$

得

$$\mu_{CB} = \frac{1}{1 + 0.5} = 0.667$$

$$\mu_{CD} = \frac{0.5}{1 + 0.5} = 0.333$$

把分配系数写在图 16-8b 中相应结点上方的方框内。

（2）在结点 D 上施加附加刚臂，根据表 15-1 计算各杆的固端弯矩：

$$M_{AB}^F = -\frac{ql^2}{12} = -\frac{20 \times (6)^2}{12} \text{kN} \cdot \text{m} = -60 \text{kN} \cdot \text{m}$$

$$M_{BA}^F = 60 \text{kN} \cdot \text{m}$$

$$M_{BC}^F = -\frac{Fl}{8} = -\frac{100 \times 8}{8} \text{kN} \cdot \text{m} = -100 \text{kN} \cdot \text{m}$$

$$M_{CB}^F = 100 \text{kN} \cdot \text{m}$$

把计算结果记在图 16-8b 中第一行。

（3）放松结点 C（此时结点 B 仍被锁住），按单结点问题进行分配和传递；结点 C 的约束力矩为 $100 \text{kN} \cdot \text{m}$。

放松结点 C，等于在结点 C 新加力偶荷载 $(-100\mathrm{kN}\cdot\mathrm{m})$，$CB$、$CD$ 两杆的分配弯矩为

$$0.667\times(-100)\mathrm{kN}\cdot\mathrm{m}=-66.7\mathrm{kN}\cdot\mathrm{m}$$

$$0.333\times(-100)\mathrm{kN}\cdot\mathrm{m}=-33.3\mathrm{kN}\cdot\mathrm{m}$$

杆 BC 的传递弯矩为

$$0.5\times(-66.7)\mathrm{kN}\cdot\mathrm{m}=-33.4\mathrm{kN}\cdot\mathrm{m}$$

经过分配和传递，结点 C 已经平衡，可在分配弯矩的数字下画一横线，表示横线以上的结点力矩总和已等于零。

（4）重新锁住结点 C，并放松结点 B。

结点 B 的约束力矩为

$$(60-100-33.4)\mathrm{kN}\cdot\mathrm{m}=-73.4\mathrm{kN}\cdot\mathrm{m}$$

放松结点 B，等于在结点 B 新加一个力偶 $(73.4\mathrm{kN}\cdot\mathrm{m})$，$BA$、$BC$ 两杆的相应分配弯矩为

$$0.4\times73.4\mathrm{kN}\cdot\mathrm{m}=29.4\mathrm{kN}\cdot\mathrm{m}$$

$$0.6\times73.4\mathrm{kN}\cdot\mathrm{m}=44.0\mathrm{kN}\cdot\mathrm{m}$$

传递弯矩为

$$0.5\times29.4\mathrm{kN}\cdot\mathrm{m}=14.7\mathrm{kN}\cdot\mathrm{m},\quad 0.5\times44\mathrm{kN}\cdot\mathrm{m}=22\mathrm{kN}\cdot\mathrm{m}$$

此时，结点 B 已经平衡，但结点 C 又处于不平衡状态。至此，完成了力矩分配法的第一个循环。

（5）第二个循环。

再次先后放松结点 C 和结点 B，各结点约束力矩分别为 $22\mathrm{kN}\cdot\mathrm{m}$、$-7.3\mathrm{kN}\cdot\mathrm{m}$。

（6）第三个循环。

得到相应的结点约束弯矩分别为 $2.2\mathrm{kN}\cdot\mathrm{m}$、$-0.7\mathrm{kN}\cdot\mathrm{m}$。

显而易见，两个结点处的弯矩的收敛过程很快。通常最多进行 3 次循环后，结点约束弯矩已经很小，结构已接近实际状态，故力矩的分配传递工作可以停止。

（7）用叠加法计算，将固端弯矩、历次的分配弯矩和传递弯矩相加，即得到最后的杆端弯矩，其单位为 $\mathrm{kN}\cdot\mathrm{m}$，如图 16-8b 所示。

（8）根据杆端弯矩，可作出 M 图，如图 16-8c 所示。

【例 16-4】 用力矩分配法计算图 16-9a 所示刚架，并作 M 及 F_{V} 图。

【解】

（1）计算分配系数。

为了计算方便，可以利用各杆的相对线刚度，令 $i=\dfrac{EI}{6}$，则有 $i_{AD}=i_{BE}=1.5i$，$i_{AB}=i$，$i_{BC}=2i$。

$$\mu_{AD}=\frac{4i_{AD}}{4i_{AD}+4i_{AB}}=0.6$$

$$\mu_{AB}=\frac{4i_{AB}}{4i_{AD}+4i_{AB}}=0.4$$

$$\mu_{BA} = \frac{4i_{AB}}{4i_{AB} + 4i_{BE} + 3i_{BC}} = 0.25$$

$$\mu_{BE} = \frac{4i_{BE}}{4i_{AB} + 4i_{BE} + 3i_{BC}} = 0.375$$

$$\mu_{BC} = \frac{3i_{BC}}{4i_{AB} + 4i_{BE} + 3i_{BC}} = 0.375$$

（2）计算固端弯矩。

$$M_{DA}^F = -\frac{30 \times 4^2}{12} kN \cdot m = -40 kN \cdot m$$

$$M_{AD}^F = \frac{30 \times 4^2}{12} kN \cdot m = 40 kN \cdot m$$

$$M_{AB}^F = -\frac{60 \times 4 \times 2^2}{6^2} kN \cdot m = -26.67 kN \cdot m$$

$$M_{BA}^F = \frac{60 \times 4^2 \times 2}{6^2} kN \cdot m = 53.33 kN \cdot m$$

（3）传递并分配弯矩。

分配、传递弯矩过程及最终杆端弯矩的计算结果见计算表（表16-2）。由表中最终杆端弯矩 M 一栏，可知刚结点 A、B 均满足静力平衡条件 $\Sigma M = 0$。

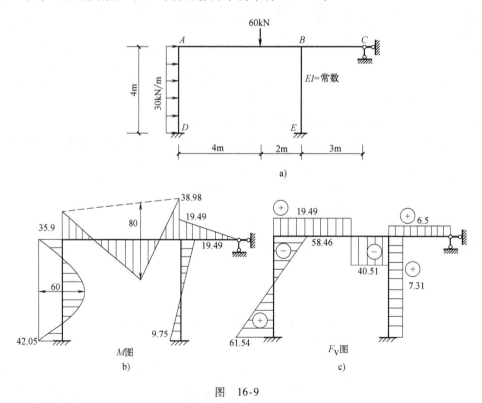

图 16-9

（4）绘制 M 及 F_V 图。

最终弯矩图如图16-9b所示，由绘制出的弯矩图及静力平衡条件可以绘出剪力图，如

图 16-9c 所示。

表 16-2 杆端弯矩计算表

刚结点	D	A		B			E	C
杆端	DA	AD	AB	BA	BC	BE	EB	CB
μ	固端	0.6	0.4	0.250	0.375	0.375	固端	铰支
固端弯矩	−40	40	−26.67	53.33				
分配与传递			−6.67	−13.33	−20	−20	−10	
	−2	−4	−2.66	−1.33				
			0.16	0.33	0.5	0.5	0.25	
		−0.1	−0.06	−0.03				
				0.01	0.01	0.01		
M	−42.05	35.9	−35.9	38.98	−19.49	−19.49	−9.25	0

【**例 16-5**】 图 16-10a 所示对称梁，支座 B、C 都向下发生 2cm 的线位移。试用力矩分配法计算该结构，并作出其弯矩图。已知 $E = 200\text{GPa}$，$I = 4 \times 10^{-4}\text{m}^4$。

【**解**】

由于结构对称，外因也是正对称的，故取结构的一半如图 16-10b 进行分析。

转动刚度：

$$S_{BA} = 3 \times \frac{EI}{4} = 0.75EI, S_{BE} = \frac{EI}{2} = 0.5EI$$

分配系数：

$$\mu_{BA} = \frac{0.75EI}{0.75EI + 0.5EI} = 0.6$$

$$\mu_{BE} = \frac{0.5}{0.75EI + 0.5EI} = 0.4$$

当结点 B 被固定时，由于 B 支座沉陷，将在杆端引起固端弯矩：

$$M_{BA}^F = -\frac{3EI}{l^2}\Delta = -\frac{3 \times 200 \times 10^9 \times 4 \times 10^{-4}}{4^2} \times 2 \times 10^{-2}\text{N} \cdot \text{m} = -3 \times 10^5 \text{N} \cdot \text{m} = -300\text{kN} \cdot \text{m}$$

$$M_{AB}^F = 0, M_{BE}^F = 0, M_{EB}^F = 0$$

分配及传递弯矩见图 16-10b 所示，最终弯矩图如图 16-10c 所示。

另外，对称性利用的方法和规则请参见第 14 章。

本章通过对力矩分配法计算单结点超静定问题和多结点超静定问题的讨论，可以发现，其实两种求解方法及过程相差无几，两者都是通过施加或放开附加刚臂来控制（固定或放松）刚性结点（多结点需多次固定或放松），进而进行求解计算。在求解过程中，力矩的分配和传递则是本章的重点。而表述这个过程的方法通常是在梁或刚架相应的刚结点下画表计算，也可以另行单独制表计算。无论采用哪种形式，都必须要做到内容完整无缺，表达简捷明了，计算准确无误。在内容方面，通常都要包含分配系数、固端弯矩、最后力矩以及表现弯矩被分配和传递的过程等主要项目。同时，通过校核结构的各刚结点的最后弯矩是否满足力矩平衡条件，可进一步验证计算结果的准确性。

可见，力矩分配法是基于位移法原理的一种渐近解法，它实际上是位移法的演变。因此

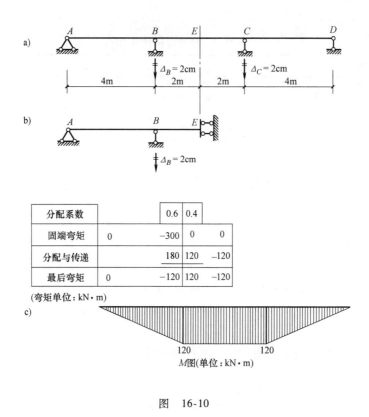

图 16-10

可以说，力矩分配法源于位移法，而简于位移法。

思 考 题

16-1 力矩分配法中对杆件的固端弯矩、杆端弯矩的正、负号是怎样规定的？

16-2 什么叫转动刚度？等截面杆远端为固定或铰接时，杆端的转动刚度各等于多少？

16-3 什么叫分配系数？分配系数和转动刚度有何关系？为什么在一个刚结点上汇交各杆的分配系数之和等于1？传递系数又是如何确定的？

16-4 在荷载作用下，杆件的分配弯矩和传递弯矩是怎样得来的？

16-5 在力矩分配法的计算过程中，如果仅仅是传递弯矩有误，杆端最后弯矩能否满足结点的力矩平衡条件？为什么？

16-6 在用力矩分配法计算多结点结构的过程中，为什么每次只放松一个结点？怎样应用单结点力矩分配原理？

习 题

16-1 试用力矩分配法计算图 16-11 所示结构各杆的弯矩，并作弯矩图。

16-2 试用力矩分配法计算图 16-12 所示连续梁，并绘出其弯矩，EI = 常数。

16-3 试用力矩分配法计算图 16-13 所示刚架，并绘其弯矩图。

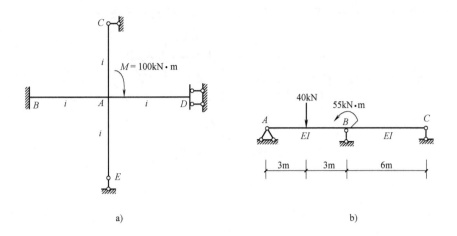

a)   b)

图   16-11

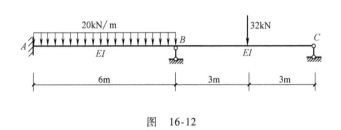

图   16-12

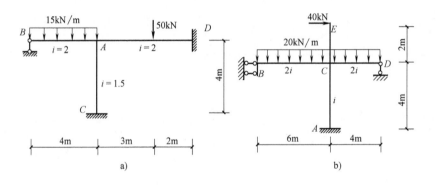

a)   b)

图   16-13

16-4   试用力矩分配法计算图 16-14 所示连续梁，并绘其弯矩图。

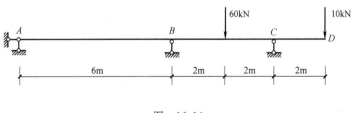

图   16-14

16-5 试用力矩分配法计算图 16-15 所示刚架，并绘其弯矩图。

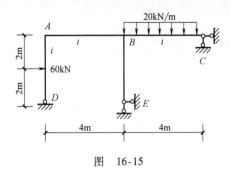

图 16-15

第17章

影响线的绘制及应用

学习目标

· 正确理解并掌握影响线的概念。

· 掌握利用静力法绘制单跨静定梁的反力及内力影响线的方法。

· 掌握最不利荷载位置的确定方法。

17.1 概述

前面各章讨论了结构在固定荷载作用下的计算。固定荷载即荷载作用的位置，其方向及大小均固定不变。因此，结构的支座反力和任一截面的内力也是固定不变的。但在实际工程中，结构除承受固定荷载的作用外，还要承受移动荷载的作用，如桥梁上行驶的车辆和移动的人群，吊车梁上移动的吊车荷载等。

移动荷载的作用点在结构上是不断移动的，故此结构的支座反力和内力也会随荷载作用的移动而发生变化。如吊车压轮在吊车梁 AB 上自 B 向 A 移动时（图 17-1a、b），汽车在桥梁上由 A 向 B 行驶时（图 17-1c），支座反力 R_A 将逐渐减小，而支座反力 R_B 将逐渐增大。因此，需研究荷载位置变化时结构的支座反力和内力变化规律，在规律中找到内力和反力的最大值，并以此作为设计依据，也就是说，需要确定移动荷载使结构的某一量值达到最大值时的荷载位置，这一荷载位置称为该量值（如支座反力或弯矩内力等）的最不利荷载位置。

移动荷载的类型有多种，如逐个讨论其最不利位置，计算将过于繁杂，事实上是不太可

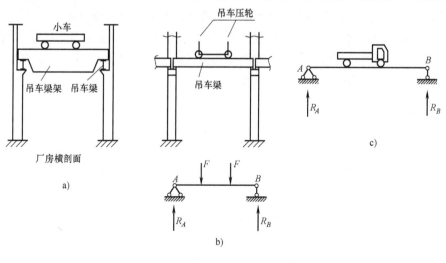

图 17-1

能的。为简便起见，可以先研究单位移动荷载在结构上移动时某一量值的变化规律，然后根据叠加原理，将多个移动荷载视为单位移动荷载的组合进行研究，从而确定最不利荷载的位置。

图 17-2a 所示为一简支梁 AB，现在有单位竖向荷载 $F = 1$ 在梁上移动，研究支座反力 R_B 的变化情况。

取点 A 为坐标原点，建立坐标系，用横坐标 x 表示单位荷载的作用位置，纵坐标 y 表示支座反力的大小，当单位荷载 $F = 1$ 在梁上任一位置 x 时，以整个梁为目标分析物，建立静力平衡方程，可求出支座反力 R_B：

$$\sum M_A = 0, \quad 1 \cdot x - R_B l = 0$$

$$R_B = \frac{x}{l}, \quad 0 \leqslant x \leqslant l$$

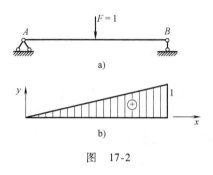

通过计算，不难看出 R_B 是 x 的一次函数，利用描点法，可以将 R_B 的变化绘制成一条直线，如图 17-2b 所示。

图 17-2b 中的图形清晰地表明了支座反力 R_B 随荷载 $F = 1$ 移动的变化规律：当荷载 $F = 1$ 从点 A 开始，逐渐向点 B 移动时，支座反力 R_B 则相应地从零开始逐渐增大，最后达到最大值。图 17-2b 所示的图形称为 R_B 的影响线。所以，影响线的定义为：**当一个方向不变的单位荷载在结构上移动时，将结构中某一量值 T**

图 17-2

（如支座反力或某一截面的弯矩、剪力等）**变化规律的函数图形称为该量值的影响线**。影响线上任一点的横坐标 x 表示荷载移动时的空间位置，相应的纵坐标 y 表示 $F = 1$ 单位荷载作用于此位置时量值 T 的数值。

17.2 静力法作单跨静定梁的影响线

绘制影响线的方法一般有两种：静力法和机动法，本书仅介绍静力法。

利用静力法绘制影响线，就是将单位移动荷载 $F = 1$ 的位置变量用 x 来表示，利用静力平衡条件列式求出某指定量值 T 与 x 之间的函数关系式，这个函数关系式称为影响线方程，利用影响线方程即可描点绘出影响线的函数图形。

17.2.1 支座反力的影响线

现将 A 点定为坐标系原点，x 轴向右为正，表示单位荷载 $F = 1$ 的作用位置。当单位荷载 $F = 1$ 移动到梁上任一位置，即 $0 \leqslant x \leqslant l$ 时，利用平衡方程 $\sum M_B = 0$（设 R_A 向上为正），则有

$$R_A l - F(l - x) = 0$$

$$R_A = F \frac{l - x}{l} = \frac{l - x}{l} (0 \leqslant l \leqslant x)$$

从函数表达式中，不难看出 R_A 也是 x 的一次函数，所以支座反力 R_A 的影响线应为一条直线。利用 A 点和 B 点处 R_A 的两个数值即可绘制出直线，如图17-3c所示。

从 R_A 的影响线图形可清楚地看出，单位荷载在梁上移动时支座反力 R_A 的变化规律。当单位荷载 $F=1$ 作用在 A 点位置时，其值最大。当单位荷载 $F=1$ 移动远离支座 A 时，反力 R_A 呈直线递减，至另一支座位置 B 时，则 R_A 减为零。

单位荷载 $F=1$ 不带任何单位，故此，求出的支座反力也无量纲，在实际应用时，需计入实际荷载的相应单位。

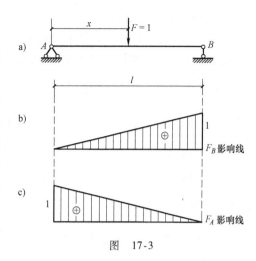

图　17-3

17.2.2　剪力的影响线

观察图17-4a所示简支梁，绘制指定截面 C 的剪力影响线（即剪力 F_{VC} 的变化规律）。首先，单位荷载开始在简支梁上移动，当单位荷载 $F=1$ 移动到 C 截面左边或右边时，剪力 F_{VC} 影响线方程具有不同的表达式，应分别进行研究。计算剪力时，假定以绕隔离体顺时针转的剪力为正。

当单位荷载 $F=1$ 在 AC 段移动时，可取隔离体 BC 段（图17-4c）。

由 $\sum y = 0$ 得

$$F_{VC} + R_B = 0, \ F_{VC} = -R_B$$

即
$$F_{VC} = -\frac{x}{l} \quad (0 \leqslant x < a)$$

当单位荷载 $F=1$ 作用在 BC 段时，可取隔离体 AC 段（图17-4d）。

由 $\sum y = 0$ 可得

$$F_{VC} - R_A = 0$$

$$F_{VC} = R_A = \frac{l-x}{l} \quad (a < x \leqslant l)$$

从上面的计算过程可以看到，在 AC 段内，F_{VC} 的影响线与 R_B 影响线相同，即 C 截面的剪力影响线和 B 支座的反力影响线相同，但正、负号相反；故可利用负 R_B 的影响线作 F_{VC} 在 AC 段的影响线。在 CB 段内，F_{VC} 的影响线与 R_A 的影响线相同，可先作 R_A 的影响线，然后截取其中 CB 段的部分就是 F_{VC} 的影响线（CB 段部分），如图17-4b所示。

观察图17-4b可看到：剪力 F_{VC} 的影响线可

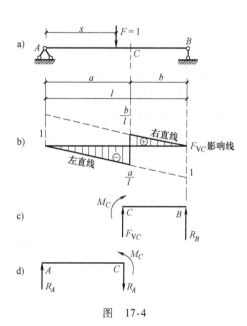

图　17-4

分成 AC 和 BC 两段，分别由两条平行线组合而成，剪力的取值在 C 点左右两侧出现跳跃（即 C 截面左、右两侧的剪力值不一样）。当单位荷载 $F = 1$ 作用在 AC 段内任一点时，截面 C 的剪力为负号，当单位荷载 $F = 1$ 作用在 CB 段内任一点时，截面 C 的剪力为正号。

当单位荷载 $F = 1$ 作用在点 C 左侧时，$F_{VC} = -\dfrac{a}{l}$；当单位荷载 $F = 1$ 作用在点 C 右侧时，$F_{VC} = \dfrac{b}{l}$；即单位荷载 $F = 1$ 由 C 左侧越过点 C 移到 C 右侧时，截面 C 的剪力 F_{VC} 发生突变，突变值为 1。

注意：由于单位荷载 $F = 1$ 不带单位，故剪力影响线的竖标量也为无量纲值。

17.2.3 弯矩的影响线

绘制图 17-5a 所示简支梁中指定截面 C 的弯矩 M_C 的影响线。当单位荷载 $F = 1$ 在截面 C 以左的梁段 AC 上移动时，取 CB 段为隔离体（图 17-4c），假定以使梁下边纤维受拉的弯矩为正，由平衡条件 $\sum M_C = 0$ 可得

$$M_C - R_B b = 0$$

$$M_C = R_B b = \frac{x}{l} b \qquad (0 \leqslant x \leqslant a)$$

当单位荷载 $F = 1$ 在截面 C 以右的梁段 CB 上移动时，此时取截面 C 以左部分为隔离体，可求得

$$M_C = R_A a = \frac{l - x}{l} a \qquad (a < x \leqslant l)$$

利用两段函数表达式可描点绘制影响线，而且整个 M_C 的影响线会由左、右两段直线组合而成，如图 17-5b 所示。

注意：由于单位荷载 $F = 1$ 不带单位，所以弯矩影响线纵坐标的量纲应为长度量纲。

17.2.4 内力图与内力影响线的区别

内力图与内力影响线是两个不同的力学概念，具体区别见表 17-1。作内力影响线，是针对一个指定截面绘制相应内力的变化规律；荷载只有一个单位集中力，并且是移动荷载。而内力图（包括弯矩图或剪力图）的绘制，则是为了展示结构上不同截面的内力变化规律；荷载有一定的数值，不会是无量纲的单位荷载，并且其作用位置是固定不变的。

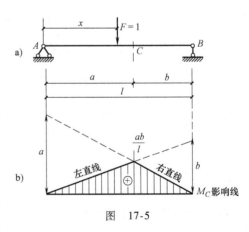

图 17-5

表 17-1 内力图与内力影响线的区别

	内力图	内力影响线
图的含义	表示结构在某种固定的实际荷载作用下,各个截面的某一内力的分布规律	表示结构某一指定截面的某一内力随单位荷载的位置改变而变化的规律

（续）

	内力图	内力影响线
荷载	任意类型的固定荷载	移动的竖向单位集中荷载 $F = 1$
横标的意义	表示截面的位置	表示荷载 $F = 1$ 的位置
纵标的意义	表示在固定的实际荷载作用下,该截面的内力	表示荷载 $F = 1$ 移动到该点时,某指定截面的内力

17.3 影响线的应用

如前所述，绘制影响线的最终目的是为了利用它来确定移动荷载作用下，内力、反力的最大值以及移动荷载的最不利作用位置。在解决这个问题之前，需要讨论清楚一件事：真实的结构荷载一般不会是一个单一的集中荷载，而会是若干集中荷载或分布荷载的组合，那么当这些组合荷载作用于结构的某已知位置时，如何利用影响线来求结构内力及反力等量值的变化规律，就成为影响线在实际工程中应用的关键。

17.3.1 当荷载位置固定时利用影响线求某量值的大小

1. 一组集中荷载共同作用

假如已绘出某量值 T 的影响线，如图 17-6 所示。现有若干竖向集中荷载 F_1，F_2，$\cdots$，F_n 作用于已知的固定位置，各荷载对应于影响线上的竖坐标分别为 y_1，y_2，$\cdots$，y_n，现求由于这些集中荷载作用所产生的量值 T 的大小。

通过前面的讨论，不难发现：影响线在某个位置的竖坐标 y_1 代表单位荷载 $F = 1$ 作用于该位置时量值 T 的大小，若荷载不是 1 而是 F_1，则 T 应变为 $F_1 y_1$。因此，当有若干集中荷载共同作用时，根据叠加原理，可得出量值 S 的计算方式：

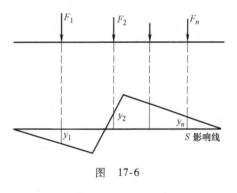

图 17-6

$$T = F_1 y_1 + F_2 y_2 + \cdots + F_n y_n = \sum F_i y_i \quad (17\text{-}1)$$

上式表明，在若干固定的集中荷载作用下产生的某量值 T 等于各集中力与其作用点之下的相应影响线纵坐标的乘积的代数和。

2. 分布荷载作用

假如已知某结构上有固定位置的分布荷载 q_x 作用，同时，某量值 T 的影响线绘制如图 17-7 所示。现将分布荷载沿其长度分成许多无穷小的微段，则每一微段 $\mathrm{d}x$ 上的荷载 $q_x \mathrm{d}x$ 就可以近似地被视为一个集中荷载，即相当于用无数个微小的集中荷载代替分布荷载作用，因此，在 ab 区段内固定位置的分布荷载 q_x 所产生的量值 T 可按下式积分获得：

$$S = \int_a^b q_x y \mathrm{d}x \quad (17\text{-}2)$$

若 q_x 为均分布荷载 q（图 17-8），则上式可简化为

$$S = q\int_a^b y \mathrm{d}x = q\omega \quad (17\text{-}3)$$

式中，ω 表示影响线在均分布荷载范围 ab 内的面积（图17-8的阴影部分面积）。

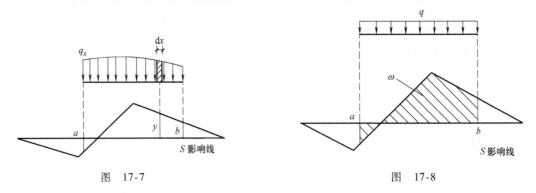

图 17-7　　　　　　　　　　　　　　图 17-8

上式表明：**在固定位置的均分布荷载作用下，产生的某量值的数值大小等于该均分布荷载作用范围所对应的影响线面积乘以荷载集度 q。**

但应注意：在计算面积 ω 时，若影响线上的取值有正也有负，则 ω 应为正负面积的代数和。

【例 17-1】　利用影响线求图17-9a所示简支梁，在荷载作用下的 R_A、M_C、F_{VC} 和 F_{VD} 的值。

【解】

绘制 R_A、M_C、F_{VC} 和 F_{VD} 各影响线，并求出荷载作用点处的纵标如图17-9b、c、d和e所示，于是

$$R_A = \left[20 \times \frac{3}{5} - 10 \times \frac{1}{5} + 10 \times \frac{1}{2} \times \left(\frac{1}{5} + \frac{4}{5} \right) \times 3 \right] kN = 25kN$$

$$F_{VC} = \left[20 \times \frac{2}{5} + 10 \times \frac{1}{5} + 10 \times \frac{1}{2} \times \left(\frac{1}{5} + \frac{3}{5} \right) \times 2 - 10 \times \frac{1}{2} \times \left(\frac{2}{5} + \frac{1}{5} \right) \times 1 \right] kN = 15kN$$

$$M_C = \left[20 \times \frac{2}{5} - 10 \times \frac{3}{5} + 10 \times \frac{1}{2} \times \left(\frac{6}{5} + \frac{2}{5} \right) \times 2 + 10 \times \frac{1}{2} \times \left(\frac{6}{5} + \frac{3}{5} \right) \times 1 \right] kN \cdot m = 35kN \cdot m$$

由于 F_1 恰好作用在 D 截面，F_{VD} 影响线在 D 处有突变，因此 F_{VD} 应分 $F_{VD左}$ 和 $F_{VD右}$ 来算。

$$F_{VD左} = \left[20 \times \frac{2}{5} + 10 \times \frac{1}{5} - 10 \times \frac{1}{2} \times \left(\frac{3}{5} + \frac{1}{5} \right) \times 2 + 10 \times \frac{1}{2} \times \left(\frac{2}{5} + \frac{1}{5} \right) \times 1 \right] kN = -5kN$$

$$F_{VD右} = \left[-20 \times \frac{3}{5} + 10 \times \frac{1}{5} - 10 \times \frac{1}{2} \times \left(\frac{3}{5} + \frac{1}{5} \right) \times 2 + 10 \times \frac{1}{2} \times \left(\frac{2}{5} + \frac{1}{5} \right) \times 1 \right] kN = -15kN$$

$F_{VD左}$ 和 $F_{VD右}$ 截面为在 D 截面稍左或稍右的截面。当求 $F_{VD左}$ 时，F_1 在 D 左截面之右，其相应的影响线纵标为 $+\frac{2}{5}$。而在求 $F_{VD右}$ 时，F_1 则在 D 右截面之左，其相应影响线纵标为 $-\frac{3}{5}$。

17.3.2　求最不利荷载位置

前面的分析已经指出，在移动荷载作用下，结构上的各种量值均将随荷载的位置变化而变化。所以，作为设计的依据，必须求出实际荷载作用下各种量值的最大值。计算的策略

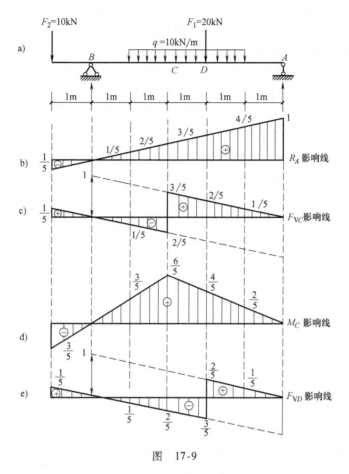

图　17-9

为：先确定使得某一量值发生最大（或最小）值的荷载位置，即最不利荷载位置，然后将实际荷载布置在最不利荷载位置上，其产生的结构各种量值的最大（最小）值可以按17.3.1 节所述的方法利用影响线计算得出。

当只有一个集中荷载 F 时，很显然，将 F 置于 T 影响线的最大竖标处即产生 T_{max}；而将 F 置于 T 影响线的最小竖标处即产生 T_{min}（图 17-10）。

对于可以任意断续布置的均分布荷载（如人群、货物等荷载），由式（17-3）即 $T = q\omega$ 易知，将实际荷载的作用位置布满对应于影响线所有正面积的部分，则产生 T_{max}；反之，将实际荷载的作用位置布满对应于影响线所有负面积的部分，则产生 T_{min}（图 17-11）。

对于行列荷载，即一系列间距不变的移动集中荷载（也包括均布荷载），如汽车车队

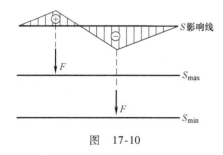

图　17-10

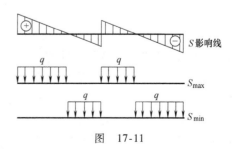

图　17-11

等，其最不利荷载位置难于凭直观确定。但是，当行列荷载移动到最不利荷载位置时，所求的某量值 T 应为最大值，因此，行列荷载由该位置无论再向左或向右移动，量值 T 都会减小，这就是找到最不利荷载位置的线索。

若是遇到较为常见的三角形影响线（图 17-12），最不利荷载位置的判别方式可简化为更便于应用的形式。设当行列荷载处在最不利荷载位置时，其中某个 F_K 正好处于三角形影响线的顶点，这个 F_K 将成为一个分界线，把行列荷载分成两段，F_K 称为临界荷载。确定了临界荷载的位置，就等于确定了最不利荷载的布置方式。

具体操作步骤为：以 R_a'、R_b 分别表示 F_K 以左和以右荷载的合力，则根据荷载向左、向右移动时 $\sum R_i \tan\alpha_i$ 应由正变负，可写出如下两个不等式：

$$(R_a + F_K)\tan\alpha - R_b\tan\beta \geqslant 0$$
$$R_a\tan\alpha - (F_K + R_b)\tan\beta \leqslant 0$$

将 $\tan\alpha = \dfrac{h}{a}$ 和 $\tan\beta = \dfrac{h}{b}$ 代入上式得

$$\left.\begin{aligned} \frac{R_a + F_K}{a} &\geqslant \frac{R_b}{b} \\ \frac{R_a}{a} &\leqslant \frac{F_K + R_b}{b} \end{aligned}\right\} \tag{17-4}$$

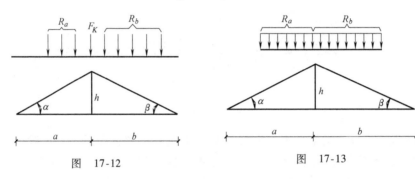

图 17-12   图 17-13

这就是在三角形影响线上判别临界位置的公式。对这两个不等式，可以这样来理解：把临界荷载 R_K 算入影响线顶点的哪一边，则哪一边上的"平均荷载"就大些。

对于均布荷载跨过三角形影响线顶点的情况（图 17-13），则可由 $\dfrac{\mathrm{d}s}{\mathrm{d}x} = \sum\limits_{i=1}^{n} R_i\tan\alpha_i = 0$ 的条件来确定临界位置，即

$$\sum_{i=1}^{n} R_i\tan\alpha_i = R_a\frac{h}{a} - R_b\frac{h}{b} = 0$$

得
$$\frac{R_a}{a} = \frac{R_b}{b} \tag{17-5}$$

即左、右两边的"平均荷载"应相等。

最后指出：对于直角三角形态的影响线，上述判别式均不再适用。此时的最不利荷载位置一般可由直观判定，如图 17-14 所示，对于行列荷载，显然第一轮位于影响线顶点时所产生的量值 T 最大，所以此处为最不利荷载位置。

【例 17-2】 图 17-15a 所示为一简支吊车梁，跨度为 12m。两台吊车传来的最大轮压为

$82kN$（$F_1 = F_2 = F_3 = F_4 = 82kN$），轮距为$3.5m$，两台吊车并行的最小间距为$1.5m$。求截面$C$弯矩最大时的荷载最不利位置及$M_C$的最大值。

【解】

（1）作M_C的影响线如图17-15b所示。

（2）临界荷载F_K可能是F_2或F_3，先把F_2视为F_K，如图17-15c所示，用式（17-4）验算。

荷载稍向左：$\dfrac{82+82}{3.6} > \dfrac{82+82}{8.4}$

荷载稍向右：$\dfrac{82}{3.6} < \dfrac{82+82+82}{8.4}$

故F_2为临界荷载。

再把F_3视为F_K，如图17-15d所示，用式（17-4）验算，此时荷载F_1已出梁外。

荷载稍向左：$\dfrac{82+82}{3.6} > \dfrac{82}{8.4}$

荷载稍向右：$\dfrac{82}{3.6} > \dfrac{82+82}{8.4}$

故F_3不是临界荷载。

（3）将荷载F_2置于点C，此时对于弯矩内力M_C而言，就是其最不利荷载位置，相应的最大弯矩为

$$M_{C\max} = \left[82 \times (0.07 + 2.52 + 2.07 + 1.02) \right] kN \cdot m = 465.76 kN \cdot m$$

【例17-3】 试求图17-16a所示在汽车10级荷载作用下，简支梁截面C的最大弯矩。

【解】

作出M_C的影响线如图17-16b所示。

首先考虑车队由左向右开行，将重车后轮置于影响线顶点（图17-16c），按式（17-4）计算，有

$$\frac{100+100}{15} > \frac{150}{25}$$

$$\frac{100}{15} < \frac{100+150}{25}$$

由上面两个式子可以看到，所试位置为一临界荷载位置。

其次，再考虑车队调头向左开行，仍将重车后轮置于顶点处试算（图17-16d），有

$$\frac{50+100}{15} > \frac{130}{25}$$

$$\frac{50}{15} < \frac{100+130}{25}$$

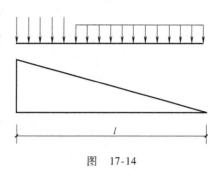

图 17-14

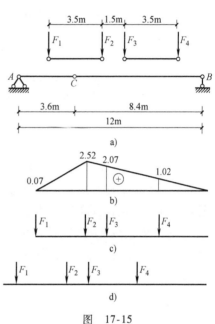

a)

b)

c)

d)

图 17-15

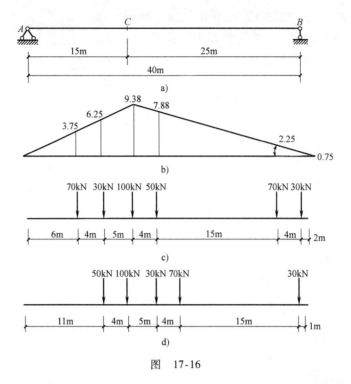

图 17-16

可知，这又是一临界荷载位置，且此情况下也不用考虑其他荷载位置。

根据上述两个临界位置，可分别算出相应的 M_C 值。经比较得知图 17-16c 对应的 M_C 值会更大，所以该位置被确定为最不利荷载的位置。此时弯矩内力

$$M_{C\max} = (70 \times 3.75 + 30 \times 6.25 + 100 \times 9.38 + 50 \times 7.88 + 70 \times 2.55 +$$
$$30 \times 0.75)\text{kN} \cdot \text{m} = 1962\text{kN} \cdot \text{m}$$

思　考　题

17-1　影响线的含义是什么？影响线的纵标代表什么？

17-2　说明用静力法绘制影响线的原理、步骤和注意事项。

17-3　为什么简支梁剪力的影响线有突变？它和剪力图的突变有什么不同？

17-4　影响线和内力图有什么区别？

17-5　什么叫最不利的荷载位置？

习　　题

17-1　用静力法绘图 17-17 所示各梁的影响线。

A. R_A、R_B、M_C、F_{VC}、M_C、F_{VD}；　　　　B. R_B、M_B、F_{VC}、M_C；

C. R_A、R_B、F_{VD}、M_D、$F_{VA左}$、$F_{VA右}$；　D. M_D、F_{VD}、M_E、F_{VE}、$F_{VB左}$、$F_{VB右}$。

17-2　用影响线示图 17-18 所示梁指定截面的内力。

A. F_{VD}、M_D；　　　　B. F_{VD}、M_B、$F_{VE左}$、$F_{VE右}$；　　　　C. M_F、F_{VF}。

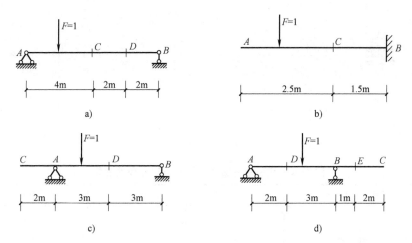

图 17-17

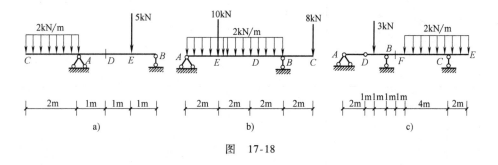

图 17-18

附 录

附表 A 几种常用图形的面积、形心和惯性矩

序号	图 形	面 积	形心位置	惯 性 矩
1		$A = bh$	$z_C = \dfrac{b}{2}$ $y_C = \dfrac{h}{2}$	$I_z = \dfrac{hb^3}{12}$ $I_y = \dfrac{hb^3}{12}$
2		$A = \dfrac{bh}{2}$	$z_C = \dfrac{b}{3}$ $y_C = \dfrac{h}{3}$	$I_z = \dfrac{bh^3}{36}$ $I_{z_1} = \dfrac{bh^3}{12}$
3		$A = \dfrac{\pi D^2}{4}$	$z_C = \dfrac{D}{2}$ $y_C = \dfrac{D}{2}$	$I_z = I_y = \dfrac{\pi D^4}{64}$
4		$A = \dfrac{\pi (D^2 - d^2)}{4}$	$z_C = \dfrac{D}{2}$ $y_C = \dfrac{D}{2}$	$I_z = I_y = \dfrac{\pi (D^4 - d^4)}{64}$

（续）

序号	图　形	面　积	形心位置	惯性矩
5	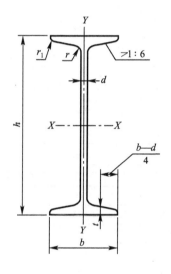	$A = \dfrac{\pi R^2}{2}$	$y_C = \dfrac{4R}{3\pi}$	$I_z = \left(\dfrac{1}{8} - \dfrac{8}{9\pi^2} \right)\pi R^4$ $I_y = \dfrac{\pi R^4}{8}$

附表 B　工字钢截面尺寸、截面面积、理论重量及截面特性（GB/T 706—2008）

h——高度；
b——腿宽度；
d——腰厚度；
t——平均腿厚度；
r——内圆弧半径；
r_1——腿端圆弧半径。

型 号	截面尺寸/mm						截面面积/cm²	理论重量/(kg/m)	惯性矩/cm⁴		惯性半径/cm		截面模数/cm³	
	h	b	d	t	r	r_1			I_x	I_y	i_x	i_y	W_x	W_y
10	100	68	4.5	7.6	6.5	3.3	14.345	11.261	245	33.0	4.14	1.52	49.0	9.72
12	120	74	5.0	8.4	7.0	3.5	17.818	13.987	436	46.9	4.95	1.62	72.7	12.7
12.6	126	74	5.0	8.4	7.0	3.5	18.118	14.223	488	46.9	5.20	1.61	77.5	12.7
14	140	80	5.5	9.1	7.5	3.8	21.516	16.890	712	64.4	5.76	1.73	102	16.1
16	160	88	6.0	9.9	8.0	4.0	26.131	20.513	1130	93.1	6.58	1.89	141	21.2
18	180	94	6.5	10.7	8.5	4.3	30.756	24.143	1660	122	7.36	2.00	185	26.0
20a	200	100	7.0	11.4	9.0	4.5	35.578	27.929	2370	158	8.15	2.12	237	31.5
20b		102	9.0				39.578	31.069	2500	169	7.96	2.06	250	33.1
22a	220	110	7.5	12.3	9.5	4.8	42.128	33.070	3400	225	8.99	2.31	309	40.9
22b		112	9.5				46.528	36.524	3570	239	8.78	2.27	325	42.7

（续）

型 号	截面尺寸/mm						截面面积/cm²	理论重量/（kg/m）	惯性矩/cm⁴		惯性半径/cm		截面模数/cm³	
	h	b	d	t	r	r_1			I_x	I_y	i_x	i_y	W_x	W_y
24a	240	116	8.0	13.0	10.0	5.0	47.741	37.477	4570	280	9.77	2.42	381	48.4
24b		118	10.0				52.541	41.245	4800	297	9.57	2.38	400	50.4
25a	250	116	8.0				48.541	38.105	5020	280	10.2	2.40	402	48.3
25b		118	10.0				53.541	42.030	5280	309	9.94	2.40	423	52.4
27a	270	122	8.5	13.7	10.5	5.3	54.554	42.825	6550	345	10.9	2.51	485	56.6
27b		124	10.5				59.954	47.064	6870	366	10.7	2.47	509	58.9
28a	280	122	8.5				55.404	43.492	7110	345	11.3	2.50	508	56.6
28b		124	10.5				61.004	47.888	7480	379	11.1	2.49	534	61.2
30a	300	126	9.0	14.4	11.0	5.5	61.254	48.084	8950	400	12.1	2.55	597	63.5
30b		128	11.0				67.254	52.794	9400	422	11.8	2.50	627	65.9
30c		130	13.0				73.254	57.504	9850	445	11.6	2.46	657	68.5
32a	320	130	9.5	15.0	11.5	5.8	67.156	52.717	11100	460	12.8	2.62	692	70.8
32b		132	11.5				73.556	57.741	11600	502	12.6	2.61	726	76.0
32c		134	13.5				79.956	62.765	12200	544	12.3	2.61	760	81.2
36a	360	136	10.0	15.8	12.0	6.0	76.480	60.037	15800	552	14.4	2.69	875	81.2
36b		138	12.0				83.680	65.689	16500	582	14.1	2.64	919	84.3
36c		140	14.0				90.880	71.341	17300	612	13.8	2.60	962	87.4
40a	400	142	10.5	16.5	12.5	6.3	86.112	67.598	21700	660	15.9	2.77	1090	93.2
40b		144	12.5				94.112	73.878	22800	692	15.6	2.71	1140	96.2
40c		146	14.5				102.112	80.158	23900	727	15.2	2.65	1190	99.6
45a	450	150	11.5	18.0	13.5	6.8	102.446	80.420	32200	855	17.7	2.89	1430	114
45b		152	13.5				111.446	87.485	33800	894	17.4	2.84	1500	118
45c		154	15.5				120.446	94.550	35300	938	17.1	2.79	1570	122
50a	500	158	12.0	20.0	14.0	7.0	119.304	93.654	46500	1120	19.7	3.07	1860	142
50b		160	14.0				129.304	101.504	48600	1170	19.4	3.01	1940	146
50c		162	16.0				139.304	109.354	50600	1220	19.0	2.96	2080	151
55a	550	166	12.5	21.0	14.5	7.3	134.185	105.335	62900	1370	21.6	3.19	2290	164
55b		168	14.5				145.185	113.970	65600	1420	21.2	3.14	2390	170
55c		170	16.5				156.185	122.605	68400	1480	20.9	3.08	2490	175
56a	560	166	12.5				135.435	106.316	65600	1370	22.0	3.18	2340	165
56b		168	14.5				146.635	115.108	68500	1490	21.6	3.16	2450	174
56c		170	16.5				157.835	123.900	71400	1560	21.3	3.16	2550	183
63a	630	176	13.0	22.0	15.0	7.5	154.658	121.407	93900	1700	24.5	3.31	2980	193
63b		178	15.0				167.258	131.298	98100	1810	24.2	3.29	3160	204
63c		180	17.0				179.858	141.189	102000	1920	23.8	3.27	3300	214

注：表中 r、r_1 的数据用于孔型设计，不做交货条件。

附表 C 槽钢截面尺寸、截面面积、理论重量及截面特性（GB/T 706—2008）

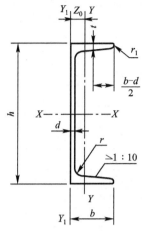

h——高度；
b——腿宽度；
d——腰厚度；
t——平均腿厚度；
r——内圆弧半径；
r_1——腿端圆弧半径；
Z_0——YY轴与Y_1Y_1轴间距。

型号	截面尺寸/mm						截面面积/cm²	理论重量/(kg/m)	惯性矩/cm⁴			惯性半径/cm		截面模数/cm³		重心距离/cm
	h	b	d	t	r	r_1			I_x	I_y	I_{y1}	i_x	i_y	W_x	W_y	Z_0
5	50	37	4.5	7.0	7.0	3.5	6.928	5.438	26.0	8.30	20.9	1.94	1.10	10.4	3.55	1.35
6.3	63	40	4.8	7.5	7.5	3.8	8.451	6.634	50.8	11.9	28.4	2.45	1.19	16.1	4.50	1.36
6.5	65	40	4.3	7.5	7.5	3.8	8.547	6.709	55.2	12.0	28.3	2.54	1.19	17.0	4.59	1.38
8	80	43	5.0	8.0	8.0	4.0	10.248	8.045	101	16.6	37.4	3.15	1.27	25.3	5.79	1.43
10	100	48	5.3	8.5	8.5	4.2	12.748	10.007	198	25.6	54.9	3.95	1.41	39.7	7.80	1.52
12	120	53	5.5	9.0	9.0	4.5	15.362	12.059	346	37.4	77.7	4.75	1.56	57.7	10.2	1.62
12.6	126	53	5.5	9.0	9.0	4.5	15.692	12.318	391	38.0	77.1	4.95	1.57	62.1	10.2	1.59
14a	140	58	6.0	9.5	9.5	4.8	18.516	14.535	564	53.2	107	5.52	1.70	80.5	13.0	1.71
14b	140	60	8.0	9.5	9.5	4.8	21.316	16.733	609	61.1	121	5.35	1.69	87.1	14.1	1.67
16a	160	63	6.5	10.0	10.0	5.0	21.962	17.24	866	73.3	144	6.28	1.83	108	16.3	1.80
16b	160	65	8.5	10.0	10.0	5.0	25.162	19.752	935	83.4	161	6.10	1.82	117	17.6	1.75
18a	180	68	7.0	10.5	10.5	5.2	25.699	20.174	1270	98.6	190	7.04	1.96	141	20.0	1.88
18b	180	70	9.0	10.5	10.5	5.2	29.299	23.000	1370	111	210	6.84	1.95	152	21.5	1.84
20a	200	73	7.0	11.0	11.0	5.5	28.837	22.637	1780	128	244	7.86	2.11	178	24.2	2.01
20b	200	75	9.0	11.0	11.0	5.5	32.837	25.777	1910	144	268	7.64	2.09	191	25.9	1.95
22a	220	77	7.0	11.5	11.5	5.8	31.846	24.999	2390	158	298	8.67	2.23	218	28.2	2.10
22b	220	79	9.0	11.5	11.5	5.8	36.246	28.453	2570	176	326	8.42	2.21	234	30.1	2.03
24a	240	78	7.0	12.0	12.0	6.0	34.217	26.860	3050	174	325	9.45	2.25	254	30.5	2.10
24b	240	80	9.0	12.0	12.0	6.0	39.017	30.628	3280	194	355	9.17	2.23	274	32.5	2.03
24c	240	82	11.0	12.0	12.0	6.0	43.817	34.396	3510	213	388	8.96	2.21	293	34.4	2.00
25a	250	78	7.0	12.0	12.0	6.0	34.917	27.410	3370	176	322	9.82	2.84	270	30.6	2.07
25b	250	80	9.0	12.0	12.0	6.0	39.917	31.335	3530	196	353	9.41	2.22	282	32.7	1.98
25c	250	82	11.0	12.0	12.0	6.0	44.917	35.260	3690	218	384	9.07	2.21	295	35.9	1.92

（续）

型号	截面尺寸/mm						截面面积/cm²	理论重量/(kg/m)	惯性矩/cm⁴			惯性半径/cm		截面模数/cm³		重心距离/cm
	h	b	d	t	r	r_1			I_x	I_y	I_{y1}	i_x	i_y	W_x	W_y	Z_0
27a		82	7.5				39.284	30.838	4360	216	393	10.5	2.34	323	35.5	2.13
27b	270	84	9.5				44.684	35.077	4690	239	428	10.3	2.31	347	37.7	2.06
27c		86	11.5	12.5	12.5	6.2	50.084	39.316	5020	261	467	10.1	2.28	372	39.8	2.03
28a		82	7.5				40.034	31.427	4760	218	388	10.9	2.33	340	35.7	2.10
28b	280	84	9.5				45.634	35.823	5130	242	428	10.6	2.30	366	37.9	2.02
28c		86	11.5				51.234	40.219	5500	268	463	10.4	2.29	393	40.3	1.95
30a		85	7.5				43.902	34.463	6050	260	467	11.7	2.43	403	41.1	2.17
30b	300	87	9.5	13.5	13.5	6.8	49.902	39.173	6500	289	515	11.4	2.41	433	44.0	2.13
30c		89	11.5				55.902	43.883	6950	316	560	11.2	2.38	463	46.4	2.09
32a		88	8.0				48.513	38.083	7600	305	552	12.5	2.50	475	46.5	2.24
32b	320	90	10.0	14.0	14.0	7.0	54.913	43.107	8140	336	593	12.2	2.47	509	49.2	2.16
32c		92	12.0				61.313	48.131	8690	374	643	11.9	2.47	543	52.6	2.09
36a		96	9.0				60.910	47.814	11900	455	818	14.0	2.73	660	63.5	2.44
36b	360	98	11.0	16.0	16.0	8.0	68.110	53.466	12700	497	880	13.6	2.70	703	66.9	2.37
36c		100	13.0				75.310	59.118	13400	536	948	13.4	2.67	746	70.0	2.34
40a		100	10.5				75.068	58.928	17600	592	1070	15.3	2.81	879	78.8	2.49
40b	400	102	12.5	18.0	18.0	9.0	83.068	65.208	18600	640	114	15.0	2.78	932	82.5	2.44
40c		104	14.5				91.068	71.488	19700	688	1220	14.7	2.75	986	86.2	2.42

注：表中 r、r_1 的数据用于孔型设计，不做交货条件。

附表 D 等边角钢截面尺寸、截面面积、理论重量及截面特性（GB/T 706—2008）

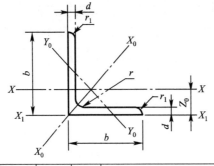

b——边宽度；

d——边厚度；

r——内圆弧半径；

r_1——边端圆弧半径；

Z_0——重心距离。

型号	截面尺寸/mm			截面面积/cm²	理论重量/(kg/m)	外表面积/(m²/m)	惯性矩/cm⁴				惯性半径/cm			截面模数/cm³			重心距离/cm
	b	d	r				I_x	I_{x1}	I_{x0}	I_{y0}	i_x	i_{x0}	i_{y0}	W_x	W_{x0}	W_{y0}	Z_0
2	20	3	3.5	1.132	0.889	0.078	0.40	0.81	0.63	0.17	0.59	0.75	0.39	0.29	0.45	0.20	0.60
		4		1.459	1.145	0.077	0.50	1.09	0.78	0.22	0.58	0.73	0.38	0.36	0.55	0.24	0.64
2.5	25	3	3.5	1.432	1.124	0.098	0.82	1.57	1.29	0.34	0.76	0.95	0.49	0.46	0.73	0.33	0.73
		4		1.859	1.459	0.097	1.03	2.11	1.62	0.43	0.74	0.93	0.48	0.59	0.92	0.40	0.76

（续）

型号	截面尺寸/mm			截面面积/cm²	理论重量/(kg/m)	外表面积/(m²/m)	惯性矩/cm⁴				惯性半径/cm			截面模数/cm³			重心距离/cm
	b	d	r				I_x	I_{x1}	I_{x0}	I_{y0}	i_x	i_{x0}	i_{y0}	W_x	W_{x0}	W_{y0}	Z_0
3.0	30	3		1.749	1.373	0.117	1.46	2.71	2.31	0.61	0.91	1.15	0.59	0.68	1.09	0.51	0.85
		4		2.276	1.786	0.117	1.84	3.63	2.92	0.77	0.90	1.13	0.58	0.87	1.37	0.62	0.89
3.6	36	3	4.5	2.109	1.656	0.141	2.58	4.68	4.09	1.07	1.11	1.39	0.71	0.99	1.61	0.76	1.00
		4		2.756	2.163	0.141	3.29	6.25	5.22	1.37	1.09	1.38	0.70	1.28	2.05	0.93	1.04
		5		3.382	2.654	0.141	3.95	7.84	6.24	1.65	1.08	1.36	0.70	1.56	2.45	1.00	1.07
4	40	3	5	2.359	1.852	0.157	3.59	6.41	5.69	1.49	1.23	1.55	0.79	1.23	2.01	0.96	1.09
		4		3.086	2.422	0.157	4.60	8.56	7.29	1.91	1.22	1.54	0.79	1.60	2.58	1.19	1.13
		5		3.791	2.976	0.156	5.53	10.74	8.76	2.30	1.21	1.52	0.78	1.96	3.10	1.39	1.17
4.5	45	3	5	2.659	2.088	0.177	5.17	9.12	8.20	2.14	1.40	1.76	0.89	1.58	2.58	1.24	1.22
		4		3.486	2.736	0.177	6.65	12.18	10.56	2.75	1.38	1.74	0.89	2.05	3.32	1.54	1.26
		5		4.292	3.369	0.176	8.04	15.2	12.74	3.33	1.37	1.72	0.88	2.51	4.00	1.81	1.30
		6		5.076	3.985	0.176	9.33	18.36	14.76	3.89	1.36	1.70	0.8	2.95	4.64	2.06	1.33
5	30	3	5.5	2.971	2.332	0.197	7.18	12.5	11.37	2.98	1.55	1.96	1.00	1.96	3.22	1.57	1.34
		4		3.897	3.059	0.197	9.26	16.69	14.70	3.82	1.54	1.94	0.99	2.56	4.16	1.96	1.38
		5		4.803	3.770	0.196	11.21	20.90	17.79	4.64	1.53	1.92	0.98	3.13	5.03	2.31	1.42
		6		5.688	4.465	0.196	13.05	25.14	20.68	5.42	1.52	1.91	0.98	3.68	5.85	2.63	1.46
5.6	56	3	6	3.343	2.624	0.221	10.19	17.56	16.14	4.24	1.75	2.20	1.13	2.48	4.08	2.02	1.48
		4		4.390	3.446	0.220	13.18	23.43	20.92	5.46	1.73	2.18	1.11	3.24	5.28	2.52	1.53
		5		5.415	4.251	0.220	16.02	29.33	25.42	6.61	1.72	2.17	1.10	3.97	6.42	2.98	1.57
		6		6.420	5.040	0.220	18.69	35.26	29.66	7.73	1.71	2.15	1.10	4.68	7.49	3.40	1.61
		7		7.404	5.812	0.219	21.23	41.23	33.63	8.82	1.69	2.13	1.09	5.36	8.49	3.80	1.64
		8		8.367	6.568	0.219	23.63	47.24	37.37	9.89	1.68	2.11	1.09	6.03	9.44	4.16	1.68
6	60	5	6.5	5.829	4.576	0.236	19.89	36.05	31.57	8.21	1.85	2.33	1.19	4.59	7.44	3.48	1.67
		6		6.914	5.427	0.235	23.25	43.33	36.89	9.60	1.83	2.31	1.18	5.41	8.70	3.98	1.70
		7		7.977	6.262	0.235	26.44	50.65	41.92	10.96	1.82	2.29	1.17	6.21	9.88	4.45	1.74
		8		9.020	7.081	0.235	29.47	58.02	46.66	12.28	1.81	2.27	1.17	6.98	11.00	4.88	1.78
6.3	63	4	7	4.978	3.907	0.248	19.03	33.35	30.17	7.89	1.96	2.46	1.26	4.13	6.78	3.29	1.70
		5		6.143	4.822	0.248	23.17	41.73	36.77	9.57	1.94	2.45	1.25	5.08	8.25	3.90	1.74
		6		7.288	5.721	0.247	27.12	50.14	43.03	11.20	1.93	2.43	1.24	6.00	9.66	4.46	1.78
		7		8.412	6.603	0.247	30.87	58.60	48.96	12.79	1.92	2.41	1.23	6.88	10.99	4.98	1.82
		8		9.515	7.469	0.247	34.46	67.11	54.56	14.33	1.90	2.40	1.23	7.75	12.25	5.47	1.85
		10		11.657	9.151	0.246	41.09	84.31	64.85	17.33	1.88	2.36	1.22	9.39	14.56	6.36	1.93
7	70	4	8	5.570	4.372	0.275	26.39	45.71	41.80	10.99	2.18	2.74	1.40	5.14	8.44	4.17	1.86
		5		6.875	5.397	0.275	32.21	57.21	51.08	13.31	2.16	2.73	1.39	6.32	10.32	4.95	1.91
		6		8.160	6.406	0.275	37.77	68.73	59.93	15.61	2.15	2.71	1.38	7.48	12.11	5.67	1.95
		7		9.424	7.398	0.275	43.09	80.29	68.35	17.82	2.14	2.69	1.38	8.59	13.81	6.34	1.99
		8		10.667	8.373	0.274	48.17	91.92	76.37	19.98	2.12	2.68	1.37	9.68	15.43	6.98	2.03

（续）

型号	截面尺寸/mm			截面面积/cm²	理论重量/(kg/m)	外表面积/(m²/m)	惯性矩/cm⁴				惯性半径/cm			截面模数/cm³			重心距离/cm
	b	d	r				I_x	I_{x1}	I_{x0}	I_{y0}	i_x	i_{x0}	i_{y0}	W_x	W_{x0}	W_{y0}	Z_0
7.5	75	5	9	7.412	5.818	0.295	39.97	70.56	63.30	16.63	2.33	2.92	1.50	7.32	11.94	5.77	2.04
		6		8.797	6.905	0.294	46.95	84.55	74.38	19.51	2.31	2.90	1.49	8.64	14.02	6.67	2.07
		7		10.160	7.976	0.294	53.57	98.71	84.96	22.18	2.30	2.89	1.48	9.93	16.02	7.44	2.11
		8		11.503	9.030	0.294	59.96	112.97	95.07	24.86	2.28	2.88	1.47	11.20	17.93	8.19	2.15
		9		12.825	10.068	0.294	66.10	127.30	104.71	27.48	2.27	2.86	1.46	12.43	19.75	8.89	2.18
		10		14.126	11.089	0.293	71.98	141.71	113.92	30.05	2.26	2.84	1.46	13.64	21.48	9.56	2.22
8	80	5	9	7.912	6.211	0.315	48.79	85.36	77.33	20.25	2.48	3.13	1.60	8.34	13.67	6.66	2.15
		6		9.397	7.376	0.314	57.35	102.50	90.98	23.72	2.47	3.11	1.59	9.87	16.08	7.65	2.19
		7		10.860	8.525	0.314	65.58	119.70	104.07	27.09	2.46	3.10	1.58	11.37	18.40	8.58	2.23
		8		12.303	9.658	0.314	73.49	136.97	116.60	30.39	2.44	3.08	1.57	12.83	20.61	9.46	2.27
		9		13.725	10.774	0.314	81.11	154.31	128.60	33.61	2.43	3.06	1.56	14.25	22.73	10.29	2.31
		10		15.126	11.874	0.313	88.43	171.74	140.09	36.77	2.42	3.04	1.56	15.64	24.76	11.08	2.35
9	90	6	10	10.637	8.350	0.354	82.77	145.87	131.26	34.28	2.79	3.51	1.80	12.61	20.63	9.95	2.44
		7		12.301	9.656	0.354	94.83	170.30	150.47	39.18	2.78	3.50	1.78	14.54	23.64	11.19	2.48
		8		13.944	10.946	0.353	106.47	194.80	168.97	43.97	2.76	3.48	1.78	16.42	26.55	12.35	2.52
		9		15.566	12.219	0.353	117.72	219.39	186.77	48.66	2.75	3.46	1.77	18.27	29.35	13.46	2.56
		10		17.167	13.476	0.353	128.58	244.07	203.90	53.26	2.74	3.45	1.76	20.07	32.04	14.52	2.59
		12		20.306	15.940	0.352	149.22	293.76	236.21	62.22	2.71	3.41	1.75	23.57	37.12	16.49	2.67
10	100	6	12	11.932	9.366	0.393	114.95	200.07	181.98	47.92	3.10	3.90	2.00	15.68	25.74	12.69	2.67
		7		13.796	10.830	0.393	131.86	233.54	208.97	54.74	3.09	3.89	1.99	18.10	29.55	14.26	2.71
		8		15.638	12.276	0.393	148.24	267.09	235.07	61.41	3.08	3.88	1.98	20.47	33.24	15.75	2.76
		9		17.462	13.708	0.392	164.12	300.73	260.30	67.95	3.07	3.86	1.97	22.79	36.81	17.18	2.80
		10		19.261	15.120	0.392	179.51	334.48	284.68	74.35	3.05	3.84	1.96	25.06	40.26	18.54	2.84
		12		22.800	17.898	0.391	208.90	402.34	330.95	86.84	3.03	3.81	1.95	29.48	46.80	21.08	2.91
		14		26.256	20.611	0.391	236.53	470.75	374.06	99.00	3.00	3.77	1.94	33.73	52.90	23.44	2.99
		16		29.627	23.257	0.390	262.53	539.80	414.16	110.89	2.98	3.74	1.94	37.82	58.57	25.63	3.06
11	110	7	12	15.196	11.928	0.433	177.16	310.64	280.94	73.38	3.41	4.30	2.20	22.05	36.12	17.51	2.96
		8		17.238	13.535	0.433	199.46	355.20	316.49	82.42	3.40	4.28	2.19	24.95	40.69	19.39	3.01
		10		21.261	16.690	0.432	242.19	444.65	384.39	99.98	3.38	4.25	2.17	30.60	49.42	22.91	3.09
		12		25.200	19.782	0.431	282.55	534.60	448.17	116.93	3.35	4.22	2.15	36.05	57.62	26.15	3.16
		14		29.056	22.809	0.431	320.71	625.16	508.01	133.40	3.32	4.18	2.14	41.31	65.31	29.14	3.24
12.5	125	8	14	19.750	15.504	0.492	297.03	521.01	470.89	123.16	3.88	4.88	2.50	32.52	53.28	25.86	3.37
		10		24.373	19.133	0.491	361.67	651.93	573.89	149.46	3.85	4.85	2.48	39.97	64.93	30.62	3.45
		12		28.912	22.696	0.491	423.16	783.42	671.44	174.88	3.83	4.82	2.46	41.17	75.96	35.03	3.53
		14		33.367	26.193	0.490	481.65	915.61	763.73	199.57	3.80	4.78	2.45	54.16	86.41	39.13	3.61
		16		37.739	29.625	0.489	537.31	1048.62	850.98	223.65	3.77	4.75	2.43	60.93	96.28	42.96	3.68
14	140	10	14	27.373	21.488	0.551	514.65	915.11	817.27	212.04	4.34	5.46	2.78	50.58	82.56	39.20	3.82
		12		32.512	25.522	0.551	603.68	1099.28	958.79	248.57	4.31	5.43	2.76	59.80	96.85	45.02	3.90
		14		37.567	29.490	0.550	688.81	1284.22	1093.56	284.06	4.28	5.40	2.75	68.75	110.47	50.45	3.98
		16		42.539	33.393	0.549	770.24	1470.07	1221.81	318.67	4.26	5.36	2.74	77.46	123.42	55.55	4.06
15	150	8	14	23.750	18.644	0.592	521.37	899.55	827.49	215.25	4.69	5.90	3.01	47.36	78.02	38.14	3.99
		10		29.373	23.058	0.591	637.50	1125.09	1012.79	262.21	4.66	5.87	2.99	58.35	95.49	45.51	4.08
		12		34.912	27.406	0.591	748.85	1351.26	1189.97	307.73	4.63	5.84	2.97	69.04	112.19	52.38	4.15
		14		40.367	31.688	0.590	855.64	1578.25	1359.30	351.98	4.60	5.80	2.95	79.45	128.16	58.83	4.23
		15		43.063	33.804	0.590	907.39	1692.10	1441.09	373.69	4.59	5.78	2.95	84.56	135.87	61.90	4.27
		16		45.739	35.905	0.589	958.08	1806.21	1521.02	395.14	4.58	5.77	2.94	89.59	143.40	64.89	4.31

（续）

型号	截面尺寸/mm			截面面积/cm²	理论重量/(kg/m)	外表面积/(m²/m)	惯性矩/cm⁴				惯性半径/cm			截面模数/cm³			重心距离/cm
	b	d	r				I_x	I_{x1}	I_{x0}	I_{y0}	i_x	i_{x0}	i_{y0}	W_x	W_{x0}	W_{y0}	Z_0
16	160	10	16	31.502	24.729	0.630	779.53	1365.33	1237.30	321.76	4.98	6.27	3.20	66.70	109.36	52.76	4.31
		12		37.441	29.391	0.630	916.58	1639.57	1455.68	377.49	4.95	6.24	3.18	78.98	128.67	60.74	4.39
		14		43.296	33.987	0.629	1048.36	1914.68	1665.02	431.70	4.92	6.20	3.16	90.95	147.17	68.24	4.47
		16		49.067	38.518	0.629	1175.08	2190.82	1865.57	484.59	4.89	6.17	3.14	102.63	164.89	75.31	4.55
18	180	12	16	42.241	33.159	0.710	1321.35	2332.80	2100.10	542.61	5.59	7.05	3.58	100.82	165.00	78.41	4.89
		14		48.896	38.383	0.709	1514.48	2723.48	2407.42	621.53	5.56	7.02	3.56	116.25	189.14	88.38	4.97
		16		55.467	43.542	0.709	1700.99	115.29	2703.37	698.60	5.54	6.98	3.55	131.13	212.40	97.83	5.05
		18		61.055	48.634	0.708	1875.12	3502.43	2988.24	762.01	5.50	6.94	3.51	145.64	234.78	105.14	5.13
20	200	14	18	54.642	42.894	0.788	2103.55	3734.10	3343.26	863.83	6.20	7.82	3.98	144.70	236.40	111.82	5.46
		16		62.013	48.680	0.788	2366.15	4270.39	3760.89	971.41	6.18	7.79	3.96	163.65	265.93	123.96	5.54
		18		69.301	54.401	0.787	2620.64	4808.13	4164.54	1076.74	6.15	7.75	3.94	182.22	294.48	135.52	5.62
		20		76.505	60.056	0.787	2867.30	5347.51	4554.55	1180.04	6.12	7.72	3.93	200.42	322.06	146.55	5.69
		24		90.661	71.168	0.785	3338.25	6457.16	5294.97	1381.53	6.07	7.64	3.90	236.17	374.41	166.65	5.87
22	220	16	21	68.664	53.901	0.866	3187.36	5681.62	5063.73	1310.99	6.81	8.59	4.37	199.55	325.51	153.81	6.03
		18		76.752	60.250	0.866	3534.30	6395.93	5615.32	1453.27	6.79	8.55	4.35	222.37	360.97	168.29	6.11
		20		84.756	66.533	0.865	3871.49	7112.04	6150.08	1592.90	6.76	8.52	4.34	244.77	395.34	182.16	6.18
		22		92.676	72.751	0.865	4199.23	7830.19	6668.37	1730.10	6.73	8.48	4.32	266.78	428.66	195.45	6.26
		24		100.512	78.902	0.864	4517.83	8550.57	7170.55	1865.11	6.70	8.45	4.31	288.39	460.94	208.21	6.33
		26		108.264	84.987	0.864	4827.58	9273.39	7656.98	1998.17	6.68	8.41	4.30	309.62	492.21	220.49	6.41
25	250	18	24	87.842	68.956	0.985	5268.22	9379.11	8369.04	2167.41	7.74	9.76	4.97	290.12	473.42	224.03	6.84
		20		97.045	76.180	0.984	5779.34	10426.97	9181.94	2376.74	7.72	9.73	4.95	319.66	519.41	242.85	6.92
		24		115.201	90.433	0.983	6763.93	12529.74	10742.67	2785.19	7.66	9.66	4.92	377.34	607.70	278.38	7.07
		26		124.154	97.461	0.982	7238.08	13585.18	11491.33	2984.84	7.63	9.62	4.90	405.50	650.05	295.19	7.15
		28		133.022	104.422	0.982	7700.60	14643.62	12219.39	3181.81	7.61	9.58	4.89	433.22	691.23	311.42	7.22
		30		141.807	111.318	0.981	8151.80	15705.30	12927.26	3376.34	7.58	9.55	4.88	460.51	731.28	327.12	7.30
		32		150.508	118.149	0.981	8592.01	16770.41	13615.32	3568.71	7.56	9.51	4.87	487.39	770.20	342.33	7.37
		35		163.402	128.271	0.980	9232.44	18374.95	14611.16	3853.72	7.52	9.46	4.86	526.97	826.53	364.30	7.48

注：截面图中的 $r_1 = 1/3d$ 及表中 r 的数据用于孔型设计，不做交货条件。

附表 E 不等边角钢截面尺寸、截面面积、理论重量及截面特性（GB/T 706—2008）

B——长边宽度；
b——短边宽度；
d——边厚度；
r——内圆弧半径；
r_1——边端圆弧半径；
X_0——重心距离；
Y_0——重心距离。

型号	B	b	d	r	截面面积/cm²	理论重量/(kg/m)	外表面积/(m²/m)	I_x	I_{x1}	I_y	I_{y1}	I_u	i_x	i_y	i_u	W_x	W_y	W_u	tanα	X_0	Y_0
2.5/1.6	25	16	3	3.5	1.162	0.912	0.080	0.70	1.56	0.22	0.43	0.14	0.78	0.44	0.34	0.43	0.19	0.16	0.392	0.42	0.86
	25	16	4		1.499	1.176	0.079	0.88	2.09	0.27	0.59	0.17	0.77	0.43	0.34	0.55	0.24	0.20	0.381	0.46	1.86
3.2/2	32	20	3	3.5	1.492	1.171	0.102	1.53	3.27	0.46	0.82	0.28	1.01	0.55	0.43	0.72	0.30	0.25	0.382	0.49	0.90
	32	20	4		1.939	1.522	0.101	1.93	4.37	0.57	1.12	0.35	1.00	0.54	0.42	0.93	0.39	0.32	0.374	0.53	1.08
4/2.5	40	25	3	4	1.890	1.484	0.127	3.08	5.39	0.93	1.59	0.56	1.28	0.70	0.54	1.15	0.49	0.40	0.385	0.59	1.12
	40	25	4		2.467	1.936	0.127	3.93	8.53	1.18	2.14	0.71	1.36	0.69	0.54	1.49	0.63	0.52	0.381	0.63	1.32
4.5/2.8	45	28	3	5	2.149	1.687	0.143	445	9.10	1.34	2.23	0.80	1.44	0.79	0.61	1.47	0.62	0.51	0.383	0.64	1.37
	45	28	4		2.806	2.203	0.143	5.69	12.13	1.70	3.00	1.02	1.42	0.78	0.60	1.91	0.80	0.66	0.380	0.68	1.47
5/3.2	50	32	3	5.5	2.431	1.908	0.161	6.24	12.49	2.02	3.31	1.20	1.60	0.91	0.70	1.84	0.82	0.68	0.404	0.73	1.51
	50	32	4		3.177	2.494	0.160	8.02	16.65	2.58	4.45	1.53	1.59	0.90	0.69	2.39	1.06	0.87	0.402	0.77	1.60
5.6/3.6	56	36	3	6	2.743	2.153	0.181	8.88	17.54	2.92	4.70	1.73	1.80	1.03	0.79	2.32	1.05	0.87	0.408	0.80	1.65
	56	36	4		3.590	2.818	0.180	11.45	23.39	3.76	6.33	2.23	1.79	1.02	0.79	3.03	1.37	1.13	0.408	0.85	1.78
	56	36	5		4.415	3.466	0.180	13.86	29.25	4.49	7.94	2.67	1.77	1.01	0.78	3.71	1.65	1.36	0.404	0.88	1.82
6.3/4	63	40	4	7	4.058	3.185	0.202	16.49	33.30	5.23	8.63	3.12	2.02	1.14	0.88	3.87	1.70	1.40	0.398	0.92	1.87
	63	40	5		4.993	3.920	0.202	20.02	41.63	6.31	10.86	3.76	2.00	1.12	0.87	4.74	2.07	1.71	0.396	0.95	2.04
	63	40	6		5.908	4.638	0.201	23.36	49.98	7.29	13.12	4.34	1.96	1.11	0.86	5.59	2.43	1.99	0.393	0.99	2.08
	63	40	7		6.802	5.339	0.201	26.53	58.07	8.24	15.47	4.97	1.98	1.10	0.86	6.40	2.78	2.29	0.389	1.03	2.12

型号	截面尺寸/mm				截面面积/cm²	理论重量/(kg/m)	外表面积/(m²/m)	惯性矩/cm⁴					惯性半径/cm			截面模数/cm³			tanα	重心距离/cm	
	B	b	d	r				I_x	I_{x1}	I_y	I_{y1}	I_u	i_x	i_y	i_u	W_x	W_y	W_u		X_0	Y_0
7/4.5	70	45	4	7.5	4.547	3.570	0.226	23.17	45.92	7.55	12.26	4.40	2.26	1.29	0.98	4.86	2.17	1.77	0.410	1.02	2.15
			5		5.609	4.403	0.225	27.95	57.10	9.13	15.39	5.40	2.23	1.28	0.98	5.92	2.65	2.19	0.407	1.06	2.24
			6		6.647	5.218	0.225	32.54	68.35	10.62	18.58	6.35	2.21	1.26	0.98	6.95	3.12	2.59	0.404	1.09	2.28
			7		7.657	6.011	0.225	37.22	79.99	12.01	21.84	7.16	2.20	1.25	0.97	8.03	3.57	2.94	0.402	1.13	2.32
7.5/5	75	50	5	8	6.125	4.808	0.245	34.86	70.00	12.61	21.04	7.41	2.39	1.44	1.10	6.83	3.30	2.74	0.435	1.17	2.36
			6		7.260	5.699	0.245	41.12	84.30	14.70	25.37	8.54	2.38	1.42	1.08	8.12	3.88	3.19	0.435	1.21	2.40
			8		9.467	7.431	0.244	52.39	112.50	18.53	34.23	10.87	2.35	1.40	1.07	10.52	4.99	4.10	0.429	1.29	2.44
			10		11.599	9.098	0.244	62.71	140.80	21.96	43.43	13.10	2.33	1.38	1.06	12.79	6.04	4.99	0.423	1.36	2.52
8/5	80	50	5	8	6.375	5.005	0.255	41.96	85.21	12.82	21.06	7.66	2.56	1.42	1.10	7.78	3.32	2.74	0.388	1.14	2.60
			6		7.560	5.935	0.255	49.49	102.53	14.95	25.41	8.85	2.56	1.41	1.08	9.25	3.91	3.20	0.387	1.18	2.65
			7		8.724	6.848	0.255	56.16	119.33	16.96	29.82	10.18	2.54	1.39	1.08	10.58	4.48	3.70	0.384	1.21	2.69
			8		9.867	7.745	0.254	62.83	136.41	18.85	34.32	11.38	2.52	1.38	1.07	11.92	5.03	4.16	0.381	1.25	2.73
9/5.6	90	56	5	9	7.212	5.661	0.287	60.45	121.32	18.32	29.53	10.98	2.90	1.59	1.23	9.92	4.21	3.49	0.385	1.25	2.91
			6		8.557	6.717	0.286	71.03	145.59	21.42	35.58	12.90	2.88	1.58	1.23	11.74	4.96	4.13	0.384	1.29	2.95
			7		9.880	7.756	0.286	81.01	169.60	24.36	41.71	14.67	2.86	1.57	1.22	13.49	5.70	4.72	0.382	1.33	3.00
			8		11.183	8.779	0.286	91.03	194.17	27.15	47.93	16.34	2.85	1.56	1.21	15.27	6.41	5.29	0.380	1.36	3.04
10/6.3	100	63	6	10	9.617	7.550	0.320	99.06	199.71	30.94	50.50	18.42	3.21	1.79	1.38	14.64	6.35	5.25	0.394	1.43	3.24
			7		11.111	8.722	0.320	113.45	233.00	35.26	59.14	21.00	3.20	1.78	1.38	16.88	7.29	6.02	0.394	1.47	3.28
			8		12.534	9.878	0.319	127.37	266.32	39.39	67.88	23.50	3.18	1.77	1.37	19.08	8.21	6.78	0.391	1.50	3.32
			10		15.467	12.142	0.319	153.81	333.06	47.12	85.73	28.33	3.15	1.74	1.35	23.32	9.98	8.24	0.387	1.58	3.40
10/8	100	80	6	10	10.637	8.350	0.354	107.04	199.83	61.24	102.68	31.65	3.17	2.40	1.72	15.19	10.16	8.37	0.627	1.97	2.95
			7		12.301	9.656	0.354	122.73	233.20	70.08	119.98	36.17	3.16	2.39	1.72	17.52	11.71	9.60	0.626	2.01	3.0
			8		13.944	10.946	0.353	137.92	266.61	78.58	137.37	40.58	3.14	2.37	1.71	19.81	13.21	10.80	0.625	2.05	3.04
			10		17.167	13.476	0.353	166.87	333.63	94.65	172.48	49.10	3.12	2.35	1.69	24.20	16.12	13.12	0.622	2.13	3.12
11/7	110	70	6	10	10.637	8.350	0.354	133.37	265.78	42.92	69.08	25.36	3.54	2.01	1.54	17.85	7.90	6.53	0.403	1.57	3.53
			7		12.301	9.656	0.354	153.00	310.07	49.01	80.82	28.95	3.53	2.00	1.53	20.60	9.09	7.50	0.402	1.61	3.57
			8		13.944	10.946	0.353	172.04	354.39	54.87	92.70	32.45	3.51	1.98	1.53	23.30	10.25	8.45	0.401	1.65	3.62
			10		17.167	13.476	0.353	208.39	443.13	65.88	116.83	39.20	3.48	1.96	1.51	28.54	12.48	10.29	0.397	1.72	3.70

（续）

型号	截面尺寸/mm				截面面积/cm²	理论重量/(kg/m)	外表面积/(m²/m)	惯性矩/cm⁴					惯性半径/cm			截面模数/cm³			tanα	重心距离/cm	
	B	b	d	r				I_x	I_{x1}	I_y	I_{y1}	I_u	i_x	i_y	i_u	W_x	W_y	W_u		X_0	Y_0
12.5/8	125	80	7	11	14.096	11.066	0.403	227.98	454.99	74.42	120.32	43.81	4.02	2.30	1.76	26.86	12.01	9.92	0.408	1.80	4.01
			8		15.989	12.551	0.403	256.77	519.99	83.49	137.85	49.15	4.01	2.28	1.75	30.41	13.56	11.18	0.407	1.84	4.06
			10		19.712	15.474	0.402	312.04	650.09	100.67	173.40	59.45	3.98	2.26	1.74	37.33	16.56	13.64	0.404	1.92	4.14
			12		23.351	18.330	0.402	364.41	780.39	116.67	209.67	69.35	3.95	2.24	1.72	44.01	19.43	16.01	0.400	2.00	4.22
14/9	140	90	8	12	18.038	14.160	0.453	365.64	730.53	120.69	195.79	70.83	4.50	2.59	1.98	38.48	17.34	14.31	0.411	2.04	4.50
			10		22.261	17.475	0.452	445.50	913.20	140.03	245.92	85.82	4.47	2.56	1.96	47.31	21.22	17.48	0.409	2.12	4.58
			12		26.400	20.724	0.451	521.59	1096.09	169.79	296.89	100.21	4.44	2.54	1.95	55.87	24.95	20.54	0.406	2.19	4.66
			14		30.456	23.908	0.451	594.10	1279.26	192.10	348.82	114.13	4.42	2.51	1.94	64.18	28.54	23.52	0.403	2.27	4.74
15/9	150	90	8	12	18.839	14.788	0.473	442.05	898.35	122.80	195.96	74.14	4.84	2.55	1.98	43.86	17.47	14.48	0.364	1.97	4.92
			10		23.261	18.260	0.472	539.24	1122.85	148.62	246.26	89.86	4.81	2.53	1.97	53.97	21.38	17.69	0.362	2.05	5.01
			12		27.600	21.666	0.471	632.08	1347.50	172.85	297.46	104.95	4.79	2.50	1.95	63.79	25.14	20.80	0.359	2.12	5.09
			14		31.856	25.007	0.471	720.77	1572.38	195.62	349.74	119.53	4.76	2.48	1.94	73.33	28.77	23.84	0.356	2.20	5.17
			15		33.952	26.652	0.471	763.62	1684.93	206.50	376.33	126.67	4.74	2.47	1.93	77.99	30.53	25.33	0.354	2.24	5.21
			16		36.027	28.281	0.470	805.51	1797.55	217.07	403.24	133.72	4.73	2.45	1.93	82.60	32.27	26.82	0.352	2.27	5.25
16/10	160	100	10	13	25.315	19.872	0.512	668.69	1362.89	205.03	336.59	121.74	5.14	2.85	2.19	62.13	26.56	21.92	0.390	2.28	5.24
			12		30.054	23.592	0.511	784.91	1635.56	239.06	405.94	142.33	5.11	2.82	2.17	73.19	31.28	25.79	0.388	2.36	5.32
			14		34.709	27.247	0.510	896.30	1908.50	271.20	476.12	162.23	5.08	2.80	2.16	84.56	35.83	29.56	0.385	0.43	5.40
			16		39.281	30.835	0.510	1003.04	2181.79	301.60	548.22	182.57	5.05	2.77	2.16	95.33	40.24	33.44	0.382	2.51	5.48
18/11	180	110	10	14	28.373	22.273	0.571	956.25	1940.40	278.11	447.22	166.50	5.80	3.13	2.42	78.96	32.49	26.88	0.376	2.44	5.89
			12		33.712	26.440	0.571	1124.72	2328.38	325.03	538.94	194.87	5.78	3.10	2.40	93.53	38.32	31.66	0.374	2.52	5.98
			14		38.967	30.589	0.570	1286.91	2716.60	369.55	631.95	222.30	5.75	3.08	2.39	107.76	43.97	36.32	0.372	2.59	6.06
			16		44.139	34.649	0.569	1443.06	3105.15	411.85	726.46	248.94	5.72	3.06	2.38	121.64	49.44	40.87	0.369	2.67	6.14
20/12.5	200	125	12	14	37.912	29.761	0.641	1570.90	3193.85	483.16	787.74	285.79	6.44	3.57	2.74	116.73	49.99	41.23	0.392	2.83	6.54
			14		43.687	34.436	0.640	1800.97	3726.17	550.83	922.47	326.58	6.41	3.54	2.73	134.65	57.44	47.34	0.390	2.91	6.62
			16		49.739	39.045	0.639	2023.35	4258.88	615.44	1058.86	366.21	6.38	3.52	2.71	152.18	64.89	53.32	0.388	2.99	6.70
			18		55.526	43.588	0.639	2238.30	4792.00	677.19	1197.13	404.83	6.35	3.49	2.70	169.33	71.74	59.18	0.385	3.06	6.78

注：截面图中的 $r_1 = 1/3d$ 及表中 r 的数据用于孔型设计，不做交货条件。

附表 F L 型钢截面尺寸、截面面积、理论重量及截面特性（GB/T 706—2008）

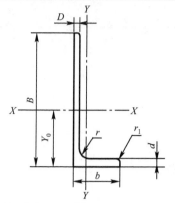

B——长边宽度；
b——短边宽度；
D——长边厚度；
d——短边厚度；
r——内圆弧半径；
r_1——边端圆弧半径；
Y_0——重心距离。

型　号	截面尺寸/mm						截面面积/	理论重量/	惯性矩 I_x/	重心距离
	B	b	D	d	r	r_1	cm²	kg/m	cm⁴	Y_0/cm
L250×90×9×13			9	13			33.4	26.2	2190	8.64
L250×90×10.5×15	250	90	10.5	15			38.5	30.3	2510	8.76
L250×90×11.5×16			11.5	16	15	7.5	41.7	32.7	2710	8.90
L300×100×10.5×15	300	100	10.5	15			45.3	35.6	4290	10.6
L300×100×11.5×16			11.5	16			49.0	38.5	4630	10.7
L350×120×10.5×16	350	120	10.5	16			54.9	43.1	7110	12.0
L350×120×11.5×18			11.5	18			60.4	47.4	7780	12.0
L400×120×11.5×23	400	120	11.5	23	20	10	71.6	56.2	11900	13.3
L450×120×11.5×25	450	120	11.5	25			79.5	62.4	16800	15.1
L500×120×12.5×33	500	120	12.5	33			98.6	77.4	25500	16.5
L500×120×13.5×35			13.5	35			105.0	82.8	27100	16.6

参考答案

第 1 章

1-1　略

1-2　略

1-3　$F_{1x} = -26\text{kN}$

　　$F_{1y} = -15\text{kN}$

　　$F_{2x} = 0$

　　$F_{2y} = 25\text{kN}$

　　$F_{3x} = -26.8\text{kN}$

　　$F_{3y} = -22.5\text{kN}$

　　$F_{4x} = -15\text{kN}$

　　$F_{4y} = 0$

1-4　a)　$M(\boldsymbol{F}) = Fl$

　　b)　$M(\boldsymbol{F}) = 0$

　　c)　$M(\boldsymbol{F}) = Fl\sin\alpha$

　　d)　$M(\boldsymbol{F}) = Fl\sin\beta - Fl\cos\beta\tan\alpha$

　　e)　$M(\boldsymbol{F}) = Fl\sin\beta$

　　f)　$M(\boldsymbol{F}) = -Fa$

1-5　a)　$M_B(q) = 2.67\text{kN} \cdot \text{m}$

　　b)　$M_B(q) = 72\text{kN} \cdot \text{m}$

1-6　a)　$F_A = 1.67\text{kN}$（↓）　$F_B = F_A = 1.67\text{kN}$（↑）

　　b)　$F_A = 10\text{kN}$（↑）　$F_B = 10\text{kN}$（↓）

1-7　$F_{BC} = 5\text{N}$

　　$m_2 = 3\text{N} \cdot \text{m}$

第 2 章

2-1　$F_R = 2.965\text{kN}$　$\alpha = 5.77°$（第四象限）

2-2　a)　$F_{AB} = 11.55\text{kN}$（拉）　$F_{AC} = 23.09\text{kN}$（压）

　　b)　$F_{AB} = F_{AC} = 11.55\text{kN}$

2-3 $F_R = 32800\text{kN}$ $\alpha = 72°$（第三象限） $d = 18.97\text{m}$

2-4   a）$F_{Ax} = 7.07\text{kN}$（→） $F_{Ay} = 12.07\text{kN}$（↑） $m_A = 38.28\text{kN·m}$（逆时针）

      b）$F_{Ax} = 0$ $F_{Ay} = 42\text{kN}$（↑） $F_B = 2\text{kN}$（↑）

      c）$F_{Ax} = 0$ $F_{Ay} = 0.25qa$（↑） $F_B = 1.75qa$（↑）

2-5   a）$F_{Ax} = 0$ $F_{Ay} = 3.75\text{kN}$（↑） $F_B = 0.25\text{kN}$（↓）

      b）$F_{Ax} = 0$ $F_{Ay} = 25\text{kN}$（↑） $F_B = 20\text{kN}$（↑）

      c）$F_{Ax} = 0$ $F_{Ay} = 132\text{kN}$（↑） $F_B = 168\text{kN}$（↑）

2-6 $F_{Ax} = 0$ $F_{Ay} = 9.94\text{kN}$（↑） $F_B = 11.12\text{kN}$（↑）

2-7   a）$F_{Ax} = 20\text{kN}$（←） $F_{Ay} = 13.33\text{kN}$（↑） $F_B = 26.67\text{kN}$（↑）

      b）$F_{Ax} = 0$ $F_{Ay} = 6\text{kN}$（↑） $m_A = 5\text{kN·m}$（逆时针）

2-8 $F_{Ax} = 40\text{kN}$（←） $F_{Ay} = 40\text{kN}$（↑） $F_B = 40\text{kN}$（→）

2-9 $F_{Qmin} = 333.33\text{kN}$ $x = 6.75\text{m}$

2-10 $F_{Ax} = 0$ $F_{Ay} = 6\text{kN}$（↑） $m_A = 16\text{kN·m}$（逆时针） $F_C = 18\text{kN}$（↑）

2-11 $F_{Ax} = 0$ $F_{Ay} = 0$ $F_{BX} = 50\text{kN}$（←） $F_{By} = 100\text{kN}$（↑）

第 4 章

4-1   a）$F_{NAB} = 0$ $F_{NBC} = F$

      b）$F_{NAB} = 40\text{kN}$ $F_{NBC} = 10\text{kN}$ $F_{NCD} = -10\text{kN}$

      c）$F_{NCD} = 2F$ $F_{NBC} = 0$ $F_{NAB} = -2F$

      d）$F_{NAB} = -10\text{kN}$ $F_{NBC} = -30\text{kN}$ $F_{NCD} = 10\text{kN}$

4-2   1）$F_{NA_3} = -40\text{kN}$ $F_{NA_2} = -60\text{kN}$ $F_{NA_1} = -10\text{kN}$

      2）$\sigma_3 = -100\text{MPa}$ $\sigma_2 = -200\text{MPa}$ $\sigma_1 = -50\text{MPa}$

4-3   1）$F_{NAB} = -50\text{kN}$ $F_{NBC} = -140\text{kN}$

      2）$\sigma_{AB} = -0.868\text{MPa}$ $\sigma_{BC} = -1.023\text{MPa}$ $\Delta l_A = -1.602\text{mm}$

4-4   此杆不满足强度要求。

4-5 $d = 8\text{mm}$

4-6 AC、BC 均满足强度要求

第 5 章

5-1   许用荷载 $[F] = 1.256\text{kN}$

5-2 $d_须 \geqslant 33.3\text{mm}$ 取 $d = 34\text{mm}$

5-3   ①

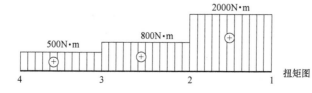

② 互换 m_1、m_2 后

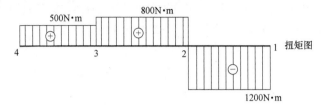

5-4 $D \geqslant 47.7\text{mm}$ 取 $D = 48\text{mm}$

第 6 章

6-1   a）$S_y = 0$ $S_z = 2.36 \times 10^6 \text{mm}^3$

b）$S_y = 30625\text{mm}^3$ $S_z = 183750\text{mm}^3$

6-2 $I_y = 256\text{cm}^4$ $I_z = 3560\text{mm}^4$

6-3 $I_z = 10.2 \times 10^7 \text{mm}^4$

6-4 $I_y = 9 \times 10^6 \text{mm}^4$ $I_z = 5.1 \times 10^7 \text{mm}^4$

6-5 $I_z = 2.2 \times 10^7 \text{mm}^4$

6-6 $I_z = 249.8 \times 10^6 \text{mm}^4$

第 7 章

7-1   a）$F_{V1} = 0$ $M_1 = 0$ $F_{V2} = -qa$ $M_2 = -\dfrac{1}{2}qa^2$ $F_{V3} = -qa$ $M_3 = -\dfrac{1}{2}qa^2$

b）$F_{V1} = qa$ $M_1 = -qa^2$ $F_{V2} = qa$ $M_2 = 0$ $F_{V3} = qa$ $M_3 = -qa^2$

7-2

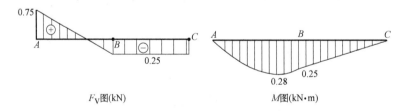

7-3   a）略

b）

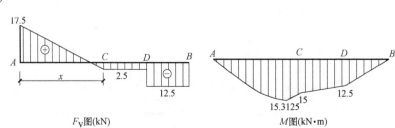

7-4 a)

b)

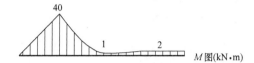

7-5 $\sigma_a = 6.56\text{MPa}$（压应力） $\sigma_b = 4.69\text{MPa}$（压应力） $\sigma_c = 0$

7-6 $F_{\max} = 18.36\text{kN}$

7-7 $b \geqslant 277.3\text{mm}$

7-8 $\sigma_{\max} = 156\text{MPa}$，满足正应力强度条件

7-9 $y_C = \dfrac{7Fl^3}{16EI}$（↓） $\theta_C = \dfrac{5Fl^2}{8EI}$（顺时针）

7-10 $\dfrac{y_{\max}}{l} = 0.00375 > \left[\dfrac{f}{l}\right]$，不满足刚度条件。

第 8 章

8-1 8 倍

8-2 $b \geqslant 8.041\text{mm}$ $h = 2b$

8-3 该梁满足强度要求。

8-4 （1） $\sigma_{\max} = 0.72\text{MPa}$

（2） $D = 4.17\text{m}$

8-5 $h \geqslant 372.4\text{mm}$ $\sigma_{\min} = -4.33\text{MPa}$

8-6 略

第 9 章

9-1 1） $F_{\text{cr}} = 16.265\text{kN}$ $\sigma_{\text{cr}} = 67.771\text{MPa}$

2） $F_{\text{cr}} = 49.68\text{kN}$ $\sigma_{\text{cr}} = 207\text{MPa}$

3） $F_{\max} \leqslant 38.4\text{kN}$ $\sigma_{\max} \leqslant 160\text{MPa}$

9-2 $a \geqslant 97.63\text{mm}$

9-3 此立柱安全。

9-4 $[F] \leqslant 394\text{kN}$

9-5 采用 10 号工字钢。

9-6 $a = 191\text{mm}$

第 11 章

11-1 a）没有多余约束的几何不变体系。

b）没有多余约束的几何不变体系。

11-2 a）没有多余约束的几何不变体系。

b）没有多余约束的几何不变体系。

c）瞬变体系。

11-3 a）没有多余约束的几何不变体系。

b）没有多余约束的几何不变体系。

c）几何可变体系。

d）没有多余约束的几何不变体系。

e）瞬变体系。

11-4 a）没有多余约束的几何不变体系。

b）没有多余约束的几何不变体系。

c）瞬变体系。

11-5 a）没有多余约束的几何不变体系。

b）没有多余约束的几何不变体系。

11-6 a）没有多余约束的几何不变体系。

b）瞬变体系。

11-7 a）有一个多余约束的几何不变体系。

b）没有多余约束的几何不变体系。

第 12 章

12-1 a）

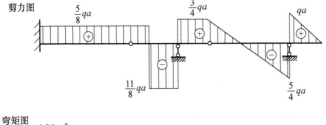

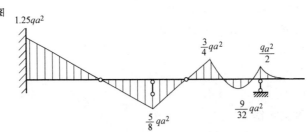

b)

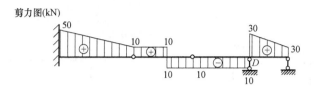

剪力图(kN)

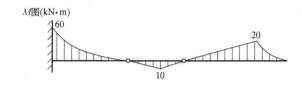

M图(kN·m)

12-2 a)

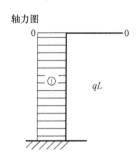

轴力图

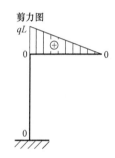

剪力图

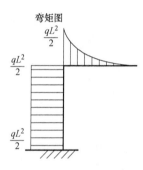

弯矩图

b)

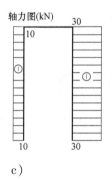

轴力图(kN)

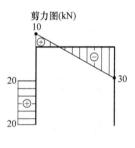

剪力图(kN)

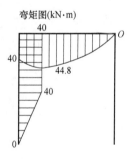

弯矩图(kN·m)

c)

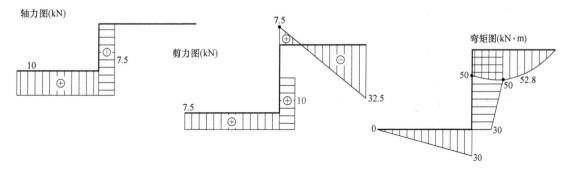

轴力图(kN)

剪力图(kN)

弯矩图(kN·m)

d)

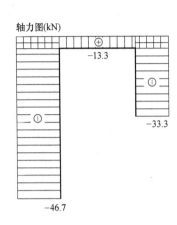

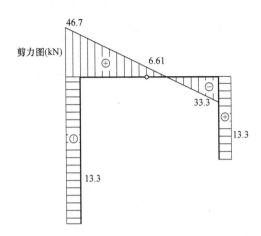

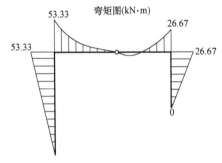

12-3　略

12-4　CE、BE、BF、AF 均为零杆。

$F_{NDE} = -2F$（压力）　$F_{NCD} = \sqrt{3}F$（拉力）

12-5　$F_{NBE} = 3F$（拉力）　$F_{NCE} = -\dfrac{\sqrt{5}}{2}F$（压力）　$F_{NDG} = -\sqrt{5}F$（压力）

第 13 章

13-1　$\varphi_A = 0.167ql/EI$（$\downarrow$）

13-2　$\Delta_{EV} = -0.015ql^4/EI$（向上）

13-3　$\Delta_{BV} = 0.3125ql^4/EI$（向下）

13-4　$\theta_C = 0.42ql^3/EI$

　　　$\Delta_{CH} = 0.021ql^4/EI$（向右）

13-5　$\Delta_{DV} = 0.659ql^4/EI$（向下）

13-6　$\theta_{AB} = 0.444\dfrac{Fl^2}{EI}$

13-7　$\Delta_{CH} = 380/EI$（向右）

13-8　$\theta_C = 1161.7/EI$（$\downarrow$）

13-9 $\Delta_{DV} = \dfrac{8Fa^3}{EI} + \dfrac{31.25Fa}{EA}$ （向下）

13-10 $\Delta_{CH} = 0.01\mathrm{m}$ （→）

第 14 章

14-1 a）2 次 b）4 次 c）6 次 d）21 次 e）7 次 f）3 次

14-2

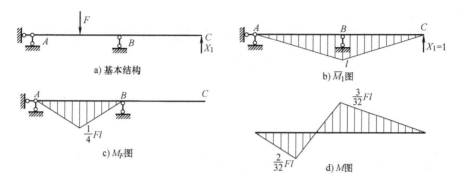

14-3

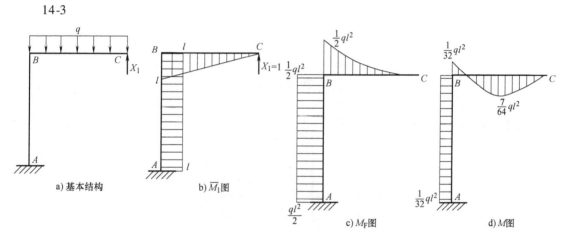

14-4 $F_{NAB} = F_{NAD} = F_{NDC} = 0.104F$

$F_{NAC} = F_{NDB} = -0.147F$

$F_{NBC} = -0.896F$

14-5

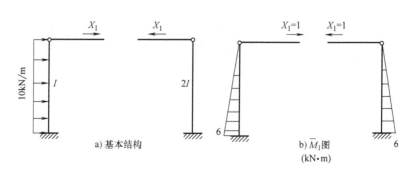

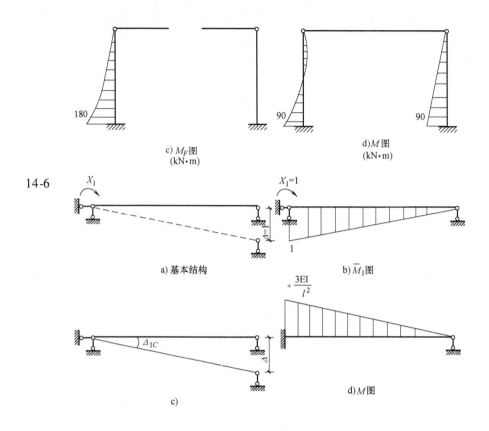

c) M_F图
(kN·m)

d)M图
(kN·m)

14-6

a) 基本结构

b)$\overline{M}_1$图

c)

d)M图

第 15 章

15-1   略

15-2   a）

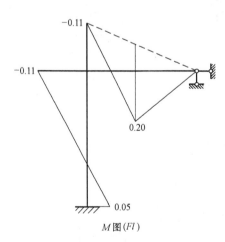

M图(Fl)

b）略

15-3   a）略

b)

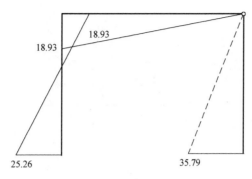

M图(kN·m)

15-4

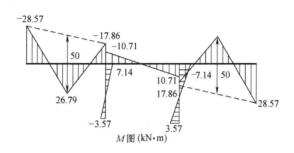

M图(kN·m)

第 16 章

16-1 a)

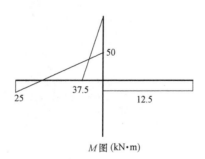

M图 (kN·m)

b) 略

16-2

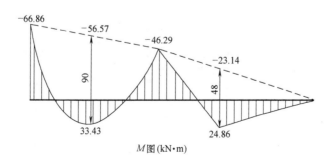

M图(kN·m)

16-3 a)

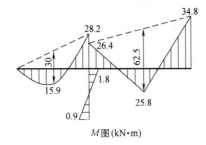

M图(kN·m)

b) 略

16-4

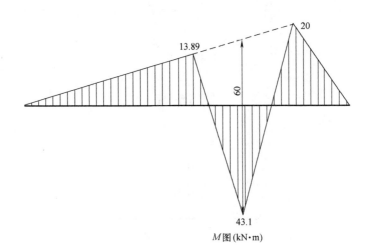

M图(kN·m)

16-5

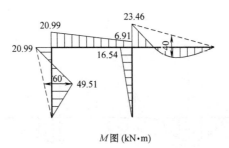

M图(kN·m)

第 17 章

17-1 a)

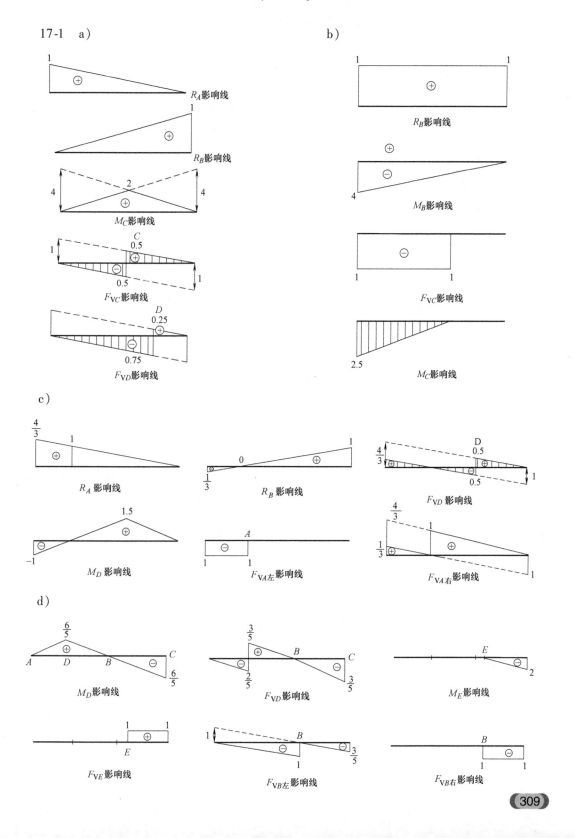

b)

c)

d)

17-2　a)

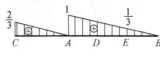

F_{VD}影响线

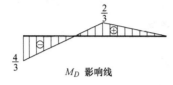

M_D 影响线

b）略

c）略

参 考 文 献

[1]　沈养中，董平. 材料力学 [M]. 北京：科学出版社，2005.

[2]　赵爱民，付成喜，赵庆华. 建筑力学：下册 [M]. 武汉：武汉理工大学出版社，2004.

[3]　袁文阳，周剑波. 结构力学 [M]. 武汉：武汉大学出版社，2010.

[4]　孙训方，方孝淑，关来泰. 材料力学 [M]. 北京：高等教育出版社，2009.

[5]　沈养中，孟胜国. 结构力学 [M]. 北京：科学出版社，2005.

[6]　葛若东，陈素红. 土木工程力学 [M]. 北京：科学出版社，2004.

[7]　戴景军，刘凌. 道路工程力学 [M]. 北京：科学出版社，2005.

[8]　吴大炜. 结构力学 [M]. 北京：化学工业出版社，2005.

[9]　王嘉弟，郭清燕. 建筑力学 [M]. 北京：冶金工业出版社，2009.

[10]　张玉敏. 材料力学 [M]. 北京：冶金工业出版社，2010.

[11]　张毅. 建筑力学：上册 [M]. 北京：清华大学出版社，2006.

[12]　张毅. 建筑力学：下册 [M]. 北京：清华大学出版社，2006.

[13]　于英. 建筑力学 [M]. 北京：中国建筑工业出版社，2013.

[14]　张春玲，苏德利. 建筑力学 [M]. 北京：北京邮电大学出版社，2013.

[15]　张曦. 建筑力学 [M]. 北京：中国建筑工业出版社，2009.

[16]　梁圣复. 建筑力学 [M]. 2 版. 北京：机械工业出版社，2007.

[17]　龙驭球，包世华. 结构力学教程：上册 [M]. 北京：高等教育出版社，1988.

[18]　王金海. 结构力学 [M]. 北京：中国建筑工业出版社，1997.

[19]　李廉锟. 结构力学：上册 [M]. 北京：高等教育出版社，2004.

[20]　董卫华. 理论力学 [M]. 武汉：武汉理工大学出版社，2002.